职业教育智能制造领域高素质技术技能人才培养系列教材

电气控制与PLC技术(S7-1200)

主　编　陆　波　王荣扬
副主编　刘关宇　孙正宜　郭　颖　于雪东
参　编　张守丽　王红斌　叶　军　王哲禄
　　　　吕昊威　李时辉　包罗清

机 械 工 业 出 版 社

本书以中级和高级电工职业资格等级标准所要求的知识技能为载体，以训练学生的电气控制电路设计与PLC编程能力为目标，采用了任务驱动的方式组织内容，通俗易懂地介绍了常用低压电器的应用、三相异步电动机继电控制原理与实践、S7-1200 PLC相关知识应用、S7-1200 PLC基本指令及其应用、S7-1200 PLC功能指令及其应用、S7-1200 PLC函数块和组织块编程及其应用等内容。工作任务紧密联系工业应用，包含了详细的电路原理图、I/O地址分配表、PLC接线图、程序设计、PLCSIM验证和调试运行，培养学生设计、安装、调试PLC控制系统的工程应用能力。

本书可作为高等职业院校电气自动化技术、机电一体化技术、工业机器人技术等相关专业的教材，也可供工程技术人员自学使用。

为方便教学，本书植入二维码视频，配有电子课件、模拟试卷及答案等，凡选用本书作为授课教材的教师可登录机械工业出版社教育服务网（www.cmpedu.com），注册后免费下载配套资源。本书咨询电话：010-88379564。

图书在版编目（CIP）数据

电气控制与PLC技术：S7-1200/陆波，王荣扬主编．—北京：机械工业出版社，2024.3

职业教育智能制造领域高素质技术技能人才培养系列教材

ISBN 978-7-111-75362-9

Ⅰ．①电…　Ⅱ．①陆…②王…　Ⅲ．①电气控制－高等职业教育－教材②PLC技术－高等职业教育－教材　Ⅳ．①TM571.2②TM571.61

中国国家版本馆CIP数据核字（2024）第054698号

机械工业出版社（北京市百万庄大街22号　邮政编码100037）

策划编辑：冯睿娟　　责任编辑：冯睿娟

责任校对：景　飞　丁梦卓　　封面设计：王　旭

责任印制：单爱军

北京虎彩文化传播有限公司印刷

2024年6月第1版第1次印刷

184mm×260mm・11印张・265千字

标准书号：ISBN 978-7-111-75362-9

定价：39.00元

电话服务　　网络服务

客服电话：010-88361066　　机　工　官　网：www.cmpbook.com

010-88379833　　机　工　官　博：weibo.com/cmp1952

010-68326294　　金　书　网：www.golden-book.com

封底无防伪标均为盗版　　机工教育服务网：www.cmpedu.com

前　言

本书根据高等职业院校技术技能型人才培养目标，以职业岗位能力培养为核心，融合机电设备行业标准、职业资格等级要求，结合工程实例，以真实工作任务为教学项目，从简到繁，由易到难，详细介绍了常用低压电器的原理、选型与使用方法，三相异步电动机继电控制基本原理的分析和设计，西门子 S7-1200 PLC 编程基础、程序设计方法、仿真和调试方法等。全书内容简单实用，力求使学生掌握典型电气控制线路的分析、硬件设计、程序设计和综合调试方法。

党的二十大报告指出，我们要办好人民满意的教育，全面贯彻党的教育方针，落实立德树人根本任务，培养德智体美劳全面发展的社会主义建设者和接班人，加快建设高质量教育体系，发展素质教育，促进教育公平。本书旨在突出学生核心素养和专业能力的培养，提高课程的实践性和创新性。

本书主要具有以下特点：

1）注重“理实一体、项目驱动、信息化”的教学模式。以培养面向生产一线的技能人才为目标，选用企业实际项目，以任务驱动、项目导向的方法组织教材内容，实现“教、学、做”一体化课堂。

2）以学生发展为根本，以学生为中心开展教学项目的开发与实施。以低压电器和 PLC 基本指令为“点”，以三相异步电动机典型继电控制电路为“线”，以电动机 PLC 控制系统设计与调试为“面”，对教学内容进行重构，基础理论部分以“必需”“够用”为度，实践操作部分加强针对性、实用性和实践性。

3）配有立体化教学资源和在线课程，包括课程视频、课程课件、章节测试、考试题库等。

本书由湖州职业技术学院陆波和王荣扬担任主编，湖州职业技术学院刘关宇、孙正宜、郭颖、于雪东担任副主编，浙江机电职业技术学院张守丽、浙江久立特材科技股份有限公司王红斌、浙江工业职业技术学院叶军、温州职业技术学院王哲禄、金华职业技术学院吕昊威、义乌工商职业技术学院李时辉、湖州骄阳自动化科技有限公司包罗清参与了编写工作。其中，陆波编写了项目 5 和任务 6.1，王荣扬编写了项目 1，刘关宇编写了任务 6.2 和任务 6.3，孙正宜编写了项目 3，郭颖编写了任务 2.4，于雪东编写了任务 2.5，张守丽编写了任务 2.1，王红斌编写了任务 2.3，叶军编写了任务 4.4，王哲禄编写了任务 4.3，吕昊威编写了任务 4.1，李时辉编写了任务 4.2，包罗清编写了任务 2.2。全书由陆波、王荣扬统稿。本书编写过程中得到了湖州职业技术学院领导的关心和支持，在此表示衷心感谢。

由于编者水平有限，加上 PLC 技术不断发展，书中难免存在疏漏和不妥之处，恳请广大读者批评指正。

编　者

二维码索引

（续）

名称	二维码	页码	名称	二维码	页码
断开延时定时器的原理及应用		89	用户程序结构和工作原理		131
时间累加器的原理及应用		89	函数（FC）的创建方法及应用		132
加计数器的原理及应用		95	组织块（OB）的种类及创建		137
减计数器的原理及应用		96	硬件中断组织块（OB）编程及应用		137
加减计数器的原理及应用		97	循环中断组织块（OB）编程及应用		137
比较指令的原理及应用		104	函数块（FB）的创建方法及应用		139
移动指令的原理及应用		105	数据块（DB）的种类及用途		141
数学运算指令的原理及应用		111			

目　录

项目 1

常用低压电器的应用

项目描述

以 BC6070 型牛头刨床电气控制电路的分析、安装、接线及调试等工作任务为载体，通过对主令电器、断路器、继电器和接触器等低压电器基本原理、选用和使用方法的讲解，培养学生简单低压控制电路分析、检查及故障排除的能力。根据图 1-1 所示控制电路原理图完成 BC6070 型牛头刨床电气控制电路的安装、接线及调试。本项目任务列表及知识点见表 1-1。

注： 牛头刨床因滑枕前端的刀架形似牛头而得名，主要同于平面、成型面和沟槽的加工，工作过程中回程速度大于工作行程速度，生产效率较低，故主要用于小批量单件生产。

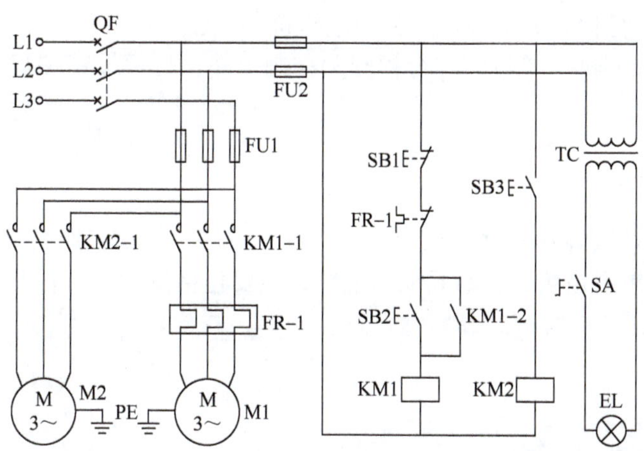

图 1-1 BC6070 型牛头刨床电气控制电路原理图

表 1-1 本项目任务列表及知识点

项目名称	知识点
任务 1.1 主令电器的认识、选用与实践	主令电器
任务 1.2 断路器的认识、选用与实践	断路器
任务 1.3 继电器的认识、选用与实践	继电器
任务 1.4 接触器的认识、选用与实践	接触器

项目目标

1）认识常用低压电器。

2）掌握常用低压电器的工作原理、选用及使用方法。

3）能识读常用低压电气控制电路，并学会电路检查及故障排除方法。

4）能绘制 BC6070 型牛头刨床控制电路原理图、接线图和布置图，并对其电路进行安装、调试和检修。

5）培养学生对电气控制技术的初步兴趣。

6）注重实训现场规范化管理，培养学生 6S 素养。

任务 1.1　主令电器的认识、选用与实践

任务目标

1）认识常见主令电器并掌握其原理及分类。

2）掌握按钮、行程开关、接近开关的电路符号。

3）学会安装和调试简单按钮和行程开关控制电路，理解按钮和行程开关在电气控制电路中的控制关系。

1.1.1　任务导入

主令电器在生产实际和日常生活中具有广泛的应用，例如：照明电路、设备起动 / 停止电路等。其主要作用是接通或断开控制电路，主要包括按钮、行程开关、接近开关、万能转换开关等，如图 1-2 所示。

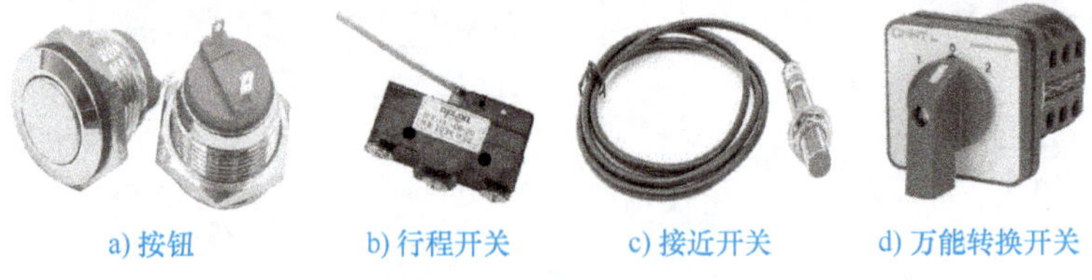

a) 按钮　b) 行程开关　c) 接近开关　d) 万能转换开关

图 1-2　常见主令电器

1.1.2　相关知识

1. 按钮及其控制

主令电器的原理与选用

按钮主要用于远距离控制信号或指令，完成对继电器、接触器或其他负载的控制，实现控制电路的接通与断开，进而实现对负载设备的控制。按钮分为常闭、常开和复合 3 种形式。

（1）常闭按钮　操作前内部触点处于闭合状态，按下时内部触点处于断开状态，松开时触点自动复位闭合，常用于电气控制电路的停止控制。图 1-3 所示为常闭按钮在电气控制电路中的连接关系。

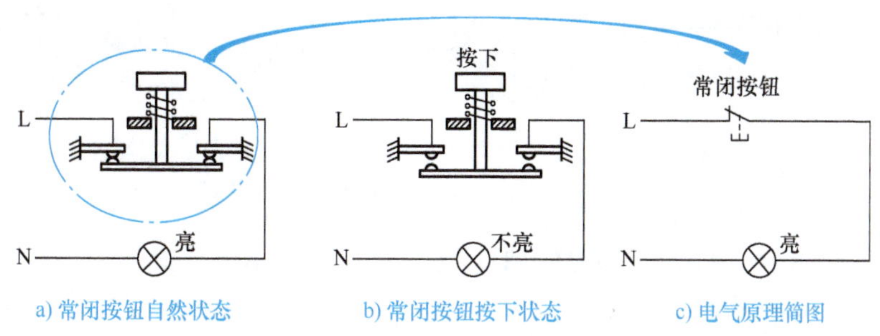

图 1-3　常闭按钮在电气控制电路中的连接关系

1）按下按钮时，内部常闭触点断开，切断灯泡与供电电源的连接，灯泡熄灭，如图 1-3b 所示。

2）松开按钮时，内部常闭触点复位闭合，接通灯泡与供电电源，灯泡点亮，如图 1-3a 所示。

（2）常开按钮　操作前按钮内部触点处于断开状态，按下时内部触点处于闭合状态，松开时触点自动复位断开，常用于电气控制电路的起动控制。图 1-4 所示为常开按钮在电气控制电路中的连接关系。

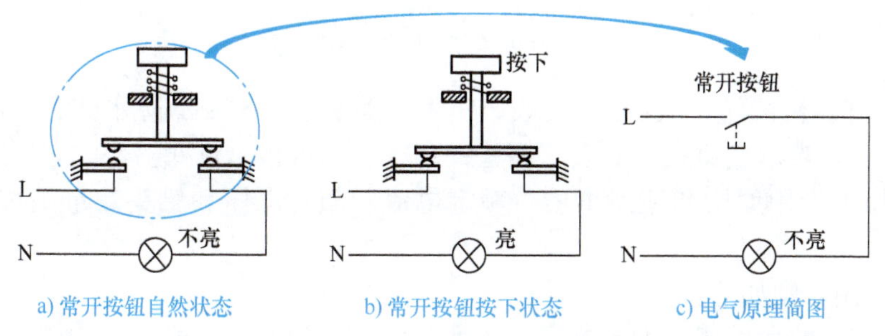

图 1-4　常开按钮在电气控制电路中的连接关系

1）按下按钮时，内部常开触点闭合，电源经按钮内部闭合的常开触点为灯泡供电，灯泡亮，如图 1-4b 所示。

2）松开按钮时，内部常开触点复位断开，切断灯泡与供电电源的连接，灯泡熄灭，如图 1-4a 所示。

（3）复合按钮　复合按钮内部有两组触点：常开触点和常闭触点。操作前，常开触点断开，常闭触点闭合。按下时，常开触点闭合，常闭触点断开；松开后，常闭触点复位闭合，常开触点复位断开。复合按钮常在电气控制电路中作为联动控制使用，图 1-5 所示为复合按钮在电气控制电路中的连接关系。

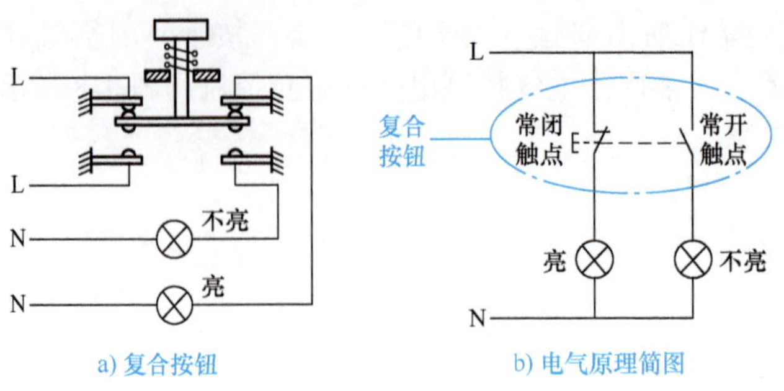

图 1-5　复合按钮在电气控制电路中的连接关系

（4）按钮型号标注形式、含义及图形符号　图 1-6 所示为按钮的图形及文字符号。

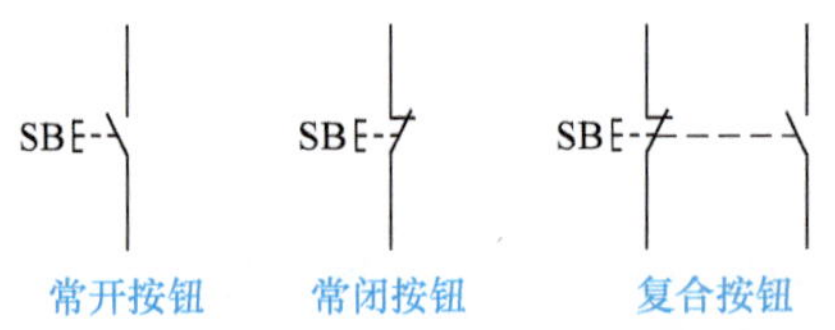

图 1-6　按钮的图形及文字符号

图 1-7 所示为按钮的型号标注形式及含义。

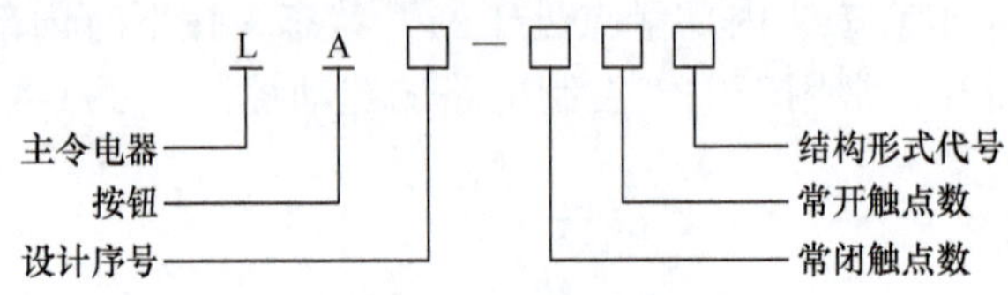

图 1-7　按钮的型号标注形式及含义

结构形式代号含义：K 表示开启式、H 表示保护式、S 表示防水式、F 表示防腐式、J 表示紧急式、X 表示旋钮式、Y 表示钥匙式、D 表示带指示灯式。

（5）按钮的选用原则和注意事项　额定电流、额定电压和触头数量是按钮的主要技术参数。

按钮的选用原则如下：

1）由控制电路的电压和电流确定按钮的额定电压和额定电流。

2）依据应用场合选择按钮，安全要求较高的场合选择钥匙式按钮，紧急操作的场合选择带有蘑菇形按钮帽的紧急式按钮，有防水要求时选择防水式按钮。

3）依据工作状态和工作情况，需要显示工作状态时选用带指示灯的按钮，并根据其作用选择按钮帽的形状。

4）根据控制电路的需求确定按钮数量。

按钮的安装与使用注意事项如下：

1）在面板上安装时，多个按钮应从上到下、从左到右布置，要求整齐、合理。

2）金属按钮盒必须可靠接地。

3）保持按钮触点的清洁。

常用按钮如图 1-8 所示。

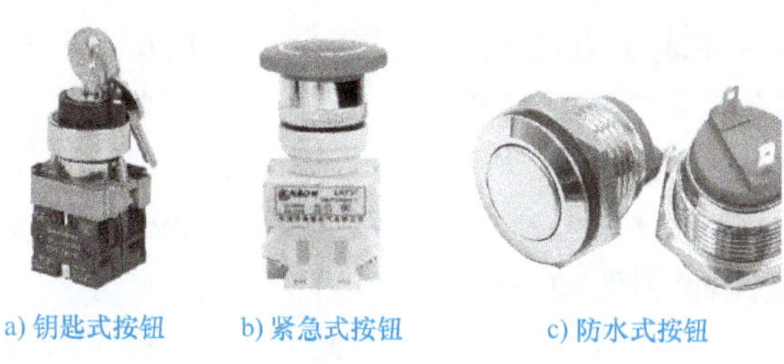

a) 钥匙式按钮　b) 紧急式按钮　c) 防水式按钮

图 1-8　常用按钮

2. 行程开关及其控制

行程开关（也称限位开关、位置开关）利用推杆的运动致使触点闭合或断开，以实现电路的控制，主要用于运动方向、行程和位置保护等。

（1）行程开关的种类　行程开关由外壳、触点和操作机构组成，一般分为直动式、滚轮式和微动式，如图 1-9 所示。

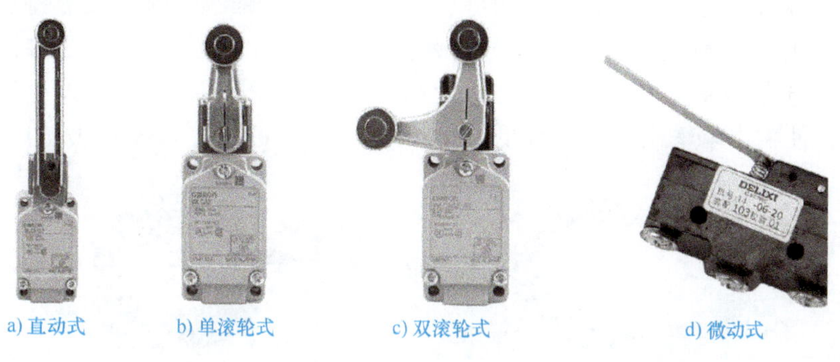

a) 直动式　b) 单滚轮式　c) 双滚轮式　d) 微动式

图 1-9　常用行程开关

直动式行程开关结构原理如图 1-10 所示，当运动部件撞击推杆时，常闭触点断开、常开触点闭合；运动部件离开后，在弹簧作用下，常开触点和常闭触点恢复至初始状态。

行程开关的图形及文字符号如图 1-11 所示。

图 1-10　直动式行程开关结构原理　　图 1-11　行程开关的图形及文字符号

行程开关的型号标注形式及含义如图 1-12 所示。

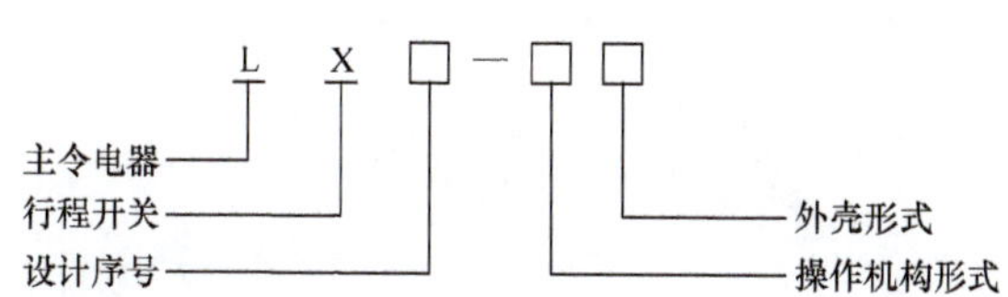

图 1-12　行程开关的型号标注形式及含义

操作机构形式含义：1 表示直动式、2 表示直动滚轮型、3 表示单臂滚轮型、4 表示卷簧万能型。外壳形式含义：Q 表示防护型、S 表示防水型。

（2）行程开关的选用原则和注意事项　行程开关的选用原则如下：

1）根据应用场合及控制对象选择是一般用还是起重设备用行程开关。

2）根据安装环境选择采用何种系列的行程开关。

3）根据机械与行程开关的传动形式，选择是开启式还是防护式行程开关。

4）根据控制电路的电流与电压、动力与位移关系选择合适的行程开关。

行程开关的安装与使用注意事项如下：

1）安装位置准确、牢靠，滚轮方向正确。

2）定期检查、保养，清理油污、粉尘，检查动作灵活、可靠。

3. 接近开关及其控制

接近开关（无触头位置开关）除具有行程开关用途外，还具有计数、金属检测、定位等功能；能实现非接触检测，具有工作可靠、无噪声、寿命长、频率高等特点。

（1）接近开关的种类　接近开关分为两类：有源型和无源型。常见的有源型接近开关有电感式、电容式和霍尔式。当物体靠近感应部位时，电容或电感等发生变化，导致电路发生动作，使输出端输出高电平或低电平。图 1-13 所示为常见接近开关。

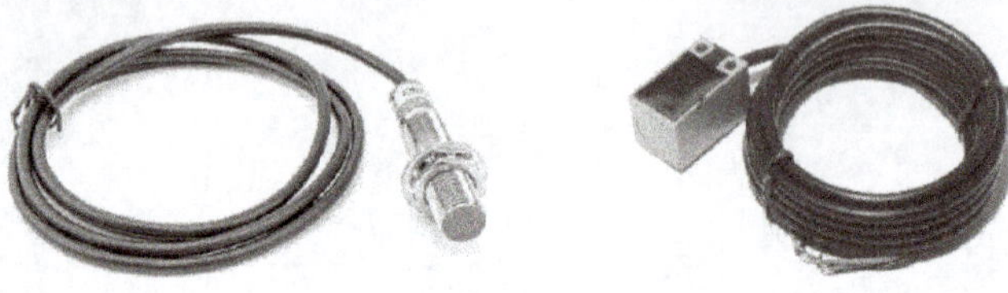

图 1-13　常见接近开关

接近开关的型号标注形式及含义如图 1-14 所示。

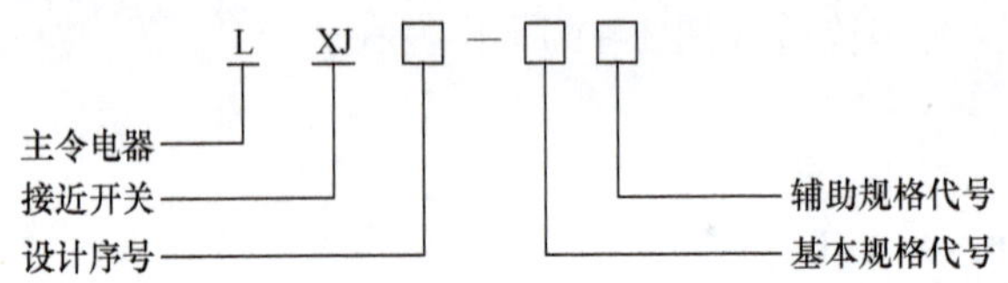

图 1-14　接近开关的型号标注形式及含义

基本规格代号含义：2 表示作用距离 2mm（2、4、6、8、10 依次类推）；辅助规格代号含义：18 表示螺纹规格为 M18。

图 1-15 所示为接近开关的图形及文字符号。

SP　SP

常开触点　常闭触点

图 1-15　接近开关的图形及文字符号

（2）接近开关的选用原则

1）如果被检测物体是金属材质，选择电感式或电容式接近开关；如果被检测物体是非金属材质，选择电容式或光电式接近开关。

2）如果被检测物体为远距离，选择光电式或超声波式接近开关。

3）依据安装方式、供电方法、额定电压、信号输出类型等进行选择。

1.1.3　任务实践

1. 主令电器的基本应用

分析图 1-16 所示主令电器应用电路的工作原理。

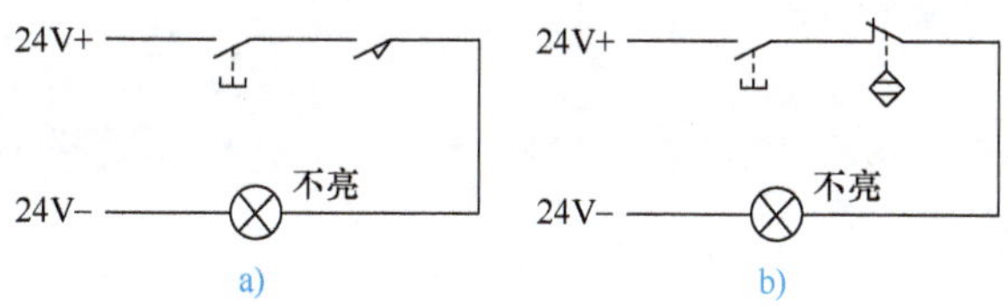

图 1-16　主令电器应用电路

2. 检测低压电器

检测按钮、行程开关方法如下：用万用表的电阻档测量各触头之间的接触情况，用绝缘电阻表测量两触头间的绝缘电阻。

3. 安装与调试

1）按图 1-16 所示应用电路完成电路的安装、接线。接线原则为从左到右、从上到下、先主电路后控制电路。

2）用万用表蜂鸣档测量电路通断状态，判断接线是否正确。

3）确保接线正确后，在教师的允许下通电。

4）观察按钮按下与松开的现象，理解按钮的用途。

任务 1.2　断路器的认识、选用与实践

任务目标

1）掌握断路器的原理、选用原则和注意事项。

2）学会识读简单断路器控制电路，掌握断路器的实物外形及电路符号。

3）学会安装和调试简单断路器控制电路，理解断路器在电气控制电路中的控制关系。

1.2.1　任务导入

断路器又称电源开关、自动空气开关、自动空气断路器，集控制和多种保护功能于一体，对用电设备实现过载、短路和欠电压保护。主要用于接通用电设备的供电电源，实

现电路的闭合与断开（不频繁的转换电路及起动电动机）。图 1-17 所示为断路器在电气控制电路中的连接关系。

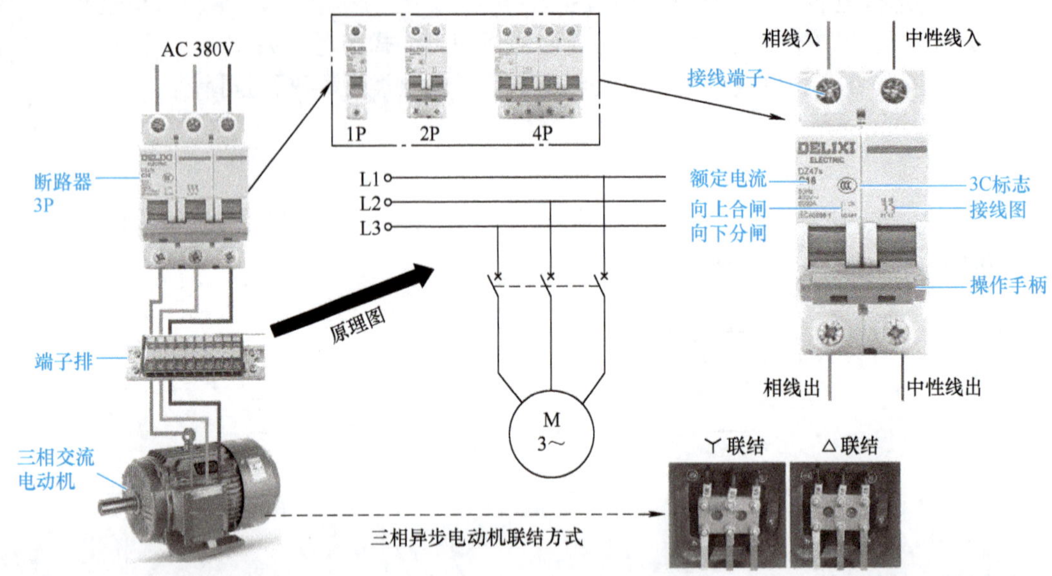

图 1-17　断路器在电气控制电路中的连接关系

1.2.2　相关知识

1. 断路器的结构及原理

断路器主要由主触点、操作机构、灭弧系统、各种脱扣器及传动机构等组成。主触点是电源开关的执行元件，用来接通和分断主电路。脱扣器分过电流脱扣器、热脱扣器、分励脱扣器、欠电压脱扣器等。

图 1-18 所示为低压断路器结构原理图。低压断路器可以实现过电流保护、欠电压保护、过载保护等功能，但不是所有断路器均具有以上功能，大部分具有过电流保护和欠电压保护功能，可根据需求选用。断路器工作原理如下：

1）手动或电动合闸时，主触点闭合，自由脱扣机构将主触点锁在合闸位置。

2）电路短路或严重过载时，过电流脱扣器的衔铁吸合使自由脱扣机构动作，主触点断开主电路，起到短路和过电流保护作用。

3）电路过载时，热脱扣器的热元件发热使双金属片向上弯曲，自由脱扣机构动作，使主触点断开主电路，起到长期过载保护作用。

4）欠电压脱扣器与过电流脱扣器工作过程相反，电路欠电压或失电压时，欠电压脱扣器产生的吸力不能吸合衔铁，自由脱扣机构动作，断开主电路，起到欠电压或失电压保护作用。

5）分励脱扣器用于远距离操作，正常工作时其线圈是断开的，当需要远距离控制时，按下按钮使线圈通电，衔铁带动自由脱扣机构动作，断开主电路。

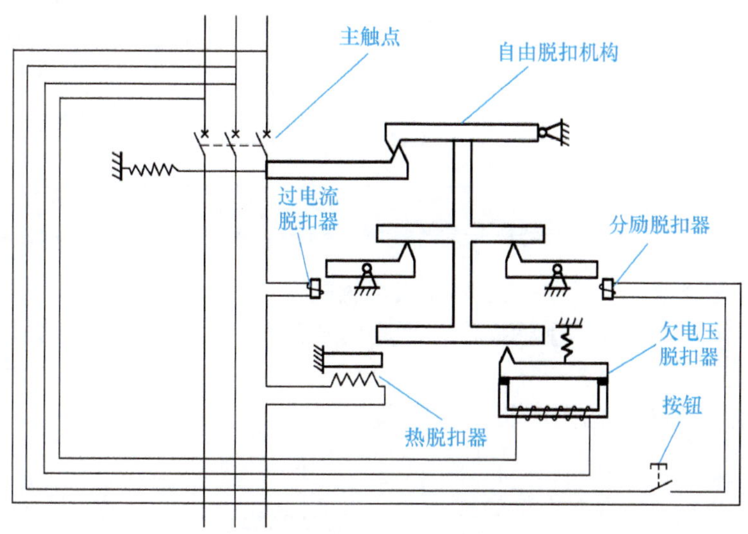

图 1-18　低压断路器结构原理图

2. 断路器的种类

断路器按用途和结构分为框架式断路器、塑壳式断路器、直流快速断路器和限流式断路器。

1）框架式断路器又称万能式断路器、敞开式断路器，用于配电网络保护，如图 1-19 所示。

2）塑壳式断路器又称装置式低压断路器，用于配电网络的保护和电动机、照明电路及电热器的控制开关，如图 1-20 所示。

图 1-19　框架式断路器

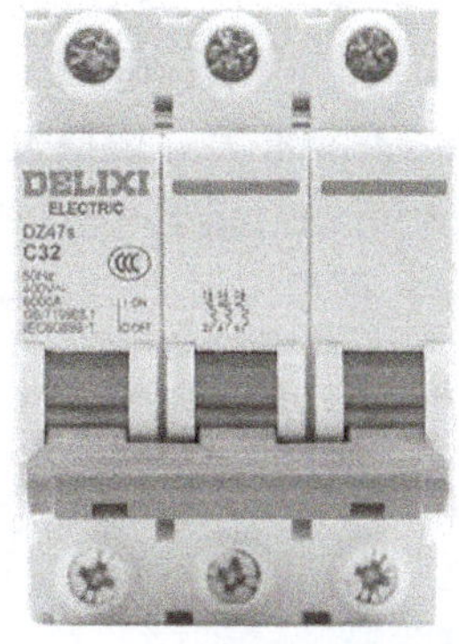

图 1-20　塑壳式断路器

3）直流快速断路器最快动作时间在 0.02s 以内，用于半导体整流元件和整流装置的保护。

4）限流式断路器能在交流短路电流尚未达到峰值之前把故障电路切断，用于要求分断能力较高的场合。

3. 断路器的型号及符号

图 1-21 所示为断路器的型号标注形式及含义。

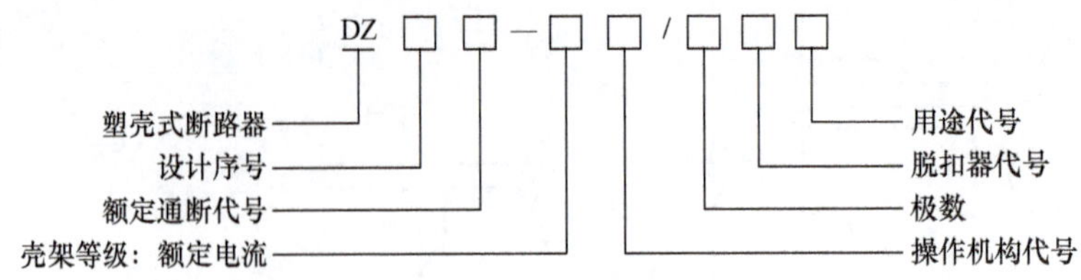

图 1-21　断路器的型号标注形式及含义

额定通断代号含义：Y 表示一般型，J 表示较高型，G 表示最高型；操作机构代号含义：P 表示电动机操作，若无表示手柄操作；用途代号含义：2 表示保护电动机用，若无表示配电用。

图 1-22 所示为断路器的图形及文字符号。

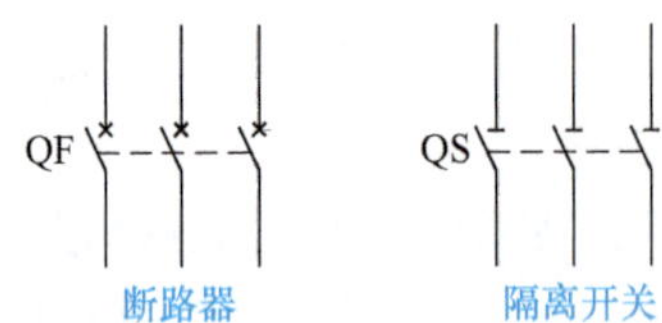

图 1-22　断路器的图形及文字符号

4. 断路器的选用原则和注意事项

在低压电器控制电路中，断路器一般只需考虑额定电流、额定电压，其选用原则如下：

1）额定电流应大于或等于被保护电路的计算负载电流（长期工作）。

2）额定电压应大于或等于被保护电路的额定电压（长期工作）。

断路器的安装与使用注意事项如下：

1）垂直安装，上端接电源，下端接负载。

2）短路电流非常大时选择限流式断路器。

3）选择断路器的额定电流一般大于电动机额定电流的 1.3 倍。

4）作为电源总开关或电动机的控制开关时，必须在电源进线侧安装熔断器或刀开关。

5）分断短路电流后，需要及时检修触点，如发现电灼烧痕，应及时修理、更换。

6）定期清扫积尘和杂物，定期添加润滑剂。

1.2.3　任务实践

1. 断路器的基本应用

图 1-23 所示为断路器在电气控制电路中的连接关系，该电路采用三相断路器，通过断路器控制三相交流电动机的接通与断开，实现对三相电动机运转与停机的控制。

1）断路器未动作时（见图 1-23a），断路器内部常开触点处于断开状态，断路器输出侧没有电流，三相交流电动机的电源未接通，因此三相电动机不转动。

2）断路器手柄处于闭合状态（见图 1-23b），断路器内部常开触点处于闭合状态，断路器输出侧有电流，三相交流电动机的电源处于接通状态，因此三相电动机转动。

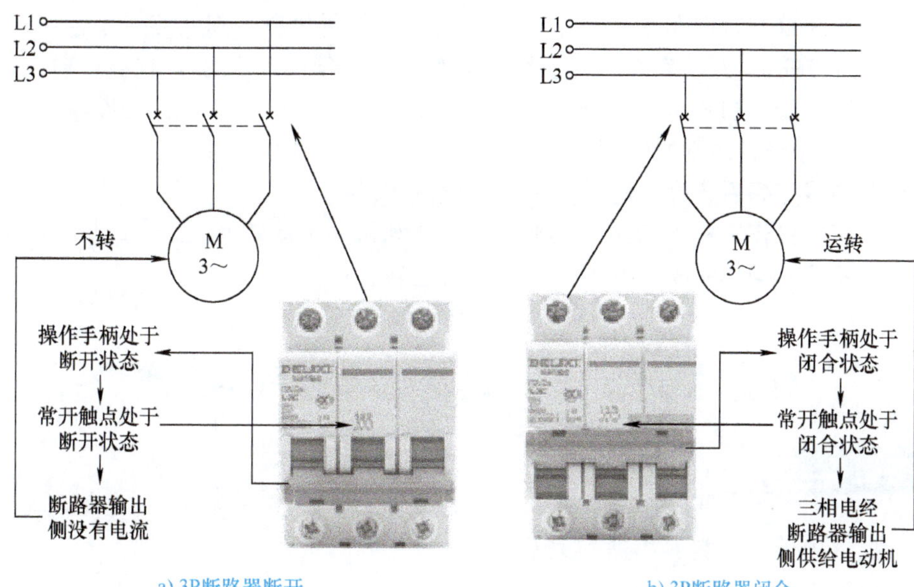

a) 3P断路器断开　　b) 3P断路器闭合

图 1-23　断路器在电气控制电路中的连接关系

2. 检测低压电器

检测断路器方法如下：用万用表的电阻档测量各触点之间的接触情况，用绝缘电阻表测量两触点间的绝缘电阻。

3. 安装与调试

1）按照图 1-24 完成星形联结或三角形联结。

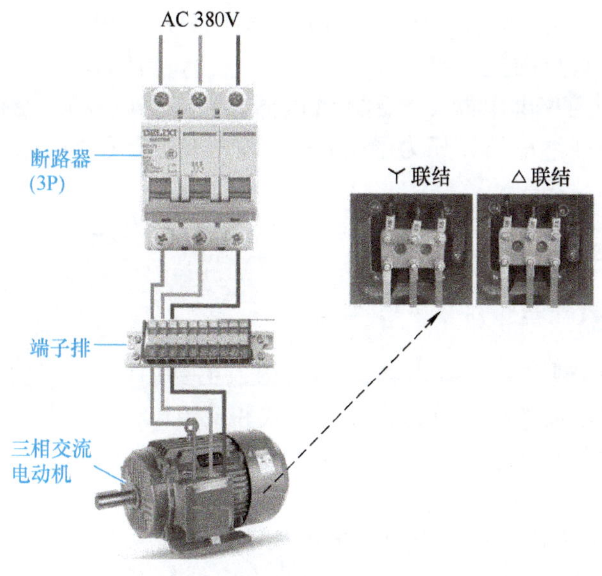

图 1-24　接线图

2）用万用表蜂鸣档测量断路器输入侧与输出侧通断状态，判断接线是否正确。操作手柄处于断开状态时，万用表蜂鸣器不响；操作手柄闭合时，万用表蜂鸣器响。

3）用万用表蜂鸣档测量断路器输出侧与电动机 U1、V1、W1 间的通断状态，判断接线是否正确。若接线正确则蜂鸣器响。

4）确保接线正确后，在教师的允许下通电试车。

5）使断路器操作手柄处于断开状态，观察电动机是否运转。

6）合上断路器操作手柄，观察电动机是否运转。

任务 1.3 继电器的认识、选用与实践

任务目标

1）掌握继电器的分类、用途、工作原理。

2）掌握继电器的选用原则。

3）掌握常见继电器的实物外形及电路符号。

4）学会安装和调试继电器电路，理解继电器在电气控制电路中的控制关系。

1.3.1 任务导入

物理学家约瑟夫·亨利利用电磁铁在通电和断电下磁力产生和消失的现象，来控制触点的闭合与断开，从而发明了继电器。

（1）继电器 根据输入信号的变化来接通或断开控制电路，实现电路的控制，实质上是一种利用小电流控制大电流动作的“自动开关”。

（2）输入信号 电流、电压、温度、速度、时间、压力等。

（3）输出信号 触点的接通或断开。

继电器一般分为通用继电器（电磁式继电器、固态继电器）、控制继电器（中间继电器、时间继电器、速度继电器、压力继电器）、保护继电器（热继电器、电流继电器、温度继电器）。

1.3.2 相关知识

继电器的原理与选用

1. 电磁式继电器

图 1-25 所示为典型电磁式继电器内部结构，主要由线圈、动衔铁、触点等组成。按线圈电流类型，分为直流电磁式和交流电磁式。按在电路中的连接方式，分为电压继电器、电流继电器和中间继电器。

电磁式继电器工作原理如下：

1）线圈两端施加电压→产生电流→电磁效应→动衔铁动作→常闭触点断开、常开触点闭合。

2）线圈失去电压→弹簧作用力下→常闭触点和常开触点恢复初始状态。

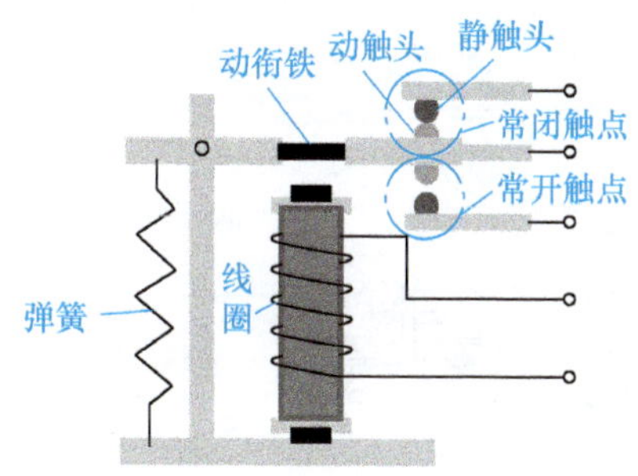

图 1-25　典型电磁式继电器内部结构

继电器触点控制关系如下：

1）继电器常开触点。动触头和静触头在不受外力作用时处于断开状态，当线圈得电时，动触头和静触头闭合；当线圈失电时，动触头和静触头在弹簧作用下立即复位（断开状态）。图 1-26 所示为继电器常开触点的控制关系。

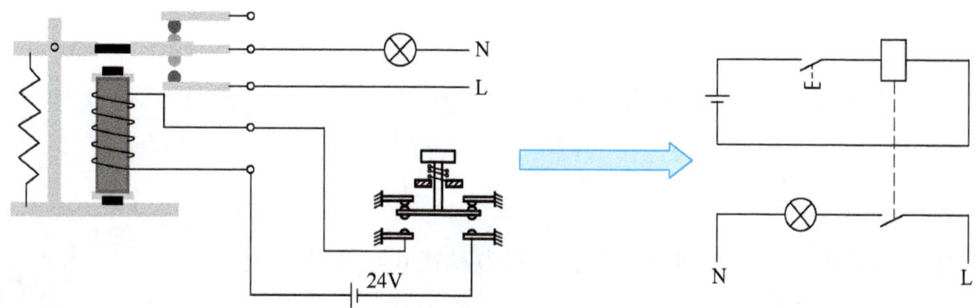

图 1-26　继电器常开触点的控制关系

2）继电器常闭触点。动触头和静触头在不受外力作用时处于闭合状态，当线圈得电时，动触头和静触头断开；当线圈失电时，动触头和静触头在弹簧作用下立即复位（闭合状态）。图 1-27 所示为继电器常闭触点的控制关系。

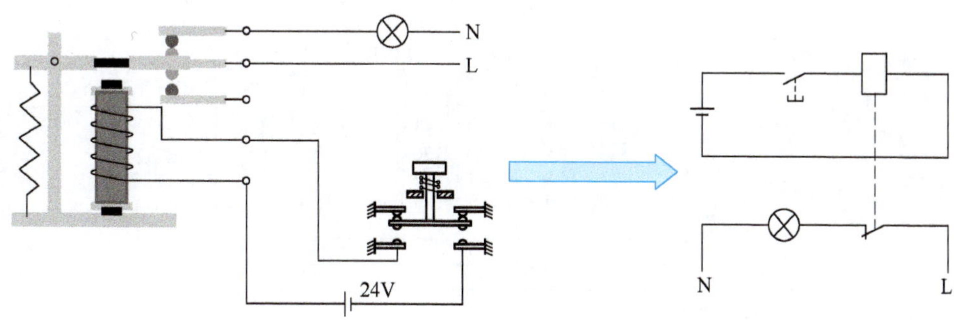

图 1-27　继电器常闭触点的控制关系

3）继电器转换触点。继电器内部有 2 组触点（1 组常闭触点、1 组常开触点），包括 1 个动触头和 2 个静触头。图 1-28 所示为继电器转换触点的控制关系。

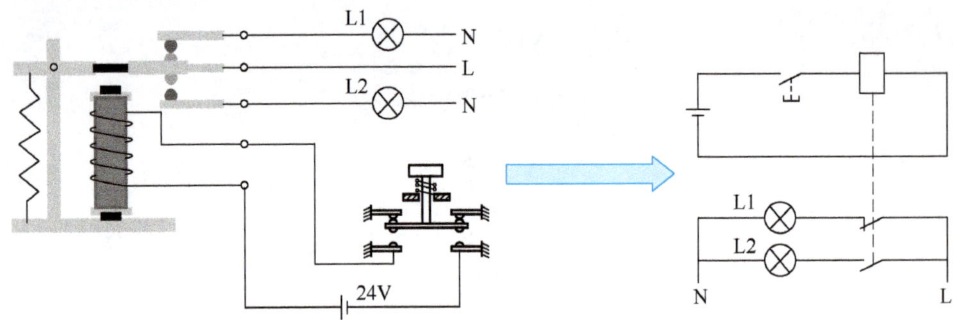

图 1-28　继电器转换触点的控制关系

图 1-29 所示为电磁式继电器图形及文字符号，KA 表示中间继电器，KI 表示电流继电器，KV 表示电压继电器。

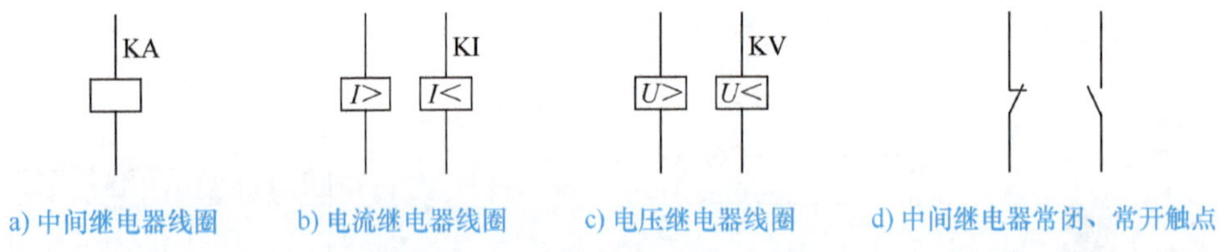

图 1-29　电磁式继电器图形及文字符号

2. 热继电器

热继电器用来做电动机的过载保护。当电动机长期负荷过大、频繁起动、断相运行时，会导致定子绕组的电流超过额定值的现象，称为电动机的过载现象。

（1）热继电器的结构与工作原理　热继电器由热元件、金属片、触点 3 部分组成，图 1-30 所示为热继电器结构原理图。当电动机过载时，流过热元件的电流增大，导致金属片向左弯曲推动连杆左移，使热继电器常闭触点（97/96）断开、常开触点（97/98）闭合，切断电动机的控制电路，电动机停止工作。因金属片具有热惯性特点，故热继电器不能用作短路保护。

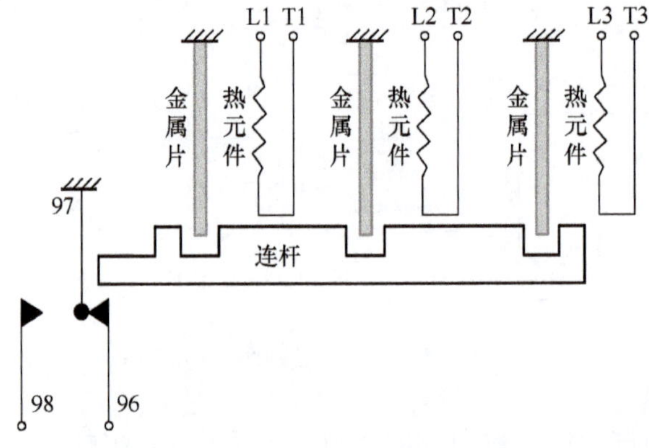

图 1-30　热继电器结构原理图

图 1-31 所示为 JR36 型热继电器外形。

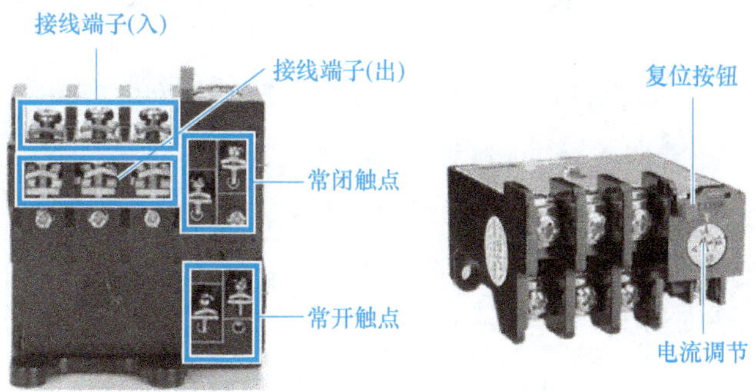

图 1-31　JR36 型热继电器外形

图 1-32 所示为热继电器的图形及文字符号。

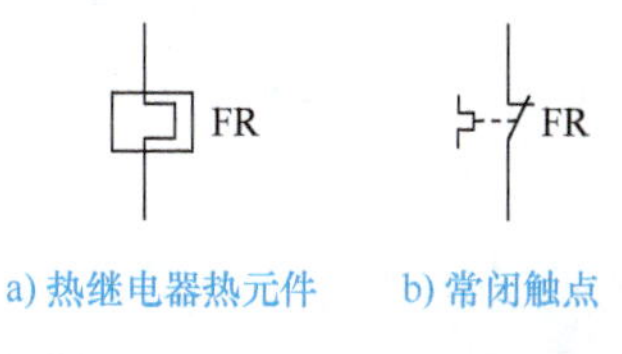

图 1-32　热继电器的图形及文字符号

（2）热继电器的技术参数与选用原则　热继电器的技术参数有额定电压、额定电流、相数、热元件编号、整定电流等。安装方式有导轨安装、接插安装和独立安装。

热继电器的选用原则如下：额定电压：U_N> 电路工作电压；额定电流：$I_N \geqslant$ 电路工作电流；整定电流：$0.6U_N$。

3. 时间继电器

（1）时间继电器的工作原理　时间继电器是实现延时控制的自动开关装置，常见时间继电器如图 1-33 所示。其工作原理是：当输入信号变化时，经过设定延时后触点状态转换，从而实现电路的通断控制。主要有空气阻尼式、电磁阻尼式、电子式和电动式。

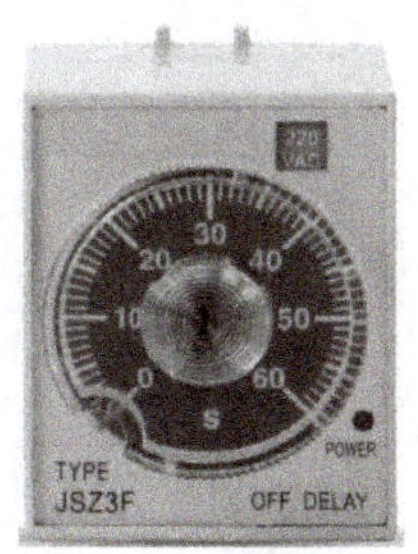

图 1-33　常见时间继电器

时间继电器分通电延时型、断电延时型和瞬动型。图 1-34 所示为通电延时型时间继电器的图形及文字符号。

常开触点：通电延时闭合、断电瞬时断开。

常闭触点：通电延时断开、断电瞬时闭合。

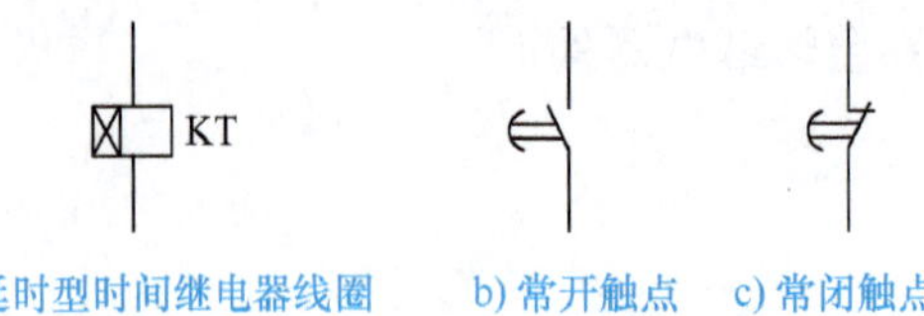

a) 通电延时型时间继电器线圈　　b) 常开触点　c) 常闭触点

图 1-34　通电延时型时间继电器的图形及文字符号

图 1-35 所示为断电延时型时间继电器的图形及文字符号。

常开触点：通电瞬时闭合、断电延时断开。

常闭触点：通电瞬时打开、断电延时闭合。

a) 断电延时型时间继电器线圈　　b) 常开触点　c) 常闭触点

图 1-35　断电延时型时间继电器的图形及文字符号

（2）时间继电器的选用原则

1）电源波动大的场合：空气阻尼式和电动式。

2）电源频率不稳定的场合：不宜选用电动式时间继电器。

3）环境温度变化大的场合：电磁阻尼式和电动式。

1.3.3　任务实践

1. 中间继电器的基本应用

图 1-36 所示为中间继电器在电气控制电路中的连接关系，实现对照明的控制。

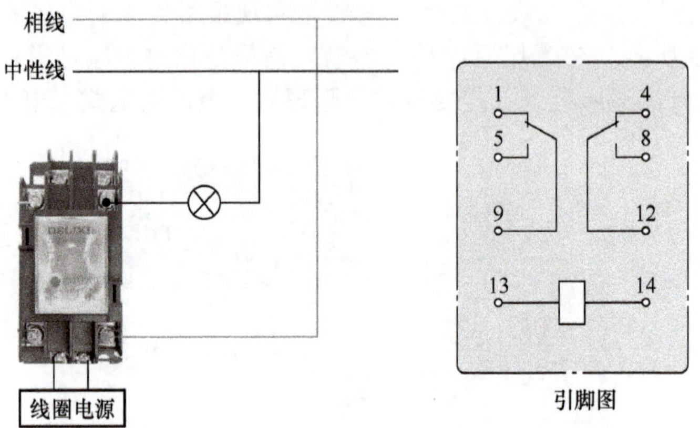

图 1-36　中间继电器在电气控制电路中的连接关系

2. 检测中间继电器

检测中间继电器方法如下：用万用表的电阻档测量各触点之间的接触情况，用绝缘电阻表测量两触点间的绝缘电阻。

3. 安装与调试

1）按照图 1-36 完成星形联结或三角形联结。

2）用万用表蜂鸣档测量断路器输入侧与输出侧通断状态。

3）在中间继电器常闭触点接入指示灯，观察线圈电源接通、断开时的现象。

任务 1.4　接触器的认识、选用与实践

任务目标

1）掌握接触器的分类、用途、工作原理。

2）掌握接触器的选用原则。

3）掌握常见接触器的实物外形及电路符号。

4）学会安装和调试接触器电路，理解接触器在电气控制电路中的控制关系。

5）学会分析抛光机控制电路（脚踏开关）。

6）能安装、调试、检修抛光机控制电路（脚踏开关）。

1.4.1　任务导入

接触器是一种电磁式开关，具有过载能力强、寿命长、控制容量大等特点，适用于频繁操作和远距离控制，主要控制对象为电动机。有直流接触器和交流接触器两大类。

抛光机也称研磨机，用于机械式研磨、抛光及打蜡。图 1-37 所示为采用脚踏开关控制的抛光机电气原理图。

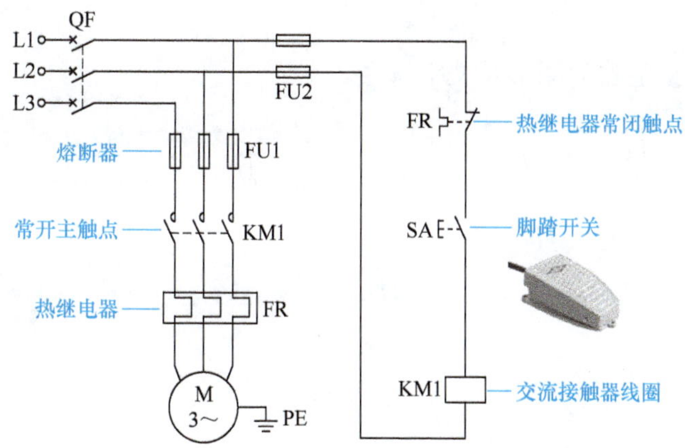

图 1-37　采用脚踏开关控制的抛光机电气原理图

1.4.2　相关知识

接触器的原理与选用

1. 接触器的结构和工作原理

接触器主要由电磁系统、触点系统、灭弧系统和辅助部件等组成，

图 1-38 所示为接触器结构原理图。电磁系统由线圈、静铁心、动铁心和弹簧组成。触点系统由主触点和辅助触点组成，如图 1-39 所示。

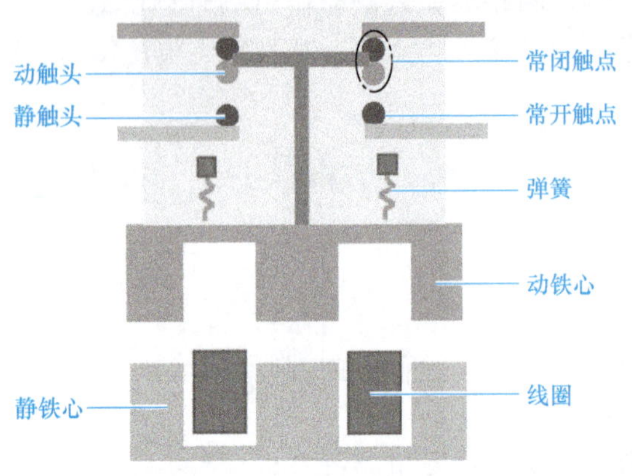

图 1-38　接触器结构原理图

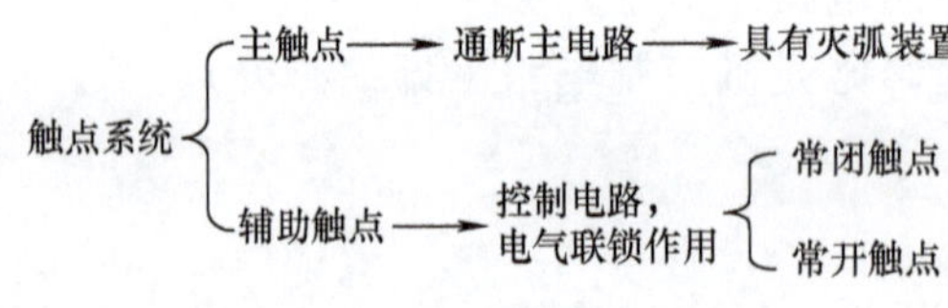

图 1-39　接触器触点系统

接触器的工作原理如下：

线圈通电→产生电磁力→动铁心动作→常开触点闭合、常闭触点断开。

线圈失电→电磁力消失→动铁心在弹簧力作用力下恢复初始状态→触点恢复初始状态。

图 1-40 所示为接触器的图形及文字符号。

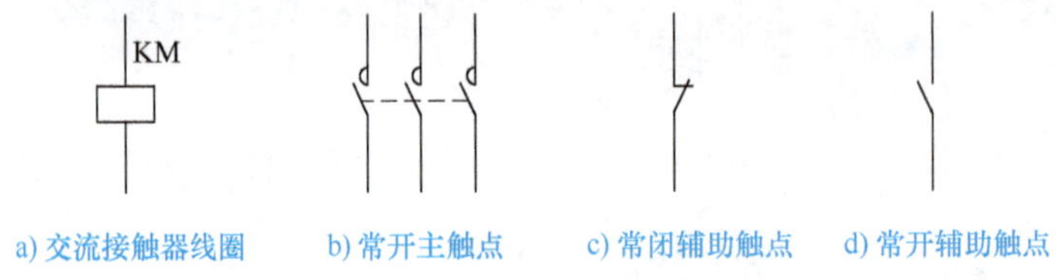

a) 交流接触器线圈　b) 常开主触点　c) 常闭辅助触点　d) 常开辅助触点

图 1-40　接触器的图形及文字符号

（1）线圈　通电后产生磁通，磁通经过静铁心产生磁力。

（2）主触点　线圈通电前主触点断开，通电后主触点闭合。用于控制主电路的通断。

（3）常闭辅助触点　线圈通电前常闭辅助触点闭合，通电后常闭辅助触点断开。用于控制电路。

（4）常开辅助触点　线圈通电前常开辅助触点断开，通电后常开辅助触点闭合。用于控制电路。

2. 接触器的选用原则

接触器在选用时主要考虑主触点额定电流、主触点额定电压、线圈额定电压和触点数量等参数，其选用原则如下：

（1）主触点额定电流　额定电流大于等级负载工作电流。

（2）主触点额定电压　由主触点物理结构和灭弧能力决定。

（3）线圈额定电压　按照说明书规定电压类型和等级选择。

（4）触点数量　根据控制电路实际需求选择。

1.4.3　任务实践

1. 接触器的基本应用

图 1-41 所示为抛光机控制电路原理图，其工作过程是：闭合开关电源 QF →踩下脚踏开关 SA →接触器 KM 线圈得电→接触器 KM 常开主触点闭合→电源接入电动机使其工作→松开脚踏开关 SA →接触器 KM 线圈失电→接触器 KM 常开主触点复位断开→电动机停止工作。

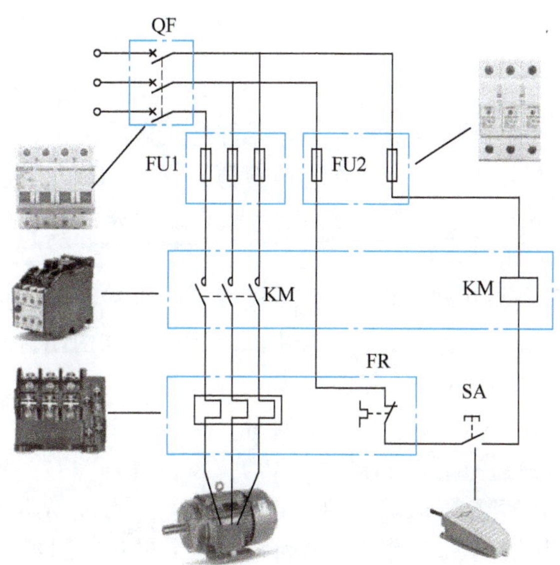

图 1-41　抛光机控制电路原理图

2. 检测低压电器

检测接触器方法如下：用万用表的电阻档测量线圈接线端子之间的电阻值，其数值一般为几百欧姆，若测量结果为 0，则线圈短路；若测量结果∞，则线圈开路。用万用表的电阻档测量成对触点的状态，常闭触点阻值接近于 0，常开触点阻值接近于∞；合闸后，常闭触点断开阻值接近于∞，常开触点闭合阻值接近于 0。

3. 安装与调试

1）按照图 1-41 完成抛光机控制电路接线。

2）用万用表蜂鸣档测量断路器输入侧与输出侧通断状态，判断接线是否正确。操作手柄处于断开状态时，万用表蜂鸣器不响，操作手柄闭合时，万用表蜂鸣器响。

3）合上断路器，用万用表电阻档测量断路器输入侧与熔断器输出侧通断状态，根据电阻值判断熔断器好坏。

4）合上断路器，用万用表电阻档测量断路器输入侧与接触器输出侧通断状态，根据电阻值判断接触器好坏。接触器手动按钮按下时，电阻值接近于 0，未按下时，电阻值接近于 ∞。

5）合上断路器和按下接触器手动按钮，用万用表电阻档测量断路器输入侧与热继电器输出侧通断状态，根据电阻值判断热继电器好坏。

6）按下按钮 SA，用万用表蜂鸣档测量熔断器（万用表两个表针分别连接 FU2 输入侧），观察万用表电阻值是否等于接触器线圈电阻值。

7）确保接线正确后，在教师的允许下通电试车。

8）按下按钮 SA，注意接触器发出的声音。

思考与练习

1.［单选题］用万用表电阻档或蜂鸣档测量热继电器热元件两端的（　　），如果测量的电阻值接近于 0 或发出蜂鸣声，即表示热元件是正常的。

A. 电压值　　B. 电流值　　C. 电容值　　D. 电阻值

2.［单选题］当线圈上的电压消失时，电磁吸力也消失，衔铁在弹簧力作用下恢复初始位置，使常开触点和常闭触点分别（　　）。

A. 由断开到闭合和由断开到闭合　　B. 由断开到闭合和由闭合到断开

C. 由闭合到断开和由断开到闭合　　D. 由闭合到断开和由闭合到断开

3.［多选题］按钮开关可分为哪几种形式（　　）。

A. 常开　　B. 常闭　　C. 复合　　D. 单项

4.［多选题］时间继电器的类型有（　　）。

A. 电磁式　　B. 空气阻尼式　　C. 电动式　　D. 晶体管式

5.［判断题］用万用表电阻档逐一测量断路器上下触点的阻值。当断路器在“开”状态时，上下触点之间的电阻测量值接近 0。（　　）

6.［思考题］熔断器按结构可分为哪几种类型？试写出熔断器各种技术参数。

7.［思考题］常用的继电器有哪些？

8.［思考题］交流接触器触点系统有主触点和辅助触点两种，它们的作用分别是什么？

项目 2

三相异步电动机继电控制原理与实践

项目描述

三相异步电动机继电控制电路主要包括点动控制电路、正反转控制电路、顺序控制电路、减压起动控制电路、反接制动控制电路等，本项目任务列表及知识点见表 2-1。

表 2-1　本项目任务列表及知识点

项目名称	知识点
任务 2.1　三相异步电动机点动控制电路的安装与调试	点动控制
任务 2.2　三相异步电动机正反转控制电路的安装与调试	正反转控制
任务 2.3　三相异步电动机顺序控制电路的安装与调试	顺序控制
任务 2.4　三相异步电动机 Y－△减压起动控制电路的安装与调试	减压起动
任务 2.5　三相异步电动机反接制动控制电路的安装与调试	反接制动控制

项目目标

1）学会识读三相异步电动机继电控制电路原理图、接线图和布置图。
2）学会安装和调试三相异步电动机继电控制电路。
3）能根据电气原理图安装、调试和检修电气控制电路。
4）培养学生爱国情怀和爱岗敬业精神。
5）培养学生分析、解决生产实际问题的能力，养成良好的思维和学习习惯。

任务 2.1　三相异步电动机点动控制电路的安装与调试

任务目标

1）掌握三相交流电接线方法、熔断器的用途及使用方法。
2）学会识读三相异步电动机点动控制电路原理图、接线图和布置图。
3）学会安装和调试三相异步电动机点动控制电路。

2.1.1 任务导入

图 2-1 所示为三相异步电动机点动控制电路原理图。电动机“点动”通常指缓慢运动，由操作人员直接控制电动机将工具、设备或加工原料等缓慢地移动到指定位置，常用在以下三种情况：设备的对位、对刀、定位；机电设备的调试；要求微弱移动的设备。

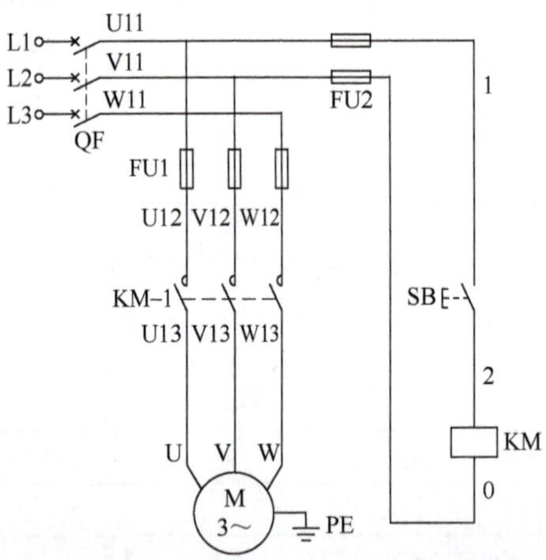

图 2-1 三相异步电动机点动控制电路原理图

2.1.2 相关知识

1. 三相交流电接线方法

（1）三相三线制 三相三线制指从三相变压器二次侧接引的 U 相、V 相和 W 相 3 条相线，如图 2-2 所示。$U_{UV}=U_{UW}=U_{VW}=380V$。

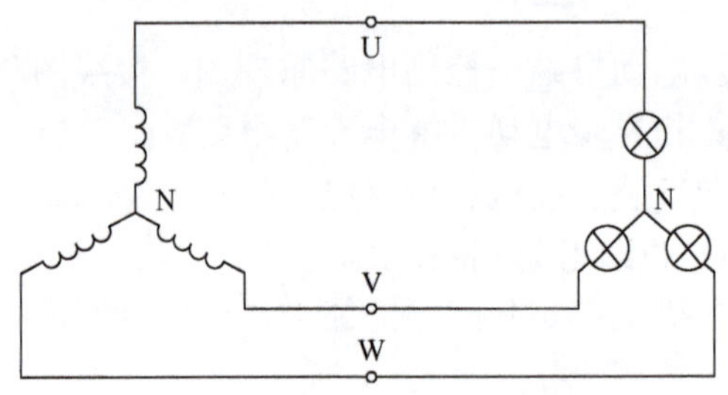

图 2-2 三相三线制

（2）三相四线制 三相四线制指从三相变压器二次侧接引的 U 相、V 相、W 相 3 条相线和 1 条中性线，中性线由变压器中性点引出，如图 2-3 所示。$U_{UV}=U_{UW}=U_{VW}=380V$；$U_{UN}=U_{VN}=U_{WN}=220V$。

（3）三相五线制 三相五线制由 U、V、W 3 条相线、1 条中性线（N 线）和 1 条保护线（PE 线）组成，用于安全要求较高、设备要求统一接地的场所。PE 线在供电变压器侧和 N 线接到一起，进入用户侧后绝不能当作中性线使用。

（4）中性线与保护线的区别 中性线和保护线的根本差别在于一个构成工作回路，

一个起保护作用（称为保护接地）。

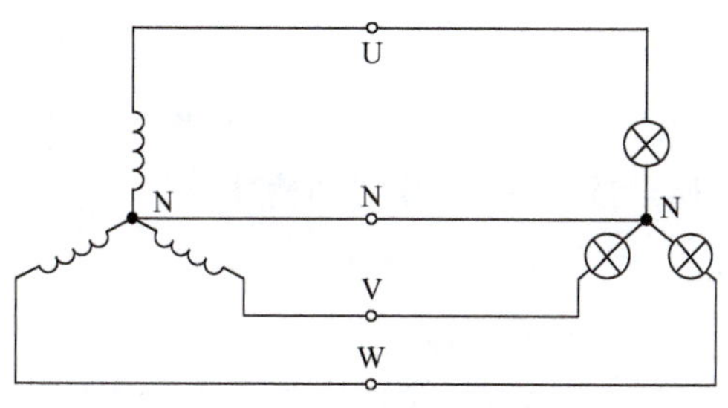

图 2-3　三相四线制

2. 熔断器的用途及使用方法

熔断器是一种安全保护电器，当电流超过规定值一段时间后，以它本身的热量使熔体熔化而切断电路，主要用于短路保护，一般串联在被保护的电路中。图 2-4 所示为熔体（芯），图 2-5 所示为熔断器底座，图 2-6 ～图 2-8 所示为 RT 系列圆筒帽型 1P、2P 和 3P 熔断器。图 2-9 所示为熔体与熔断器底座的安装方式，图 2-10 所示为熔断器的接线方式。

图 2-4　熔体（芯）

图 2-5　熔断器底座

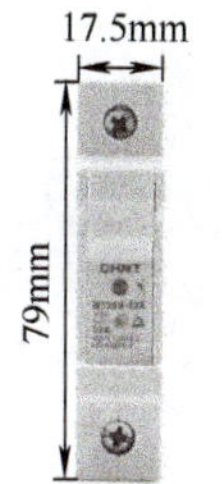

图 2-6　1P 熔断器

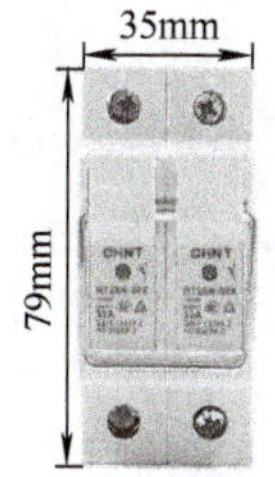

图 2-7　2P 熔断器

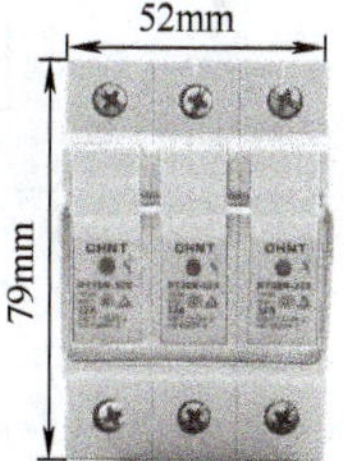

图 2-8　3P 熔断器

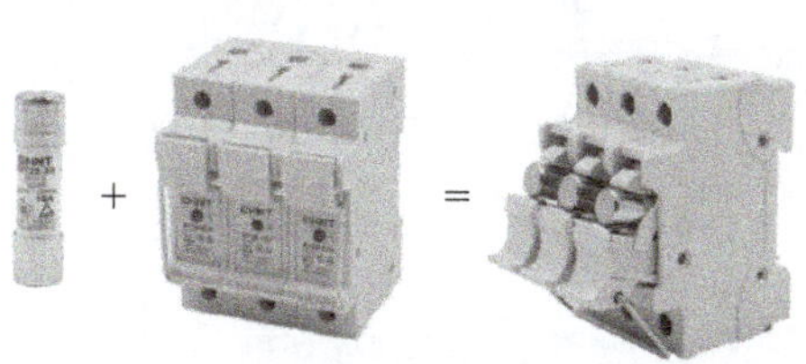

图 2-9　熔体与熔断器底座的安装方式

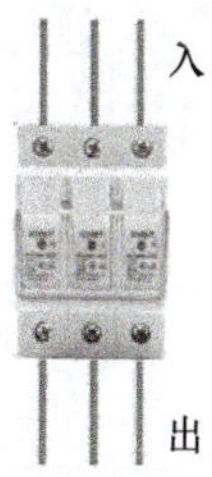

图 2-10　熔断器的接线方式

2.1.3 电路组成与运行分析

三相异步电动机点动－连续转动控制线路

1. 电路组成

图 2-1 所示为三相异步电动机点动控制电路原理图，主要有断路器 QF、熔断器 FU、接触器 KM、按钮 SB 及电动机等组成。

2. 电路运行分析

三相异步电动机点动控制电路功能分析如下：

合上电源开关 QF，接通三相电源→按下起动按钮 SB（常开触点闭合）→接触器 KM 线圈得电→ KM 主触点（KM-1）闭合，电动机 M 起动并运转。

松开起动按钮 SB（触点恢复常态）→接触器 KM 线圈失电→ KM 主触点（KM-1）断开（恢复常态），电动机 M 停止运转。

点动控制电路是按下起动按钮电动机运转、松开起动按钮电动机立即停转的电路。

2.1.4 任务实践

1. 接线图和接线

（1）电路标号　标号后的三相异步电动机点动控制电路原理图如图 2-1 所示。

（2）元件接线图　图 2-11 所示为三相异步电动机点动控制电路接线图。

（3）安装接线　按照图 2-1 和图 2-11 进行安装接线，一般顺序为自左到右、从上到下。

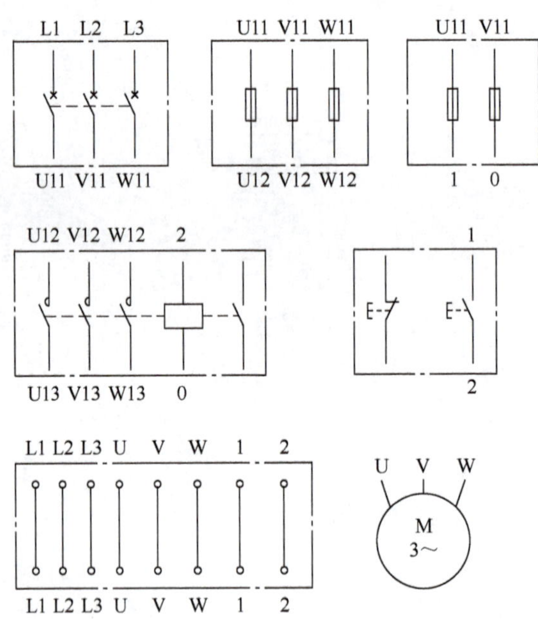

图 2-11　三相异步电动机点动控制电路接线图

2. 电路检查

（1）主电路检查　主电路故障检查（电阻测量法）如图 2-12 所示。

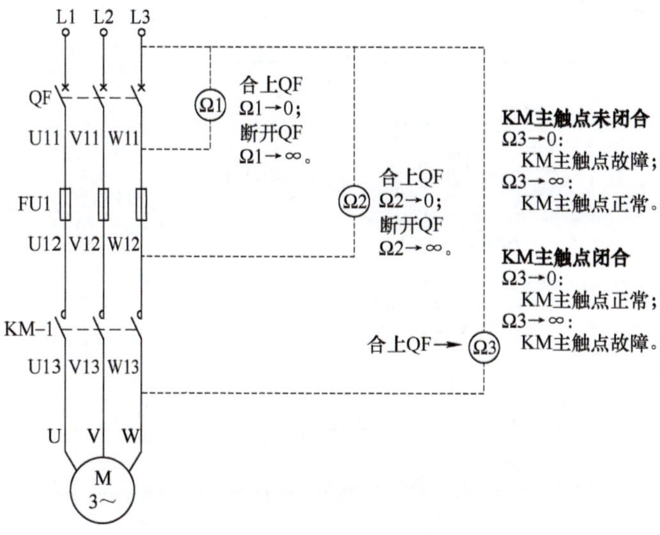

图 2-12　主电路故障检查（电阻测量法）

（2）控制电路检查　控制电路故障检查（电阻测量法）如图 2-13 所示。

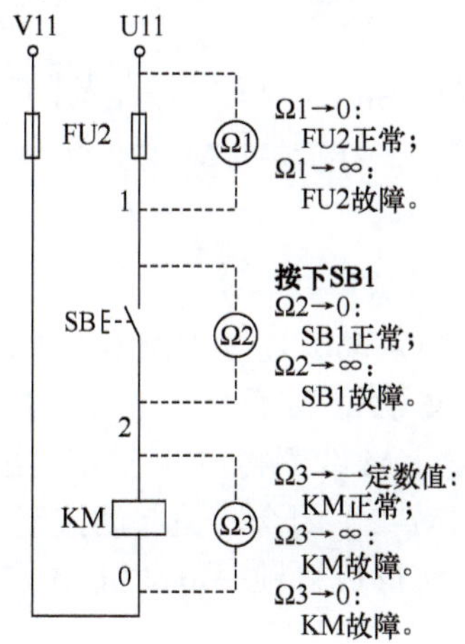

图 2-13　控制电路故障检查（电阻测量法）

3. 调试现象

1）按下起动按钮 SB →接触器线圈 KM 吸合→电动机转动。

2）松开起动按钮 SB →接触器线圈 KM 断开→电动机停止转动。

2.1.5　知识拓展

1. 三相异步电动机连续运行控制

可通过自锁实现电动机连续运行控制，如图 2-14 所示，常将接触器辅助常开触点与起动按钮并联。

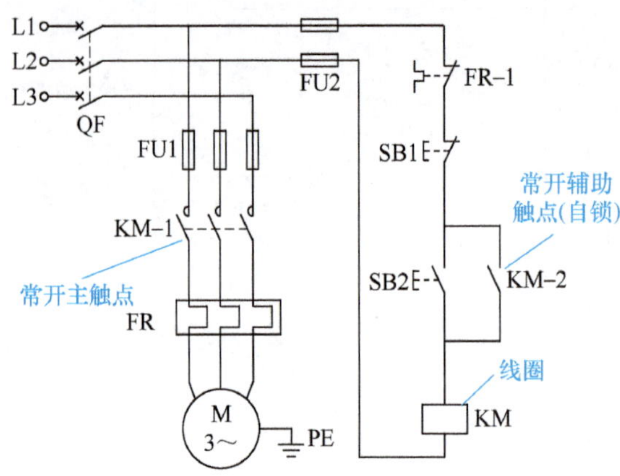

图 2-14　三相异步电动机连续运转控制电路原理图

（1）连续运行过程　合上隔离开关 QF，接通三相电源→按下起动按钮 SB2（常开触点闭合）→接触器 KM 线圈得电→ KM 主触点（KM-1）闭合→电动机 M 起动；KM 常开辅助触点（KM-2）闭合→形成自锁（即使松开起动按钮 SB2，接触器 KM 线圈也保持得电状态）→电动机 M 连续运行。

（2）停止过程　按下停止按钮 SB1（常闭触点断开）→接触器 KM 线圈失电→ KM 主触点（KM-1）恢复常态（断开）→电动机 M 停止运行；KM 常开辅助触点（KM-2）恢复常态（断开）→解除自锁。

2. 三相异步电动机点动、连续运行控制

图 2-15 所示为三相异步电动机点动、连续控制电路原理图。

（1）点动运行　合上隔离开关 QF，接通三相电源→按下点动起动按钮 SB3（常开触点闭合、常闭触点断开）→接触器 KM 线圈得电→ KM 主触点（KM-1）闭合→电动机 M 起动运行；KM 常开辅助触点（KM-2）闭合，但起动按钮 SB3 的常闭触点断开→ KM 常开辅助触点（KM-2）闭合，但无法形成自锁→电动机 M 点动运行。

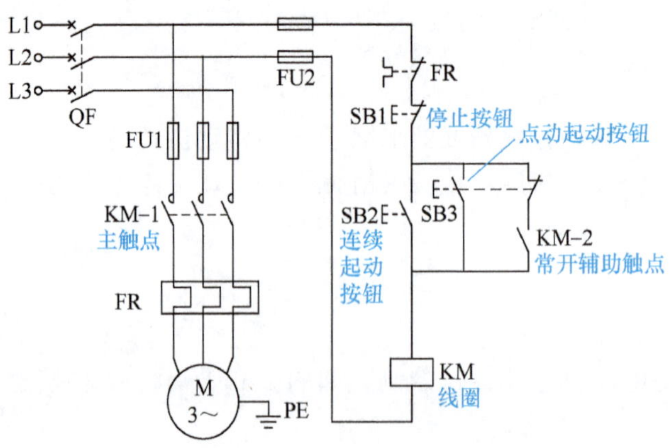

图 2-15　三相异步电动机点动、连续控制电路原理图

（2）连续运行　按下连续起动按钮 SB2（常开触点闭合）→接触器 KM 线圈得电→ KM 主触点（KM−1）闭合→电动机 M 起动；KM 常开辅助触点（KM−2）闭合→形成自锁（按钮 SB3 的常闭触点处于闭合状态）→电动机 M 连续运行。

（3）连续运行停止　按下停止按钮 SB1（常闭触点断开）→接触器 KM 线圈失电→ KM 主触点（KM−1）恢复常态（断开）→电动机 M 停止运行；KM 常开辅助触点（KM−2）恢复常态（断开）→解除自锁。

任务 2.2　三相异步电动机正反转控制电路的安装与调试

任务目标

1）掌握三相异步电动机正反转原理。

2）学会识读三相异步电动机正反转控制电路原理图、接线图和布置图。

3）学会分析按钮互锁、接触器互锁、双重联锁正反转控制电路的组成及工作流程。

4）学会安装和调试三相异步电动机正反转控制电路。

2.2.1　任务导入

图 2-16 所示为三相异步电动机正反转控制电路原理图。电动机正反转表示的是电动机顺时针转动和逆时针转动，将接至电动机三相电源进线中的任意两相对调，即可实现电动机反转。电动机正反转应用场合主要有机床工作台的前进与后退、起重机吊钩的上升与下降、卷帘门的开与关等。

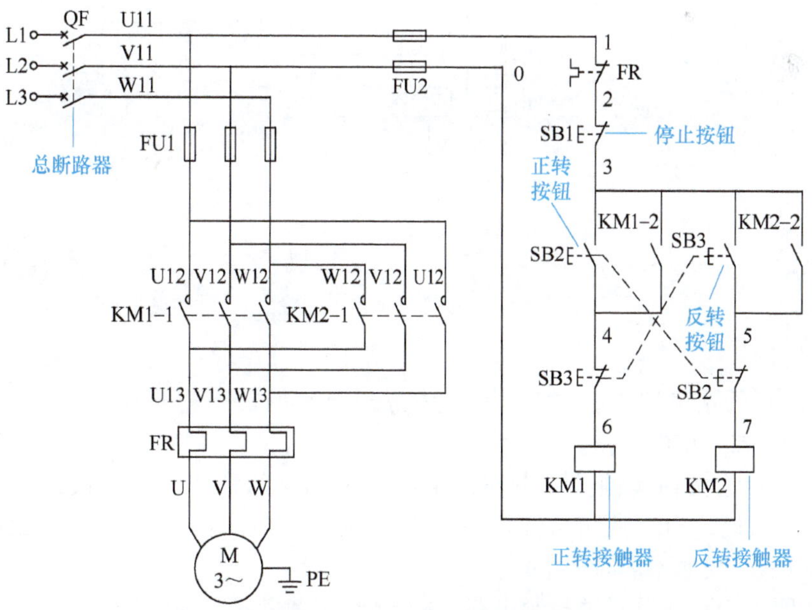

图 2-16　三相异步电动机正反转控制电路原理图

2.2.2 相关知识

1. 三相异步电动机的正反转

三相异步电动机的转向是由接入的三相绕组的电源相序 U、V、W 决定的，电流通过三相绕组并在定子上形成正向旋转的旋转磁场，电动机转子在其作用下正向旋转。当任意调整 U、V、W 中的两相接入电动机时，电流通过三相绕组就会在定子中形成反向旋转的旋转磁场，转子在其作用下即会反向旋转，实现电动机的反转，如图 2-17 所示。

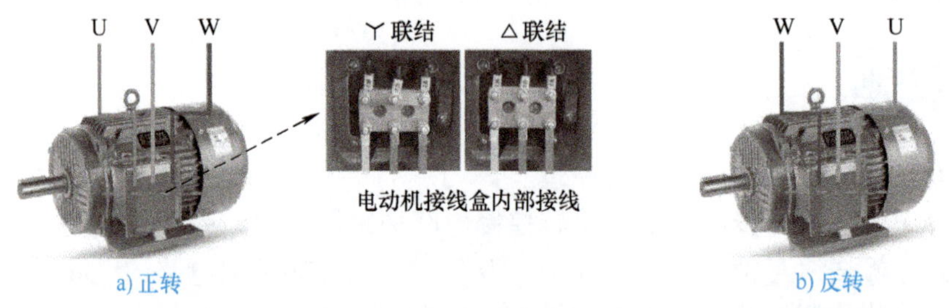

图 2-17 三相异步电动机的正反转

一般采用接触器调整任意两相，通常 V 相不变，将 U 和 W 相对调，如图 2-18 所示。

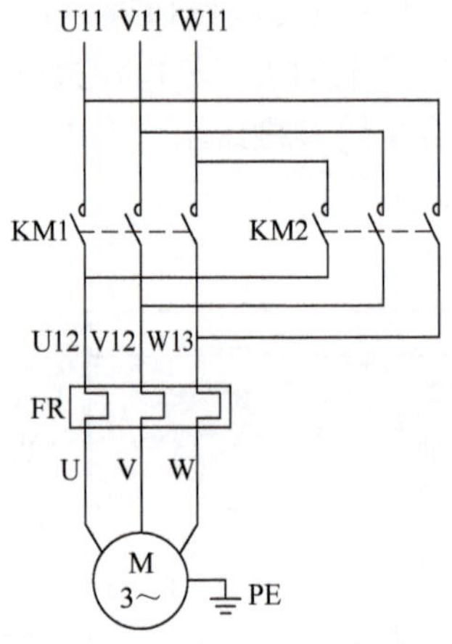

图 2-18 采用交流接触器实现三相异步电动机正反转

2. 互锁控制

互锁控制指的接触器、继电器、按钮等通过自身的常闭辅助触点，相互制约对方的线圈或触点不能同时得电动作。

图 2-19 所示为按钮互锁控制电路，正转按钮 SB2 的常闭触点串接在按钮 SB3 电路中。当按下 SB2 时，SB2 常闭触点断开，此时按下 SB3，KM2 线圈并不能得电，确保 KM1 线圈和 KM2 线圈不同时得电。

图 2-20 所示为接触器互锁控制电路，KM2 常闭辅助触点 KM2–2 串接在接触器 KM1 电路中。当电路接通电源后，按下起动按钮 SB1，接触器 KM1 线圈得电→接触器 KM1

的常闭辅助触点 KM1-2 断开；按下按钮 SB2 后，因 KM1-2 断开→接触器 KM2 线圈未通电，由此确保 KM1 和 KM2 线圈不会同时得电。

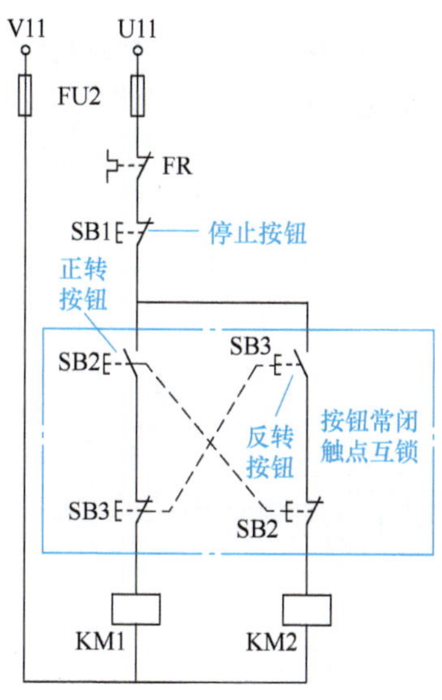

图 2-19　按钮互锁控制电路

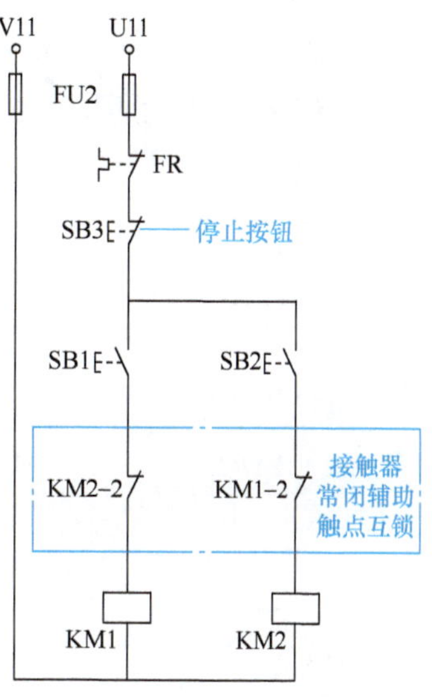

图 2-20　接触器互锁控制电路

2.2.3　电路组成与运行分析

1. 电路组成

三相异步电动机接触器互锁正反转运行控制线路

图 2-16 所示为三相异步电动机正反转控制电路原理图，主要由断路器（QF）、熔断器（FU1、FU2）、接触器（KM1、KM2）、热继电器（FR）、停止按钮（SB1）、正转按钮（SB2）、反转按钮（SB3）及电动机（M）等组成。

2. 电路运行分析

（1）正转运行分析　合上断路器 QF，接通三相电源→按下正转按钮 SB2（常开触点闭合，常闭触点断开）→接触器 KM1 线圈得电→ KM1 主触点（KM1-1）闭合→电动机 M 正向起动运行；KM1 常开辅助触点（KM1-2）闭合→形成自锁；松开正转按钮 SB2（触点恢复常态），由于自锁→ KM1 线圈持续得电→电动机连续正转运行。

（2）反转运行分析　按下反转按钮 SB3（常开触点闭合，常闭触点断开）→串接在 KM1 电路的 SB3 常闭触点断开→接触器 KM1 线圈失电→电动机停止正转；接触器 KM2 线圈得电→ KM2 主触点（KM2-1）闭合→电动机 M 反向起动运行；KM2 常开辅助触点（KM2-2）闭合→形成自锁；松开反转按钮 SB3（触点恢复常态），由于自锁→ KM2 线圈持续得电→电动机连续反转运行。

（3）停止运行分析　按下停止按钮 SB1 → SB1 常闭触点断开→接触器线圈失电→电动机停止运转。

按钮互锁控制电路使正反转接触器 KM1 和 KM2 不会同时得电，只需按下反转按钮（正转按钮）进行电动机反转起动（正转起动），而不用按下停止按钮。

2.2.4 任务实践

1. 接线图和接线

（1）电路标号　标号后的三相异步电动机正反转控制电路原理图如图 2-16 所示。

（2）元件接线图　图 2-21 所示为三相异步电动机正反转控制电路接线图。

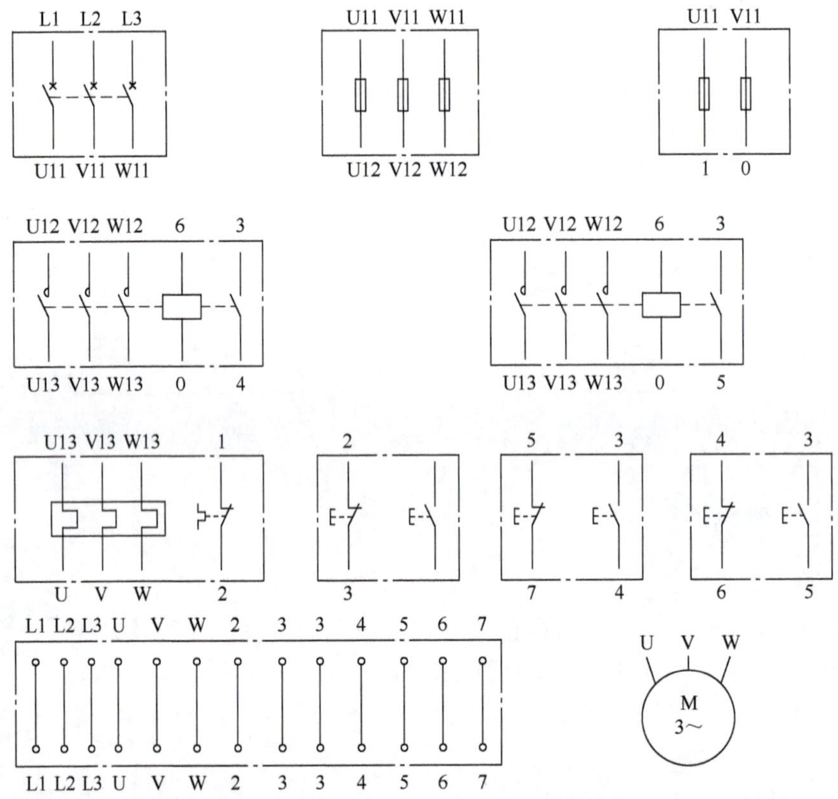

图 2-21　三相异步电动机正反转控制电路接线图

（3）安装接线　按照图 2-16 和图 2-21 进行安装接线，一般顺序为自左到右、从上到下。

2. 电路检查

采用电阻测量法或电压测量法对所接电路进行通电前检查。

3. 调试现象

1）按下正转按钮 SB2→接触器 KM1 线圈吸合→电动机正向转动；松开正转按钮 SB2→电动机保持正向转动。

2）按下反转按钮 SB3→接触器 KM2 线圈吸合→电动机反向转动；松开反转按钮 SB3→电动机保持反向转动。

3）按下停止按钮 SB1→接触器线圈断开→电动机停止转动。

由正转到反转切换或由反转到正转切换过程中，会听到两次线圈动作声音。

2.2.5 知识拓展

1. 接触器互锁正反转控制

可通过接触器互锁实现电动机正反转运行控制，如图 2-22 所示。

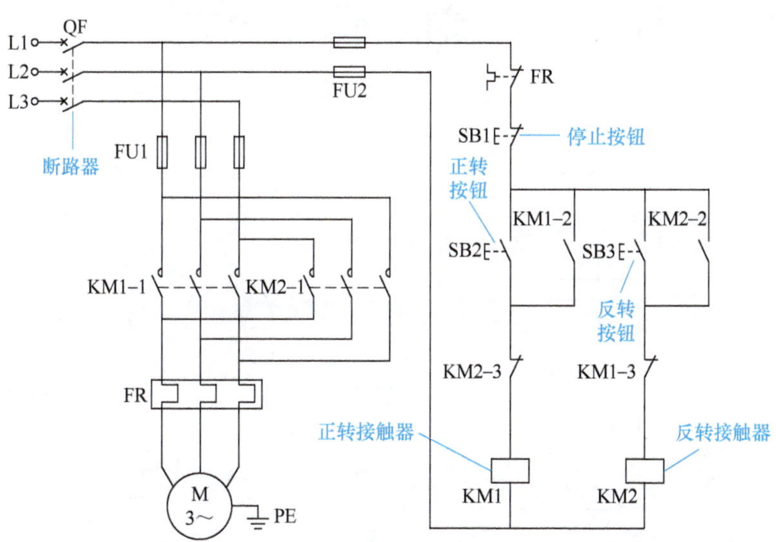

图 2-22　三相异步电动机正反转运行控制电路原理图

（1）正转运行分析

1）合上断路器 QF，接通三相电源。

2）按下正转按钮 SB2（常开触点闭合）→接触器 KM1 线圈得电。

3）KM1 常开主触点（KM1-1）闭合→电动机 M 正向起动运行；KM1 常开辅助触点（KM1-2）闭合→形成自锁（松开 SB2，电动机 M 保持正向连续转动）；KM1 常闭辅助触点（KM1-3）断开→防止反转接触器 KM2 线圈得电→确保 KM1 和 KM2 不同时接入电动机。

（2）反转运行分析

1）按下停止按钮 SB1（常闭触点断开）→接触器 KM1 线圈失电→ KM1 主触点复位。

2）按下反转按钮 SB3（常开触点闭合）→接触器 KM2 线圈得电。

3）KM2 常开主触点（KM2-1）闭合→电动机 M 反向起动运行；KM2 常开辅助触点（KM2-2）闭合→形成自锁（松开 SB3，电动机 M 保持反向连续转动）；KM2 常闭辅助触点（KM2-3）断开→防止正转接触器 KM1 线圈得电→确保 KM1 和 KM2 不同时接入电动机。

（3）停止运行分析　按下停止按钮 SB1（常闭触点断开）→接触器 KM2 线圈失电→ KM2 主触点复位→电动机停止运行。

接触器互锁正反转控制电路两个接触器不能同时吸合，否则造成电源短路。该电路的特点是当电动机正转运行时，若需要反转运行，必须停机后才能实现，反之亦然。

2. 三相异步电动机接触器、按钮双重互锁运行控制

可通过接触器、按钮双重互锁实现电动机正反转运行控制，如图 2-23 所示。

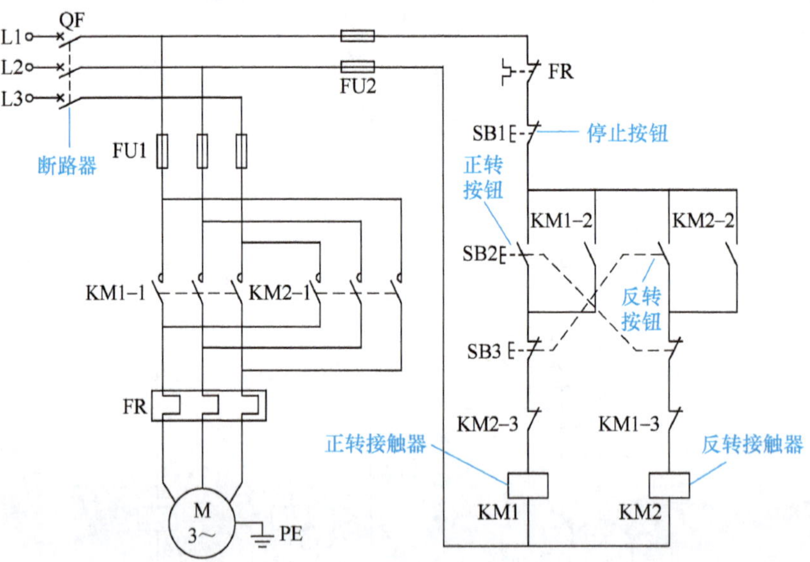

图 2-23　三相异步电动机接触器、按钮双重互锁运行控制电路原理图

（1）正转运行分析

1）合上断路器 QF，接通三相电源。

2）按下正转按钮 SB2 → SB2 常闭触点断开→防止反转接触器 KM2 线圈得电→实现互锁；SB2 常开触点闭合→接触器 KM1 线圈得电。

3）KM1 常开主触点（KM1-1）闭合→电动机 M 正向起动运行；KM1 常开辅助触点（KM1-2）闭合→形成自锁（松开 SB2，电动机 M 保持正向连续转动）；KM1 常闭辅助触点（KM1-3）断开→防止反转接触器 KM2 线圈得电→确保 KM1 和 KM2 不同时接通。

（2）反转运行分析

1）按下反转按钮 SB3 → SB3 常闭触点断开→正转接触器 KM1 线圈失电→ KM1 主触点复位→电动机正转停止；SB3 常开触点闭合→接触器 KM2 线圈得电。

2）KM2 常开主触点（KM2-1）闭合→电动机 M 反向起动运行；KM2 常开辅助触点（KM2-2）闭合→形成自锁（松开 SB3，电动机 M 保持反向连续转动）；KM2 常闭辅助触点（KM2-3）断开→防止正转接触器 KM1 线圈得电→确保 KM1 和 KM2 不同时接入电动机。

（3）停止运行分析　按下停止按钮 SB1（常闭触点断开）→接触器线圈失电→主触点复位→停止运行。

任务 2.3　三相异步电动机顺序控制电路的安装与调试

任务目标

1）掌握三相异步电动机顺序控制电路工作原理。
2）学会识读三相异步电动机顺序控制电路原理图、接线图和布置图。
3）学会安装和调试三相异步电动机顺序控制电路。

2.3.1　任务导入

图 2-24 所示为三相异步电动机顺序控制电路原理图。顺序起动指的是装有多台电动机的设备，各电动机按照一定顺序起动或者停止的控制方式。例如：X62 型万能磨床中主电动机起动后才能起动进给电动机，M7120 型平面磨床先起动砂轮电动机再起动冷却泵电动机。

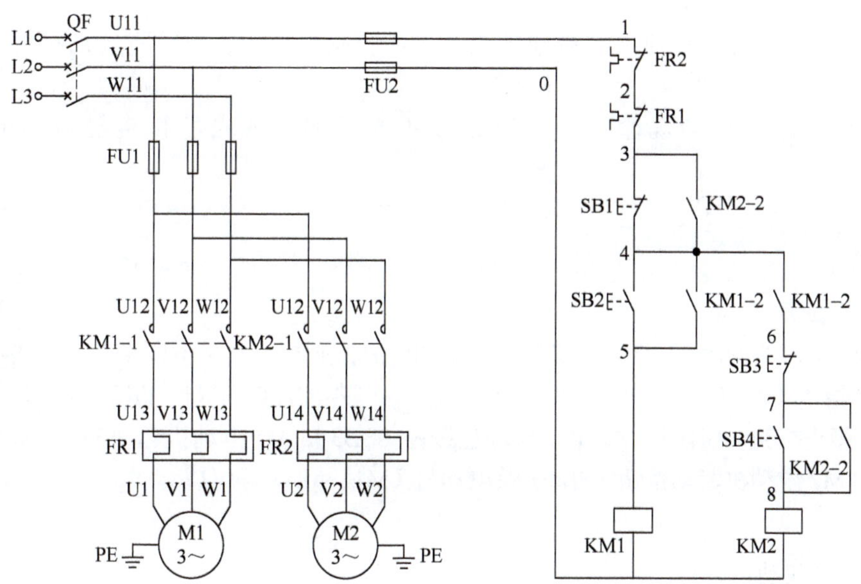

图 2-24　三相异步电动机顺序控制电路原理图

2.3.2　相关知识

1. 顺序控制

顺序控制指的是装有多台电动机的设备，各电动机按照一定顺序起动或者停止的控制方式，具有广泛的应用。顺序控制电路的特点是：

1）1# 电动机（接触器 KM1）先工作，2# 电动机（接触器 KM2）后工作→KM2 电路中串接 KM1 的常开辅助触点，如图 2-25 所示。

2）2# 电动机（接触器 KM2）停止工作后，1# 电动机（接触器 KM1）才能停止工作→KM2 常开辅助触点并联在停止按钮 SB1 两端，如图 2-26 所示。

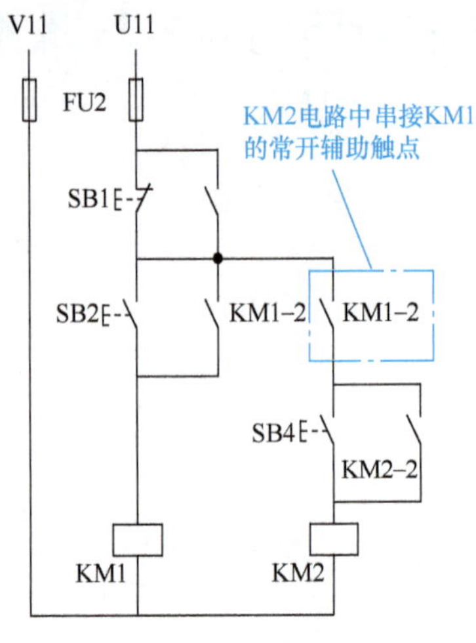

图 2-25　顺序起动

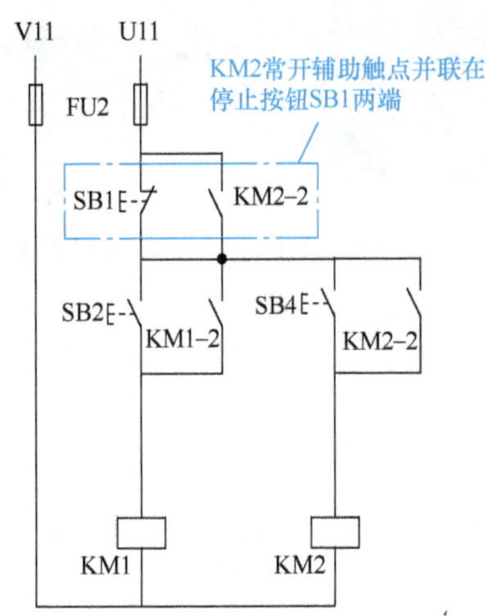

图 2-26　顺序停止

2. 顺序控制设计规律

（1）顺序起动设计规律　在后起动电动机的控制电路中，串接先起动接触器的辅助常开触点。

（2）顺序停止设计规律　在后停止按钮的两端并联先停止接触器的辅助常开触点。

2.3.3　电路组成与运行分析

1. 电路组成

三相异步电动机顺序控制线路原理

图 2-24 所示为三相异步电动机顺序控制电路原理图，主要由断路器（QF）、熔断器（FU1、FU2）、接触器（KM1、KM2）、热继电器（FR1、FR2）、M1 电动机停止按钮（SB1）、M2 电动机停止按钮（SB3）、M1 电动机起动按钮（SB2）、M2 电动机起动按钮（SB4）及电动机（M1、M2）等组成。

2. 电路运行分析

（1）顺序起动运行分析

1）合上断路器 QF，接通三相电源。

2）按下 M1 电动机起动按钮 SB2 → SB2 常开触点闭合→接触器 KM1 线圈得电。

3）KM1 常开主触点（KM1-1）闭合→电动机 M1 起动运行；KM1 常开辅助触点（KM1-2）闭合→ KM1-2（4-5）形成自锁（松开 SB2，电动机 M1 保持正向连续转动），KM1-2（4-6）闭合（电动机 M2 控制电路）→为电动机 M2 起动做好准备。

4）按下 M2 电动机起动按钮 SB4 → SB4 常开触点闭合→接触器 KM2 线圈得电。

5）KM2 常开主触点（KM2-1）闭合→电动机 M2 起动运行；KM2 常开辅助触点（KM2-2）闭合→ KM2-2（7-8）形成自锁（松开 SB4，电动机 M2 保持连续转动），KM2-2（3-4）形成自锁（按下 SB1，电动机 M2 保持连续运转）。

（2）逆序停止运行分析

1）按下 M2 电动机停止按钮 SB3 → SB3 常闭触点断开→接触器 KM2 线圈失电。

2）KM2 常开主触点（KM2-1）恢复为断开状态→电动机 M2 停止运行；KM2 常开辅助触点（KM2-2）恢复为断开状态→ KM2-2（7-8 和 3-4）解除自锁。

3）按下 M1 电动机停止按钮 SB1 → SB1 常闭触点断开→接触器 KM1 线圈失电。

4）KM1 常开主触点（KM1-1）恢复为断开状态→电动机 M1 停止运行；KM1 常开辅助触点（KM1-2）恢复为断开状态→ KM1-2（4-5）解除自锁→为顺序起动做好准备。

2.3.4　任务实践

1. 接线图和接线

（1）电路标号　标号后的三相异步电动机顺序控制电路原理图如图 2-24 所示。

（2）元件接线图　图 2-27 所示为三相异步电动机顺序控制电路接线图。

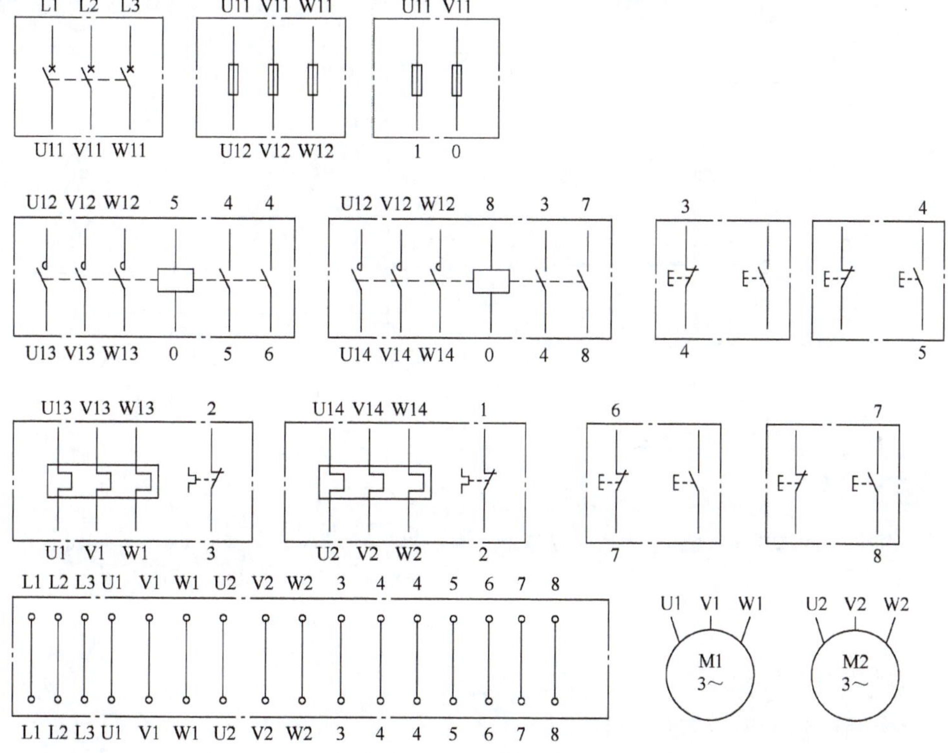

图 2-27　三相异步电动机顺序控制电路接线图

（3）安装接线　按照图 2-24 和图 2-27 进行安装接线，一般顺序为自左到右、从上到下。

2. 电路检查

采用电阻测量法或电压测量法对所接电路进行通电前检查。

3. 调试现象

1）按下起动按钮 SB2 →接触器 KM1 线圈吸合→电动机 M1 起动。

2）按下起动按钮 SB4 →接触器 KM2 线圈吸合→电动机 M2 起动。

3）按下停止按钮 SB3 →接触器 KM2 线圈断开→电动机 M2 停止。

4）按下停止按钮 SB1 →接触器 KM1 线圈断开→电动机 M1 停止。

当按钮按以下顺序按下时，观察电路有什么现象。
先按下 SB4，后按下 SB2，电动机是否能转动，为什么？
先按下 SB1，后按下 SB3，电动机是否能停止，为什么？

2.3.5 知识拓展

时间继电器控制的顺序控制电路

图 2-28 所示为时间继电器控制的顺序控制电路原理图。

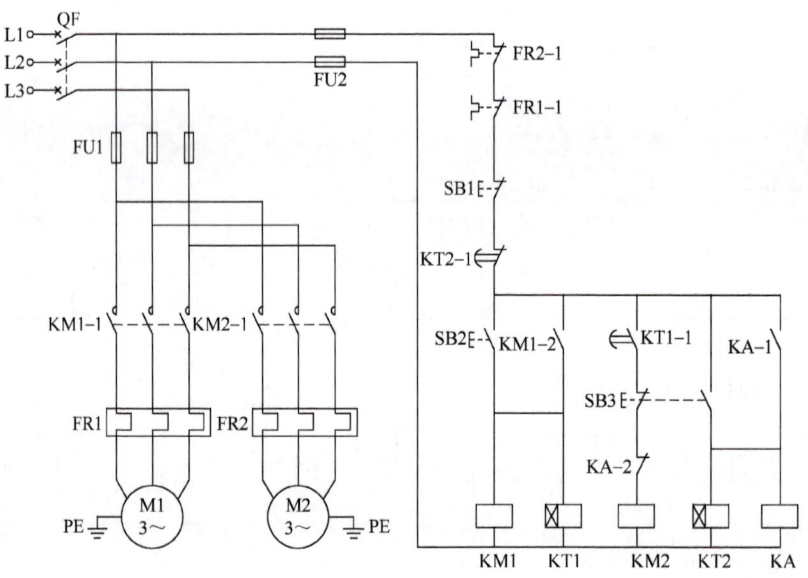

图 2-28 时间继电器控制的顺序控制电路原理图

（1）顺序起动运行分析

1）合上断路器 QF，接通三相电源。

2）按下起动按钮 SB2 → SB2 常开触点闭合→接触器 KM1 线圈得电，时间继电器 KT1 线圈得电。

3）KM1 常开主触点（KM1-1）闭合→电动机 M1 起动运行；KM1 常开辅助触点（KM1-2）闭合→形成自锁（松开 SB2，电动机 M1 保持正向连续转动）。

4）时间继电器延时常开触点 KT1-1 延时一定时间（设定值）后闭合→接触器 KM2 线圈得电。

5）KM2 常开主触点（KM2-1）闭合→电动机 M2 起动运行。

（2）逆序停止运行分析

1）按下停止按钮 SB3 → SB3 常闭触点断开→接触器 KM2 线圈失电；SB3 常开触点

闭合→时间继电器 KT2 线圈得电；过电流继电器 KA 线圈得电→ KA 常闭辅助触点 KA-2 断开→确保 KM2 线圈不会得电。

2）KM2 常开主触点（KM2-1）断开→电动机 M2 停止运行。

3）时间继电器延时常闭触点 KT2-1 延时一定时间（设定值）后断开→接触器 KM1 线圈失电。

4）KM1 常开主触点（KM1-1）断开→电动机 M1 停止运行。

任务 2.4　三相异步电动机 Y-Δ减压起动控制电路的安装与调试

任务目标

1）学会识读三相异步电动机 Y-Δ减压起动控制电路原理图、接线图和布置图。

2）学会安装和调试三相异步电动机 Y-Δ减压起动控制电路。

3）熟练掌握时间继电器工作原理。

2.4.1　任务导入

图 2-29 所示为三相异步电动机 Y-Δ减压起动控制电路原理图。电动机起动时，定子绕组接成 Y 联结，减小起动电流；电动机起动后，定子绕组由 Y 联结切换到Δ联结，电动机全压运行，Y-Δ减压起动仅适用于电动机正常工作时处于Δ联结的场合。

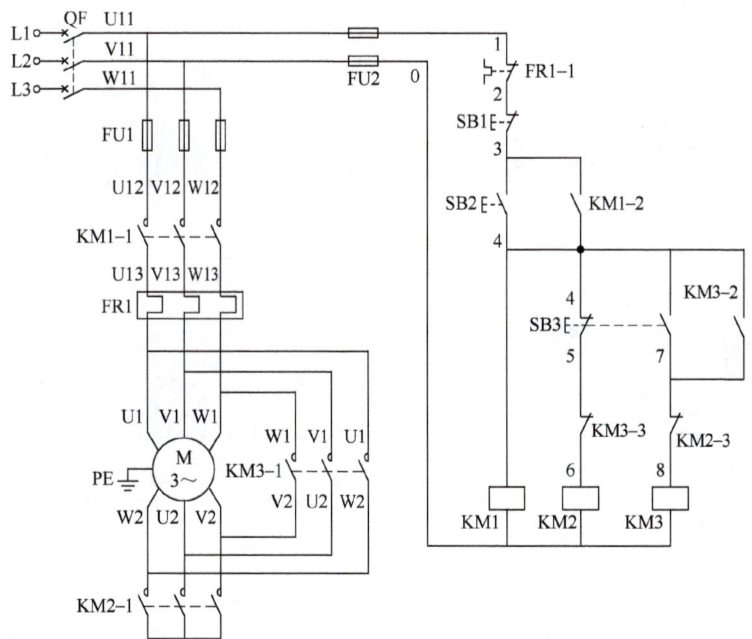

图 2-29　三相异步电动机 Y-Δ减压起动控制电路原理图

2.4.2 相关知识

1. 电动机减压起动

电动机直接起动电流一般是额定电流的 4 ～ 8 倍，容量大的电动机直接起动时，其瞬时起动电流较大，会对电网电压造成一定影响。一般采用减压起动方式解决上述问题，即起动时降低加在电动机定子绕组上的电压，起动后再恢复到额定电压运行。常用减压起动方法有Y-△减压起动、定子绕组串电阻减压起动、定子绕组串接自耦变压器减压起动、转子绕组串接电阻起动和转子绕组串接频敏变阻器起动。可采用经验公式（2-1）确定是否需要减压起动。

$$I_{st}/I_N \geqslant 0.75 + S/4P_N \tag{2-1}$$

式中，I_{st} 为电动机起动电流（A）；I_N 为电动机额定电流（A）；S 为电源变压器容量（kV·A）；P_N 为电动机额定功率（kW）。

满足式（2-1）时，必须采用减压起动。

2. 电动机绕组联结方式

三相异步电动机绕组联结方式有星形（Y）联结（见图 2-30 和图 2-31）和三角形（△）联结（见图 2-32 和图 2-33）。

由图 2-30 可知，Y联结时，三相交流电动机每相绕组承受的电压均为 220V。由图 2-32 可知，△联结时，三相交流电动机每相绕组承受的电压均为 380V。

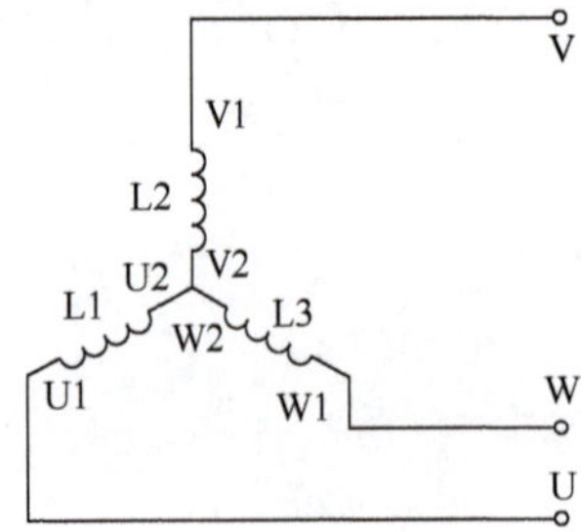

图 2-30　星形（Y）联结

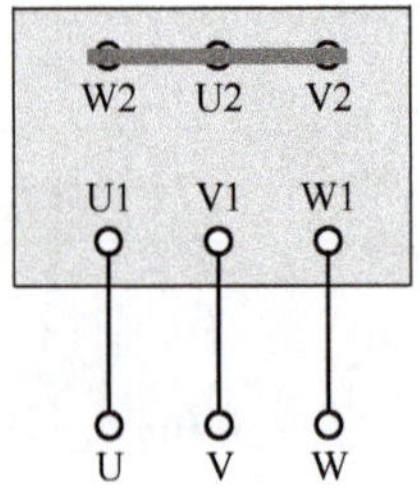

图 2-31　星形（Y）联结实际接线图

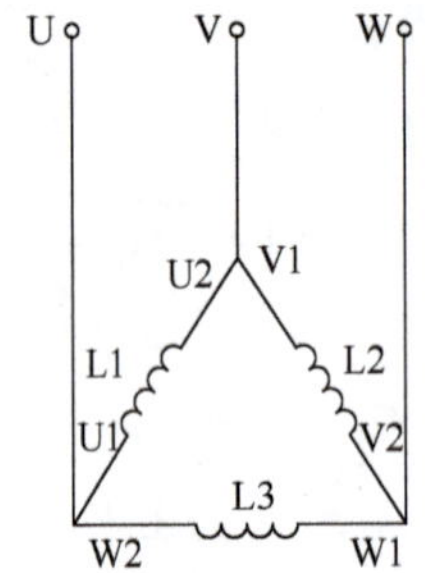

图 2-32　三角形（△）联结

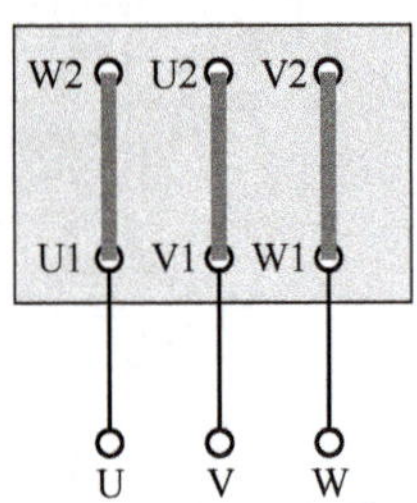

图 2-33　三角形（△）联结实际接线图

2.4.3　电路组成与运行分析

三相异步电动机丫-△降压起动控制线路

1. 电路组成

图 2-29 所示为三相异步电动机丫-△减压起动控制电路原理图，主要由断路器（QF）、熔断器（FU1、FU2）、接触器（KM1、KM2、KM3）、热继电器（FR1）、停止按钮（SB1）、丫联结起动按钮（SB2）、△联结切换按钮（SB3）及电动机（M）等组成。

2. 电路运行分析

（1）起动运行分析

1）合上断路器 QF，接通三相电源。

2）按下电动机起动按钮 SB2 → SB2 常开触点闭合→接触器 KM1 和 KM2 线圈得电。

① 接触器 KM1 线圈得电→ KM1 常开主触点（KM1-1）闭合，为减压起动运行做好准备；KM1 常开辅助触点（KM1-2）闭合→形成自锁。

② 接触器 KM2 线圈得电→ KM2 常开主触点（KM2-1）闭合→电动机丫起动运行；KM2 常闭辅助触点（KM2-3）断开→确保 KM3 线圈不得电。

3）当电动机转速达到额定转速时，按下△联结切换按钮 SB3。

① SB3 常闭触点断开→ KM2 线圈失电→ KM2 常开主触点（KM2-1）断开，KM2 常闭辅助触点（KM2-3）闭合→为 KM3 线圈得电做好准备。

② SB3 常开触点闭合→ KM3 线圈得电→ KM3 常开主触点（KM3-1）闭合→电动机切换到△联结，电动机在全压状态下运行；KM3 常开辅助触点（KM3-2）闭合→形成自锁；KM3 常闭辅助触点（KM3-3）断开→确保 KM2 线圈不得电。

（2）停止运行分析　按下停止按钮 SB1 → SB1 常闭触点断开→接触器 KM1 和 KM3 线圈失电。

1）KM1 常开主触点（KM1-1）断开→电动机 M 停止运行；KM1 常开辅助触点（KM1-2）断开→解除自锁。

2）KM3 常开主触点（KM3-1）断开→电动机 M 停止运行；KM3 常开辅助触点（KM3-2）断开→解除自锁；KM3 常闭辅助触点（KM3-3）闭合→为电动机再次起动做好准备。

2.4.4　任务实践

1. 接线图和接线

（1）电路标号　标号后的三相异步电动机丫-△减压起动控制电路原理图如图 2-29 所示。

（2）元件接线图　图 2-34 所示为三相异步电动机丫-△减压起动控制电路接线图。

（3）安装接线　按照图 2-29 和图 2-34 进行安装接线，一般顺序为自左到右、从上到下。

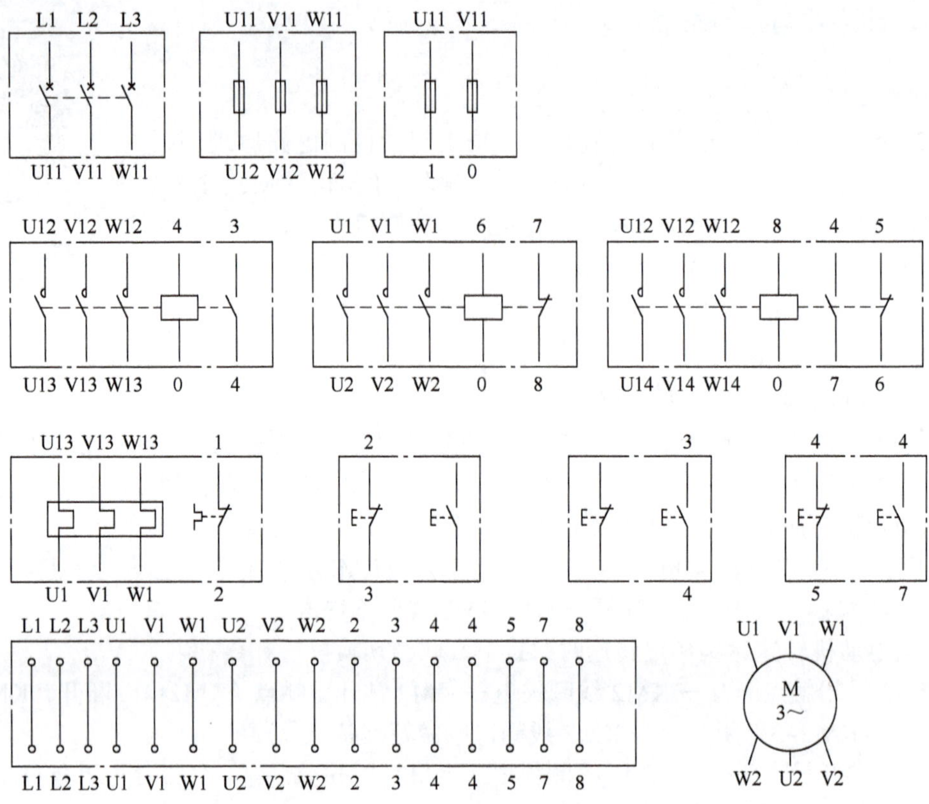

图 2-34　三相异步电动机Y-△减压起动控制电路接线图

2. 电路检查

采用电阻测量法或电压测量法对所接电路进行通电前检查。

3. 调试现象

1）按下起动按钮 SB2→接触器 KM1 线圈吸合→电动机 M 起动。

2）按下△联结切换按钮 SB3→KM2 线圈断开，KM3 线圈吸合→电动机 M 速度明显变快。

先按 SB3，后按 SB2，电动机是否能停止，为什么？

2.4.5　知识拓展

时间继电器控制的Y-△减压起动控制电路

图 2-35 所示为时间继电器控制的Y-△减压起动控制电路原理图。

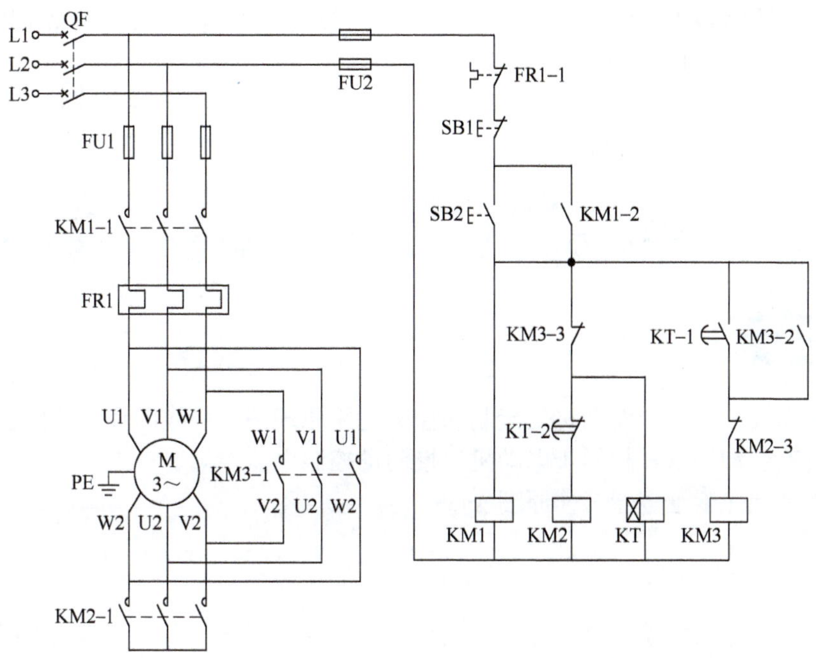

图 2-35　时间继电器控制的 Y－△减压起动控制电路原理图

（1）起动运行分析

1）合上断路器 QF，接通三相电源。

2）按下电动机起动按钮 SB2 → SB2 常开触点闭合→接触器 KM1 和 KM2 线圈得电，时间继电器 KT 线圈得电。

① 接触器 KM1 线圈得电→ KM1 常开主触点（KM1-1）闭合→为电动机通电做好准备；KM1 常开辅助触点（KM1-2）闭合→形成自锁。

② 接触器 KM2 线圈得电→ KM2 常开主触点（KM2-1）闭合→电动机 Y 联结起动运行；KM2 常闭辅助触点（KM2-3）断开→确保 KM3 线圈不得电。

③ 时间继电器 KT 线圈得电→ KT 常闭辅助触点（KT-2）延时断开→接触器 KM2 线圈失电→ KM2 常开主触点（KM2-1）断开→解除电动机 Y 联结；KM2 常闭辅助触点（KM2-3）闭合→为△联结做好准备。

④ 时间继电器 KT 线圈得电→ KT 常开辅助触点（KT-1）延时闭合→接触器 KM3 线圈得电→ KM3 常开主触点（KM3-1）闭合→电动机切换到△联结，在全压状态下运行；KM3 常开辅助触点（KM3-2）闭合→形成自锁；KM3 常闭辅助触点（KM3-3）断开→确保 KM2 线圈不得电，实现互锁控制。

（2）停止运行分析

按下停止按钮 SB1 → SB1 常闭触点断开→接触器 KM1 和 KM3 线圈失电，时间继电器 KT 线圈失电。

1）接触器 KM1 线圈失电→ KM1 常开主触点（KM1-1）断开→电动机 M 停止运行；KM1 常开辅助触点（KM1-2）断开→解除自锁。

2）接触器 KM3 线圈失电→ KM3 常开主触点（KM3-1）断开→解除电动机 M △联

结；KM3 常开辅助触点（KM3-2）断开→解除自锁；KM3 常闭辅助触点（KM3-3）闭合→解除互锁，为电动机再次起动做好准备。

3）时间继电器 KT 线圈失电→KT 常开触点（KT-1）断开，KT 常闭触点（KT-2）闭合，为电动机再次起动做好准备。

任务 2.5　三相异步电动机反接制动控制电路的安装与调试

任务目标

1）学会识读三相异步电动机反接制动控制电路原理图、接线图和布置图。

2）学会安装和调试三相异步电动机反接制动控制电路。

3）熟练掌握速度继电器工作原理。

2.5.1　任务导入

图 2-36 所示为三相异步电动机反接制动控制电路原理图。反接制动控制电路是大中型机电设备常用的电路。

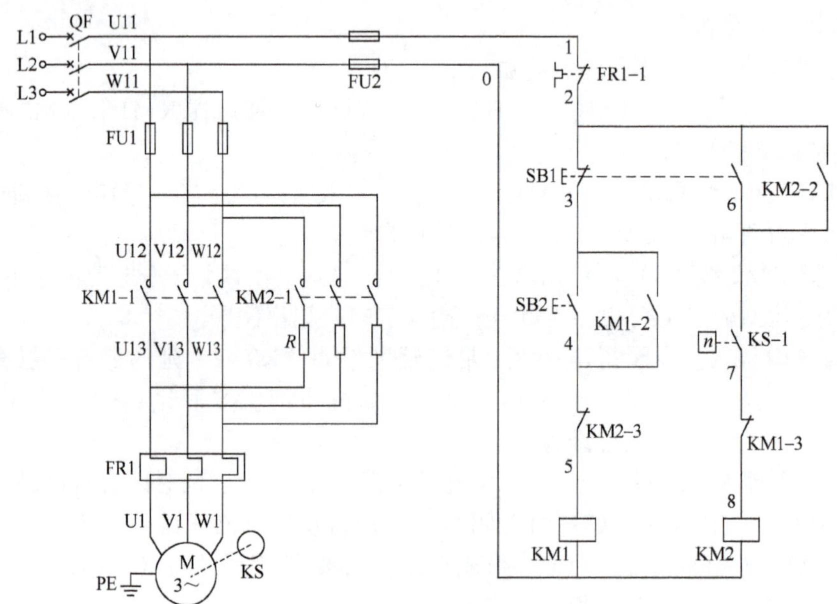

图 2-36　三相异步电动机反接制动控制电路原理图

2.5.2　相关知识

1. 电动机反接制动控制

由于惯性的作用，电动机切断电源后，经过一定时间才能完全停止，为提高生产效率和加工精度，一般采用一定手段使电动机在切断电源后能迅速准确停车。三相异步电动机常见制动方式有电磁抱闸制动、定子绕组短接制动、能耗制动和反接制动等。

反接制动是指通过改变电动机电源相序，使定子绕组产生的旋转磁场与转子旋转方向相反，产生制动力矩的一种制动方法，具有电路简单、成本低和调整方便等优点。

当电动机在反接制动转矩作用下转速接近 0 时，必须立即切断电源，否则电动机将反转。电路的目标是制动，因此电路必须具备及时切断反接电源的功能。反接制动需要在电枢支路接入限流电阻 R，限制并消耗制动产生的大电流。

反接制动电阻的接法有对称电阻法和非对称电阻法，如图 2-37 所示。一般制动电阻采用对称电阻法，即三相分别串接相同的制动电阻。

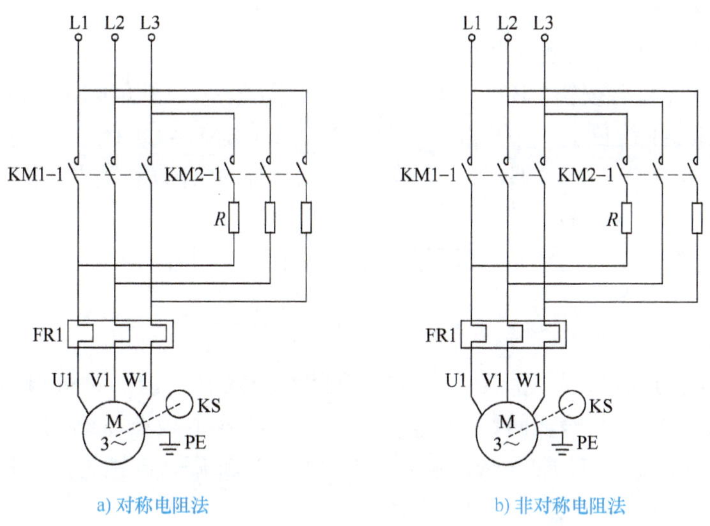

图 2-37　三相异步电动机反接制动电阻接法

2. 速度继电器

速度继电器用于检测电动机的转速和方向，并根据转速大小实现电路通断。其作用一般是将速度大小作为信号与接触器配合，实现对电动机的反接制动，当电动机转速接近 0 时，速度继电器触点状态发生转变，常开触点闭合，常闭触点断开。图 2-38 所示为速度继电器图形及文字符号。

图 2-39 所示为速度继电器内部结构。

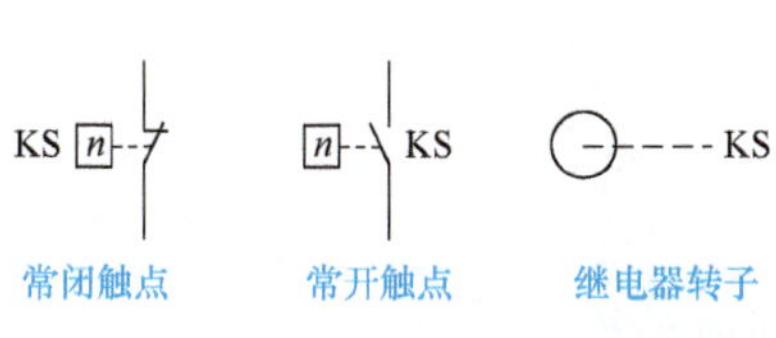

图 2-38　速度继电器图形及文字符号

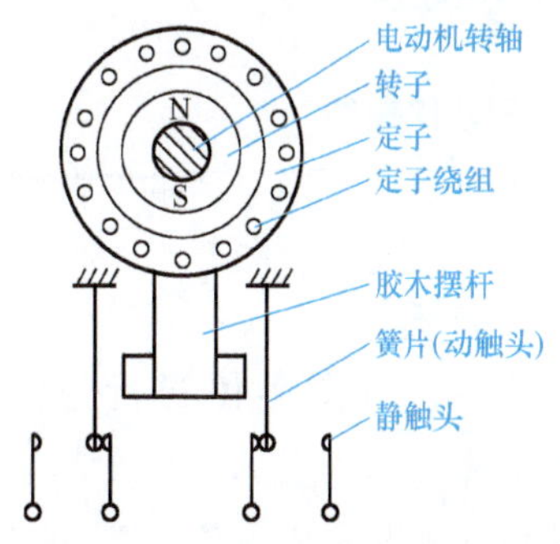

图 2-39　速度继电器内部结构

2.5.3 电路组成与运行分析

1. 电路组成

图 2-36 所示为三相异步电动机反接制动控制电路原理图，主要由断路器（QF）、熔断器（FU1、FU2）、接触器（KM1、KM2）、热继电器（FR1）、停止按钮（SB1）、起动按钮（SB2）、速度继电器（KS）及电动机（M）等组成。

2. 电路运行分析

（1）起动运行分析

1）合上断路器 QF，接通三相电源。

2）按下电动机起动按钮 SB2 → SB2 常开触点闭合→接触器 KM1 线圈得电。

3）接触器 KM1 线圈得电→ KM1 常开主触点（KM1-1）闭合→电动机起动运行；KM1 常开辅助触点（KM1-2）闭合→形成自锁；KM1 常闭辅助触点（KM1-3）断开→防止 KM2 线圈得电→实现互锁控制。

4）速度继电器 KS 与电动机 M 同轴转动→ KS 常开触点（KS-1）闭合→为制动做好准备。

（2）停机运行分析

1）按下 M 电动机停止按钮 SB1 → SB1 常闭触点断开，SB1 常开触点闭合。

① SB1 常闭触点断开→ KM1 线圈失电→ KM1 常开主触点（KM1-1）断开→电动机断电但保持惯性运行；KM1 常开辅助触点（KM1-2）断开→自锁解除；KM1 常闭辅助触点（KM1-3）闭合→解除互锁。

② SB1 常开触点闭合→ KM2 线圈得电→ KM2 常开主触点（KM2-1）闭合→电动机串接限流电阻 R 反接制动；KM2 常开辅助触点（KM2-2）闭合→形成自锁；KM2 常闭辅助触点（KM2-3）断开→防止 KM1 线圈得电→实现互锁控制。

2）按下 SB1 后，制动开始，电动机转速降低，当电动机转速降至 0 时，速度继电器 KS 常开触点由闭合状态切换为断开状态→ KM2 线圈失电。KM2 常开主触点（KM2-1）断开→切断电动机电源，制动结束→ M 停止运行。KM2 常开辅助触点（KM2-2）断开→解除自锁；KM2 常闭辅助触点（KM2-3）闭合→解除互锁。

2.5.4 任务实践

1. 接线图和接线

（1）电路标号　标号后的三相异步电动机反接制动控制电路原理图如图 2-36 所示。

（2）元件接线图　图 2-40 所示为三相异步电动机反接制动控制电路接线图。

（3）安装接线

按照图 2-36 和图 2-40 进行安装接线，一般顺序为自左到右、从上到下。

2. 电路检查

采用电阻测量法或电压测量法对所接电路进行通电前检查。

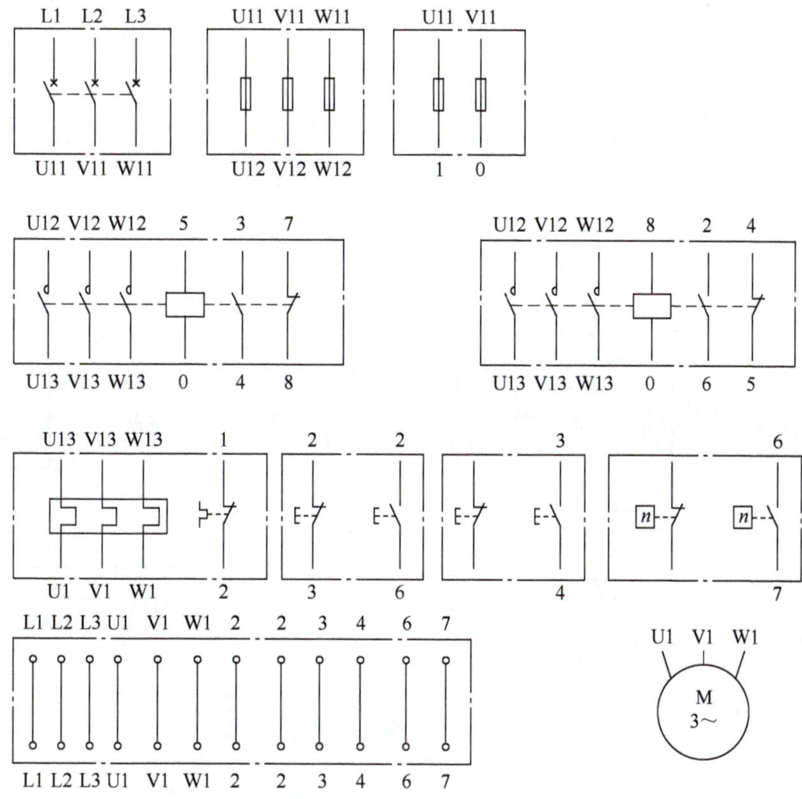

图 2-40　三相异步电动机反接制动控制电路接线图

3. 调试现象

1）按下起动按钮 SB2 →接触器 KM1 线圈吸合→电动机 M 起动，并保持连续运转。

2）按下停止按钮 SB1 → KM1 线圈断开，KM2 线圈吸合→电动机 M 反接制动。

2.5.5　知识拓展

1. 三相交流电动机半波整流制动控制电路

图 2-41 所示为三相交流电动机半波整流制动控制电路原理图。

（1）起动运行分析

1）合上断路器 QF，接通三相电源。

2）按下电动机起动按钮 SB2 → SB2 常开触点闭合→接触器 KM1 线圈得电。

3）接触器 KM1 线圈得电→ KM1 常开主触点（KM1-1）闭合→电动机起动运转；KM1 常开辅助触点（KM1-2）闭合→形成自锁；KM1 常闭辅助触点（KM1-3）断开→防止 KM2 线圈得电→实现互锁控制。

（2）停止运行分析

1）按下 M 电动机停止按钮 SB1 → SB1 常闭触点断开，SB1 常开触点闭合。

2）SB1常闭触点断开→KM1线圈失电→KM1常开主触点（KM1-1）断开→电动机断电但保持惯性运转；KM1常开辅助触点（KM1-2）断开→解除自锁；KM1常闭辅助触点（KM1-3）闭合→解除互锁。

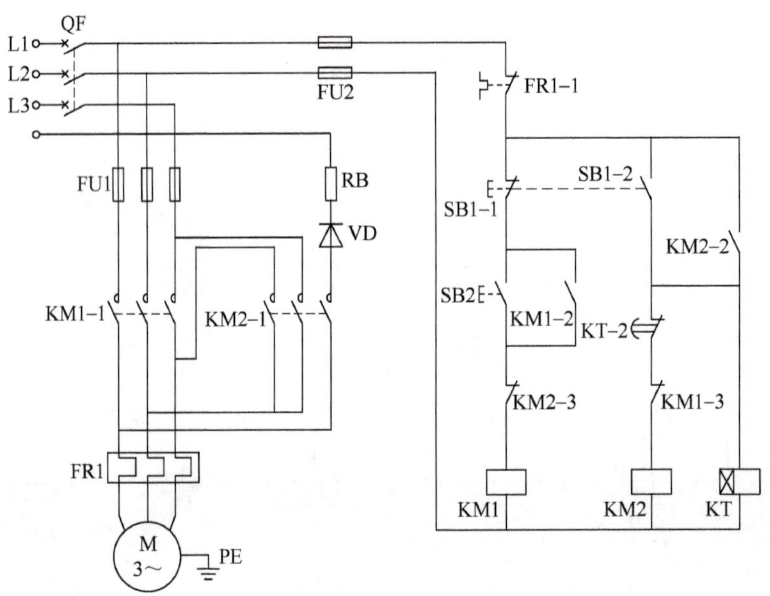

图2-41　三相交流电动机半波整流制动控制电路原理图

SB1常开触点闭合→KM2线圈得电，时间继电器KT线圈得电。

3）KM2线圈得电→KM2常开主触点（KM2-1）闭合→电动机的两相绕组短接，第三相绕组接半波整流电路到中性端N，形成直流能耗制动；KM2常开辅助触点（KM2-2）闭合→形成自锁；KM2常闭辅助触点（KM2-3）断开→防止KM1线圈得电→实现互锁控制。

时间继电器KT线圈得电→延时到设定时间后，KT常闭触点（KT-2）断开→KM2线圈失电。

4）KM2线圈失电→KM2常开主触点（KM2-1）断开→切断电动机电源，制动结束→M停止运行；KM2常开辅助触点（KM2-2）断开→解除自锁；KM2常闭辅助触点（KM2-3）闭合→解除互锁。

5）KM2常开辅助触点（KM2-2）断开→时间继电器KT线圈失电→KT常闭触点（KT-2）闭合→为再次起动做准备。

2. 电磁抱闸制动控制电路

图2-42所示为电磁抱闸制动控制电路。

（1）起动运行分析

1）合上断路器QF，接通三相电源。

2）按下电动机起动按钮SB2→SB2常开触点闭合→接触器KM1线圈得电。

3）接触器KM1线圈得电→KM1常开主触点（KM1-1）闭合→电动机起动运行；

KM1 常开辅助触点（KM1-2）闭合→形成自锁。

4）KM1 常开主触点（KM1-1）闭合→电磁抱闸 YB 线圈通电。

5）电磁抱闸 YB 线圈通电→线圈产生磁场力→制动杠杆向上移动→闸瓦与闸轮松开→电动机正常工作。

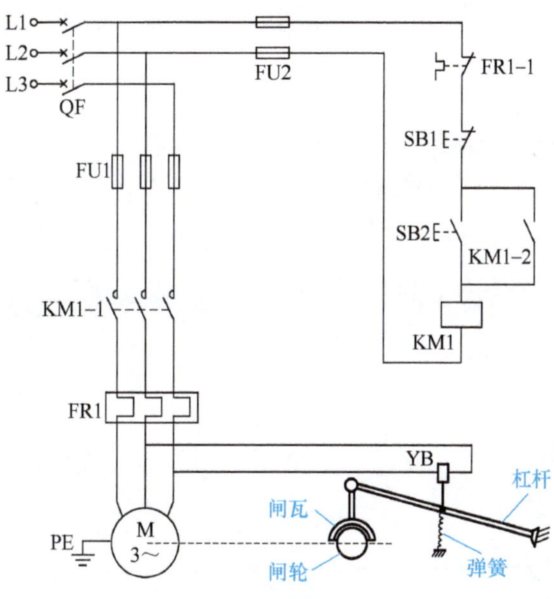

图 2-42　电磁抱闸制动控制电路

（2）停机运行分析

1）按下 M 电动机停止按钮 SB1 → SB1 常闭触点断开。

2）SB1 常闭触点断开→交流接触器 KM1 常开主触点（KM1-1）断开→电动机断电但保持惯性运转；KM1 线圈失电→ KM1 常开辅助触点（KM1-2）断开→解除自锁。

3）KM1 常开主触点（KM1-1）断开→电磁抱闸 YB 线圈失电→线圈磁场力消失→制动杠杆恢复→闸瓦与闸轮抱牢（弹簧力作用下）→电动机被迅速制动。

电磁抱闸制动控制电路在起重机械上具有广泛用途。

思考与练习

1.［单选题］电气控制电路图一般分为（　　）、电气元件布置图和电气安装接线图。

A. 一次电路图　　B. 电气原理图　　C. 二次电路图　　D. 电力系统图

2.［单选题］用万用表电阻档测量 1-0 之间的电阻值，在测量过程中，若出现电阻测量值接近于（　　），则说明电路中存在短路，应逐一检查。

A. 线圈电阻值　　B. 1　　C. 0　　D. ∞

3.［多选题］电气原理图一般分为主电路和辅助电路，其中辅助电路主要包括（　　）。

A. 控制电路　　B. 信号电路　　C. 照明电路　　D. 保护电路

4.［多选题］故障检查主要包括（　　）。

A. 电流测量法　　B. 电阻测量法　　C. 电压测量法　　D. 电容测量法

5.［判断题］绘制电气原理图时，根据图形布置的需要，可将图形符号旋转绘制，一般顺时针旋转 90°，但文字符号不可倒置。（　　）

6.［思考题］什么是电气控制原理图?

7.［思考题］简述电气控制原理图绘制的基本原则?

8.［思考题］控制电路完成接线后必须进行检查，其中短路检查和故障检查的目的是什么?

项目 3

S7-1200 PLC 相关知识应用

项目描述

本项目以指示灯控制电路为载体，介绍 S7-1200 的硬件结构与硬件组态方法，编程软件与仿真软件的安装和使用方法，编程语言、工作过程、程序设计的基础知识，程序下载、调试和仿真的方法。本项目任务列表及知识点见表 3-1。

表 3-1　本项目任务列表及知识点

项目名称	知识点
任务 3.1　S7-1200 PLC 基础知识	PLC 分类、结构、工作过程
任务 3.2　TIA 博途软件创建工程项目	项目创建、仿真

项目目标

1）了解 PLC 硬件结构及系统组成。

2）掌握编程软件的安装与使用方法。

3）掌握 PLCSIM 仿真和下载。

4）培养学生执着专注、作风严谨、精益求精、敬业守信、推陈出新的大国工匠精神。

任务 3.1　S7-1200 PLC 基础知识

任务目标

1）了解 PLC 的结构及特点。

2）掌握 PLC 的分类及应用。

3）了解 PLC 的工作过程。

4）掌握安装和拆卸 S7-1200 PLC 硬件的方法。

3.1.1 任务导入

S7-1200 PLC 主要由 CPU、信号模块、通信模块、信号板和端子板组成，各种模块安装在标准 DIN 导轨上。S7-1200 PLC 的硬件组成具有高度的灵活性，用户可以根据自身需求确定 PLC 的结构，系统扩展十分方便。

3.1.2 相关知识

1. PLC 的产生与定义

可编程控制器(PLC)简介与分类

PLC 是可编程序控制器（Programmable Logic Controller）的简称。20 世纪 60 年代，以继电器 - 接触器组成的控制系统为主。1968 年，美国通用汽车公司提出研制新型工业控制装置来取代继电器控制，拟定了 10 项公开招标技术要求。1969 年，美国数字化设备公司根据招标要求，研制出世界上第一台 PLC（PDP-14），并在通用汽车公司使用。

国际电工委员会对 PLC 定义如下：可编程序控制器是一种数字运算操作的电子系统，专为工业环境下的应用而设计。它采用可编程序的存储器，用来在其内部存储执行逻辑运算、顺序控制、定时、计数和算术运算等操作的指令，并通过数字、模拟的输入和输出，控制各种类型的机械或生产过程。

2. PLC 的结构与特点

PLC 一般由 CPU、存储器、通信接口、输入模块和输出模块组成，如图 3-1 所示，PLC 的结构与作用见表 3-2。

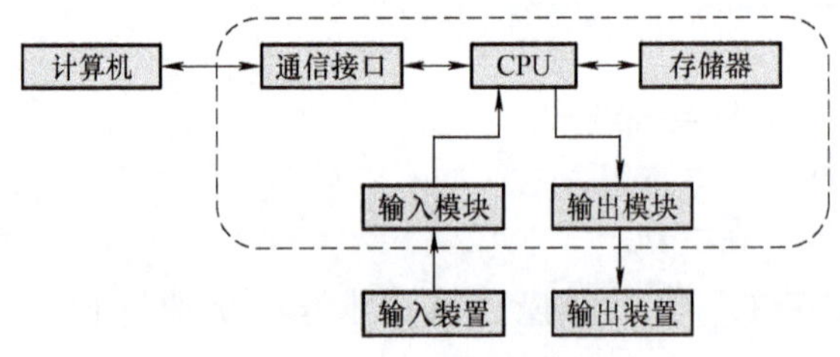

图 3-1 PLC 结构框图

表 3-2 PLC 的结构与作用

名称	作用
CPU	1）完成 PLC 内所有的控制和监视操作 2）由控制器、运算器和寄存器组成 3）通过控制总线、地址总线和数据总线与存储器、输入 / 输出接口电路连接
存储器	1）系统程序存储器和用户程序存储器 2）系统程序存储器存放厂家编写的系统程序，固化在只读存储器（ROM）中 3）用户程序存储器存放用户根据控制要求编写的应用程序，存储在随机存储器（RAM）中
输入 / 输出（I/O）模块	1）输入 / 输出模块是 PLC 与工业现场设备相连接的接口 2）输入 / 输出信号可以是数字量或模拟量 3）输入 / 输出模块是 PLC 内部弱电信号与工业现场强电信号联系的桥梁
通信接口	1）通过以太网通信协议 TCP/IP 与编程软件进行通信 2）与 HMI、PLC、第三方设备通信

PLC 具有编程简单，容易掌握，功能强，性价比高，硬件配套齐全，用户使用方便，适应性强，可靠性高，抗干扰能力强，系统的设计、安装、调试及维护工作量少，体积小，重量轻，功耗低等特点。

3. PLC 的分类

西门子 PLC 按控制规模可分为小型机、中型机和大型机，见表 3-3。

表 3-3 PLC 按控制规模分类

类型	典型产品	功能与用途
小型机	S7-1200	1）控制点数 <256，用户程序存储器的容量 <8KB 2）完成对逻辑运算、计时、计数、移位、步进控制等功能 3）通信网络中常作为从站 4）控制点数 <64 的称为微小型或微型 PLC
中型机	S7-300	1）控制点数在 256 ～ 2048 之间，用户程序存储器的容量 <50KB 2）常用于中型控制场合 3）通信网络中既可以作为主站又可作为从站
大型机	S7-400	1）控制点数在 2048 以上，用户程序存储器的容量超过 50KB 2）常用于大型控制场合，点数多、功能强、运算速度快 3）通信网络中常作为主站

西门子 PLC 按结构形式可分为整体式和模块式，见表 3-4。

表 3-4 PLC 按结构形式分类

类型	典型产品	特点
整体式	S7-1200	1）将电源、CPU 和 I/O 模块都集中在一个机壳内 2）由包含不同 I/O 点数的基本单元和扩展单元组成 3）基本单元包含 CPU，扩展单元由电源和 I/O 模块组成 4）一般配备具有特殊功能的单元，如模拟量处理模块、位置控制模块等
模块式	S7-300/400	1）将 PLC 分成若干单独模块，如电源模块、CPU 模块、I/O 模块等 2）由机架和各种模块组成 3）配置灵活、装配方便、便于扩展和维修 4）一般大、中型 PLC 采用模块式结构

4. PLC 的工作过程

PLC 的工作方式采用不断循环的顺序扫描工作方式。每次扫描所用的时间称为扫描周期或工作周期。CPU 从第一条指令开始，按顺序逐条执行用户程序直到用户程序结束，然后返回第一条指令开始新的一轮扫描。PLC 就是这样周而复始地重复上述循环扫描的。

S7-1200 PLC CPU 的基本工作原理

S7-1200 PLC CPU 的数据访问

5. S7-1200 PLC CPU 模块

（1）技术参数　S7-1200 PLC 有 5 种型号的 CPU 模块，即 1211C、1212C、1214C、1215C 和 1217C，其主要技术参数见表 3-5。

表 3-5　S7–1200 PLC CPU 主要技术参数

CPU 参数	1211C	1212C	1214C	1215C	1217C
类型	DC/DC/DC、AC/DC/RLY、DC/DC/RLY				
板载数字量 I/O	6DI/4DO	8DI/6DO	14DI/10DO	14DI/10DO	14DI/10DO
板载模拟量 I/O	2AI	2AI	2AI	2AI/2AO	2AI/2AO
最大本地数字量 I/O	14	82	284	284	284
最大本地模拟量 I/O	3	19	67	69	69
过程映像大小	输入 1024B、输出 1024B				
高速计数器	3	4	6		
位存储器（M）	4096B		8192B		
信号模块（SM）扩展	无	最多 2 个	最多 8 个		
PROFINET 以太网通信接口	1			2	
信号板、电池板或通信板	1				
通信模块（左侧扩展）	3				
上升沿 / 下降沿中断	6/6	8/8	12/12	12/12	12/12

（2）硬件接线　根据供电电源和输出接口电路不同，S7–1200 PLC CPU 分为 DC/DC/DC、AC/DC/RLY、DC/DC/RLY 3 种类型。

图 3-2 所示为 DC/DC/DC 型 CPU 硬件接线图。供电电源（L+、M）一般为外部直流电源 24V；输入接口电路为直流电源 24V，对于漏型输入，将“–”连接到 1M，对于源型输入，将“+”连接到 1M；输出接口电路只能驱动直流负载，需要提供直流 24V 电源。

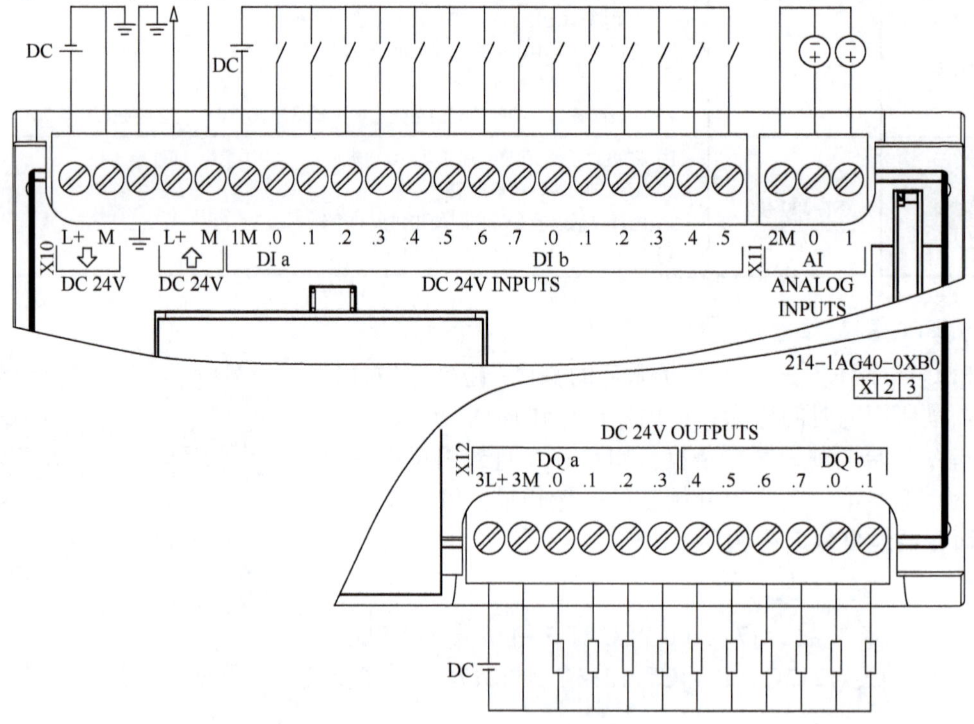

图 3-2　DC/DC/DC 型 CPU 硬件接线图

图 3-3 所示为 AC/DC/RLY 型 CPU 硬件接线图。供电电源（L1、N）一般为外部交流电源 120 ～ 240V；输入接口电路为直流电源 24V，对于漏型输入，将“－”连接到 1M，对于源型输入，将“+”连接到 1M；输出接口电路为无源节点（1L），可驱动交流、直流负载，根据实际情况选择。

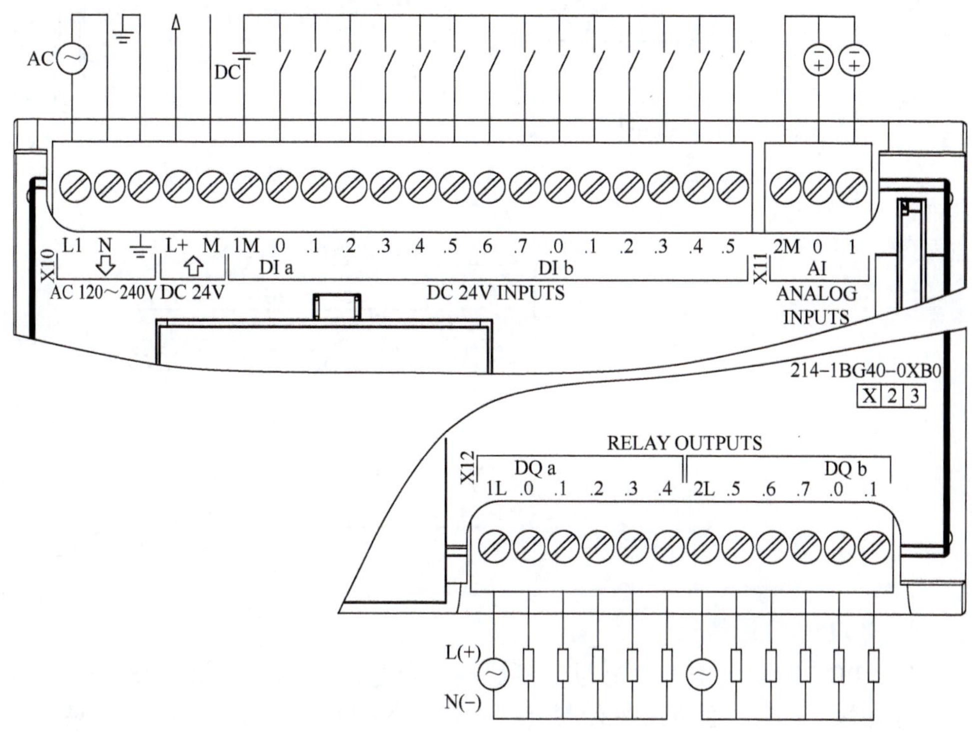

图 3-3　AC/DC/RLY 型 CPU 硬件接线图

图 3-4 所示为 DC/DC/RLY 型 CPU 硬件接线图。供电电源（L+、M）一般为外部直流电源 24V；输入接口电路为直流电源 24V，对于漏型输入，将“－”连接到 1M，对于源型输入，将“+”连接到 1M；输出接口电路为无源节点（1L），可驱动交流、直流负载，根据实际情况选择。

6. S7-1200 PLC 信号板和信号模块

信号板和信号模块用于扩展 CPU 能力，所有 CPU 的正面均可增加一块信号板，CPU 的右侧可增加信号模块。

（1）信号板　S7-1200 PLC 可支持扩展一块信号板，用于增加数字量或模拟量 I/O。信号板类型有数字量输入 SB1221DC、数字量输出 SB1222DC、数字量输入 / 输出 SB1223DC/DC、模拟量输入 SB1231、模拟量输出 SB1232 5 种。

（2）信号模块　与信号板相比，信号模块可为 CPU 提供更多 I/O 点。可将信号模块依次安装在 CPU 的右侧，通过通信总线连接。信号模块有数字量输入模块 SM1221、数字量输出模块 SM1222、数字量输入 / 输出模块 SM1223、模拟量输入模块 SM1231、模拟量输出模块 SM1232、模拟量输入 / 输出模块 SM1233 6 种。

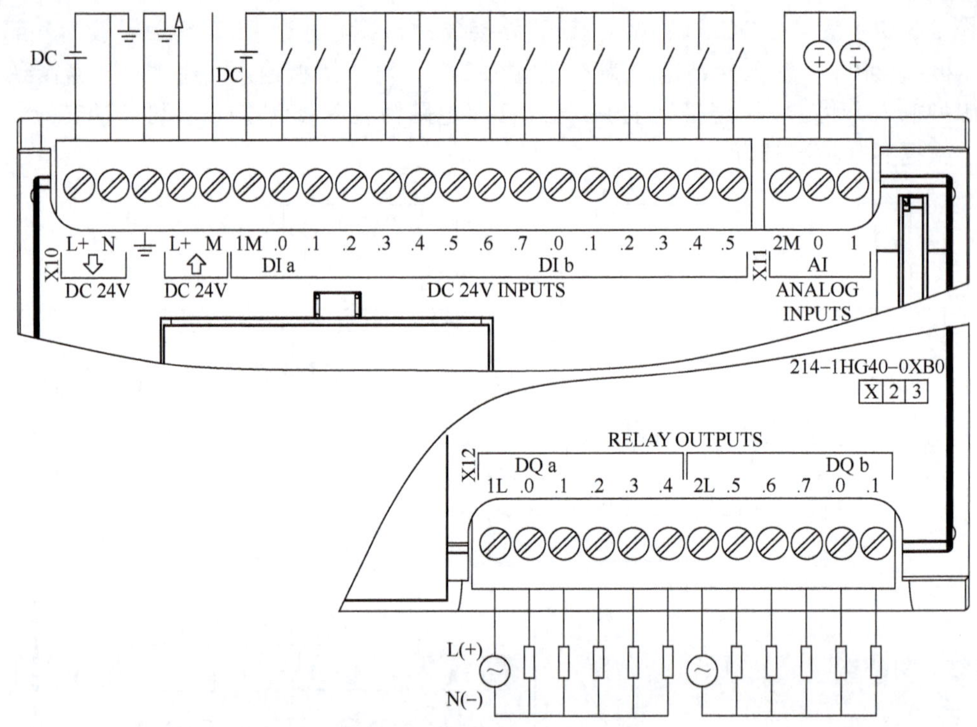

图 3-4　DC/DC/RLY 型 CPU 硬件接线图

7. S7-1200 PLC 通信模块

S7-1200 PLC 最多可增加 3 个通信模块和 1 个通信信号板，依次安装在 CPU 的左侧，通过通信总线连接。通信模块有点到点通信模块 CM1241、Profibus 通信模块、AS-i 通信模块、工业远程通信模块 4 种。

3.1.3　任务实践

1）将 S7-1200 PLC 垂直或者水平安装在标准 DIN 导轨或面板上。

2）确保 S7-1200 PLC 安装位置与上、下、左、右的设备之间至少留出 25mm 的空间，并且确保 S7-1200 PLC 与控制柜外壳之间的距离≥25mm。

3）当采用垂直安装方式时，其允许的最大环境温度要比水平安装方式低 10℃，并且确保 CPU 被安装在最下方。

任务 3.2　TIA 博途软件创建工程项目

任务目标

1）掌握 S7-1200 项目的创建步骤和方法。

2）掌握 PLCSIM 的基本使用方法。

3）掌握 TIA 博途软件与 PLC 连接的基本方法。

3.2.1　任务导入

利用 TIA 博途软件设计一个起保停控制电路的程序，完成创建工程项目、编制基本程序、PLCSIM 仿真和下载等。

3.2.2　相关知识

TIA 博途软件是首个采用统一工程组态和软件项目环境的自动化软件，在同一开发环境中实现控制器、HMI 和 PC 系统的组态。TIA 博途软件包括 TIA Portal、TIA WinCC 和 TIA Startdrive 等。

1. 创建 TIA 博途工程项目

双击 TIA Portal V15 图标，打开 TIA 软件，选择“启动 / 创建新项目”，如图 3-5 所示。在“项目名称”中输入项目名称，在“路径”中输入项目存放路径，根据实际情况填写“作者”和“注释”，“项目名称”和“路径”可根据具体情况进行修改，如图 3-6 所示。单击“创建”，完成工程项目创建，如图 3-7 所示。

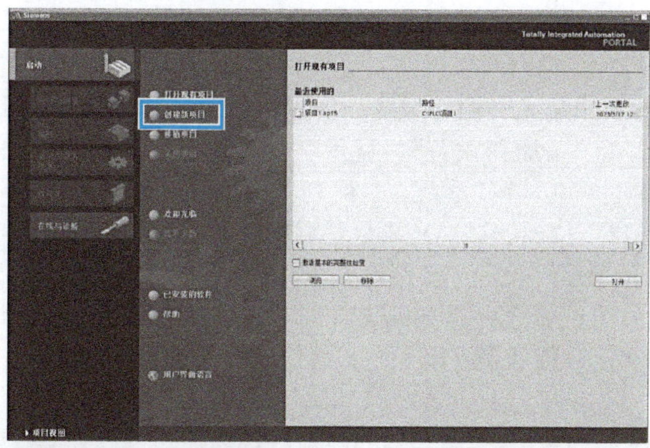

图 3-5　选择“启动 / 创建新项目”

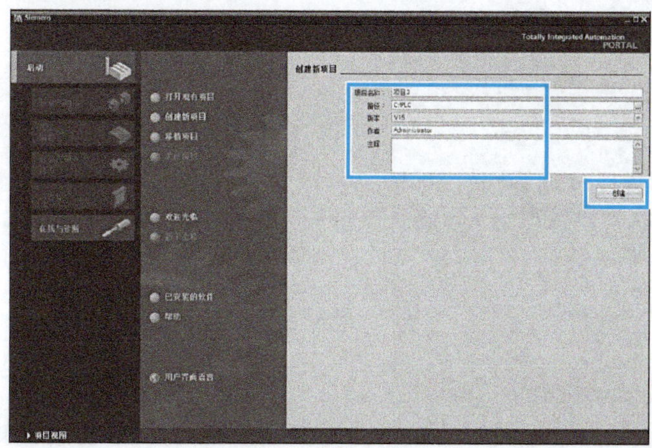

图 3-6　输入新项目参数

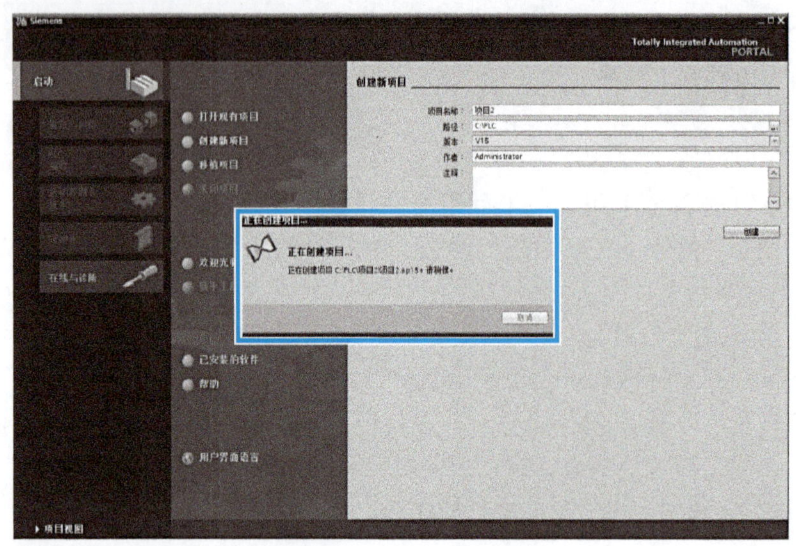

图 3-7　完成工程项目创建

在图 3-8 所示界面中单击“组态设备”，开始对 S7–1200 PLC 的硬件进行组态。在图 3-9 所示界面中选择“添加新设备”，显示“添加新设备”界面，如图 3-10 所示，出现“控制器”“HMI”和“PC 系统”3 种新设备。依次单击“控制器 → SIMATIC S7–1200 → CPU → CPU 1214C DC/DC/DC”，订货号为“6ES7 214–1AG40–0XB0”，版本为 V4.2，如图 3-11 所示，勾选“打开设备视图”，单击“添加”，进入“设备视图”界面，如图 3-12 所示。图 3-13 所示为“常规”选项卡，显示目录信息等。图 3-14 所示为“PROFINET 接口［X1］”选项卡，用于设置通信地址等信息。

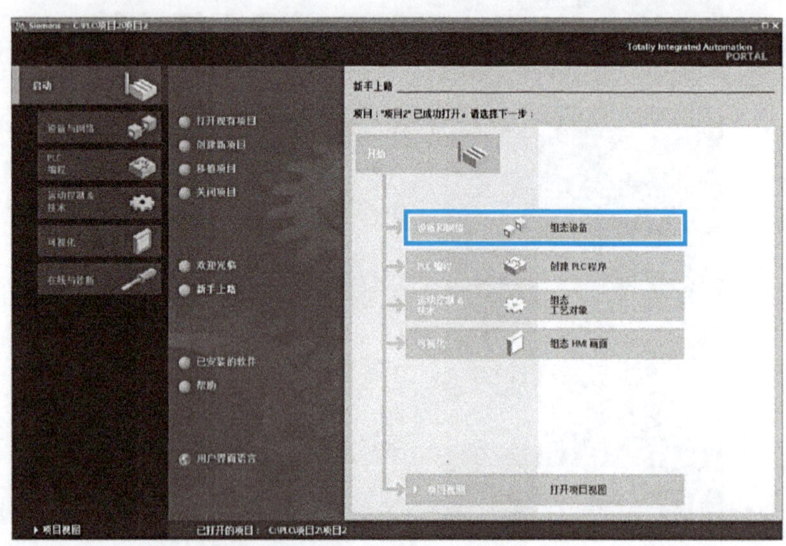

图 3–8　单击“组态设备”

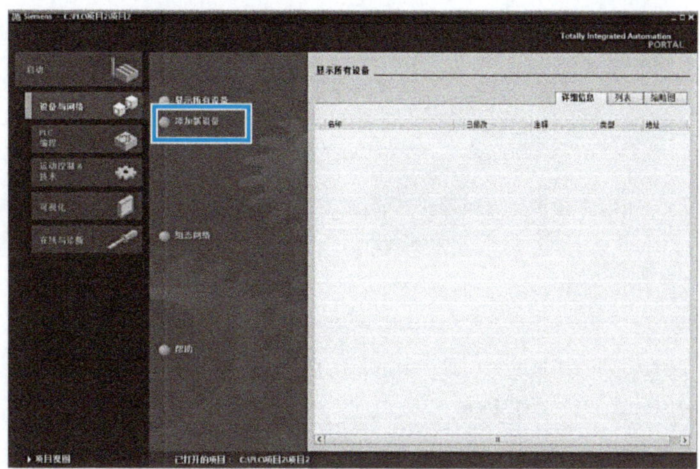

图 3-9　选择“添加新设备”

图 3-10　“添加新设备”界面

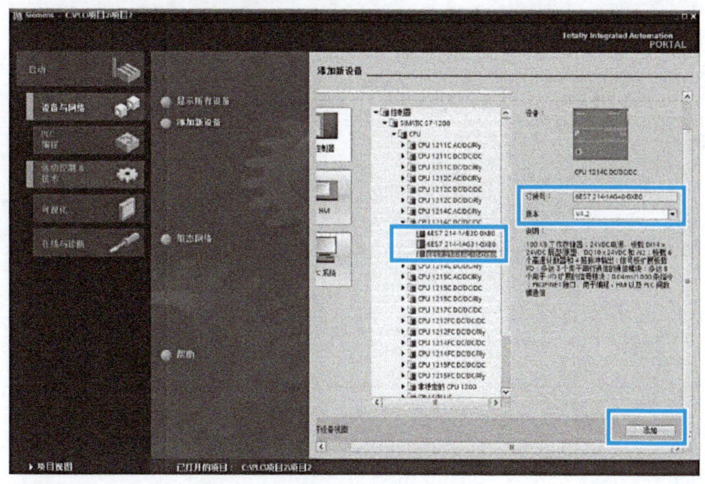

图 3-11　设置新设备参数

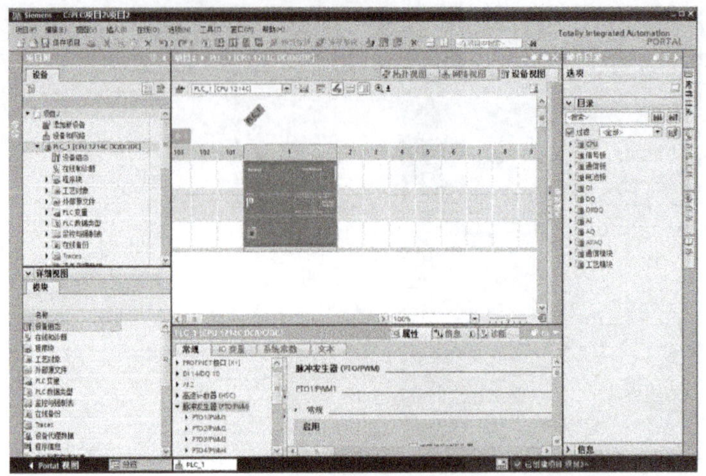
图 3-12 “设备视图”界面

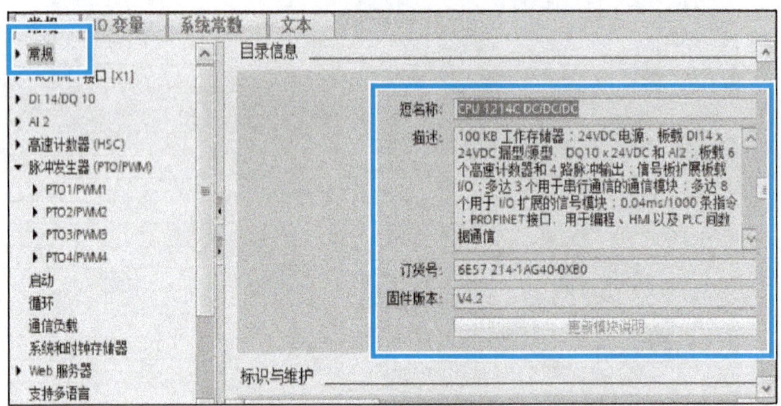

图 3-13 “常规”选项卡

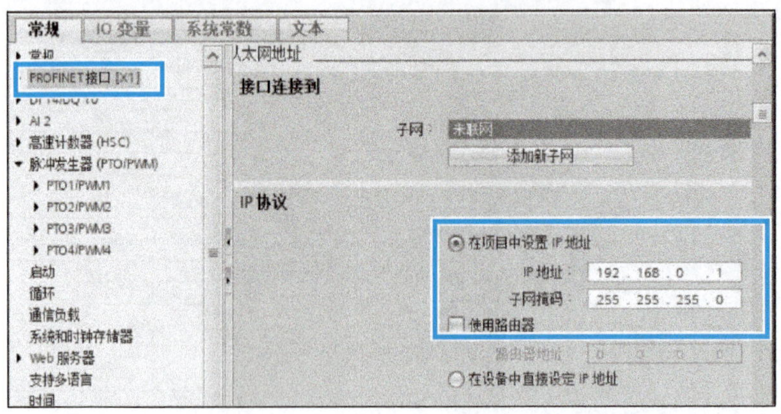

图 3-14 “PROFINET 接口 [X1]”选项卡

2. PLC 编程准备

图 3-15 所示为“项目树”界面，单击“PLC 变量”左侧的“▶”，双击“添加新变

量表”，出现如图 3-16 所示的“默认变量表”界面。

单击“程序块”左侧的“▶”，双击“ Main [OB1]”，如图 3-17 所示，出现程序编写界面，如图 3-18 所示。

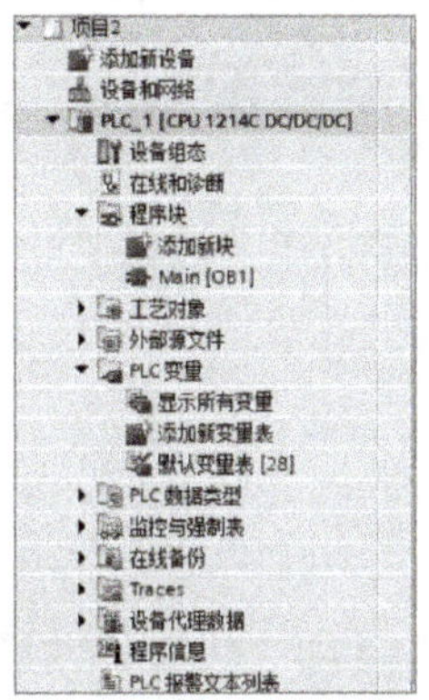

图 3-15　“项目树”界面

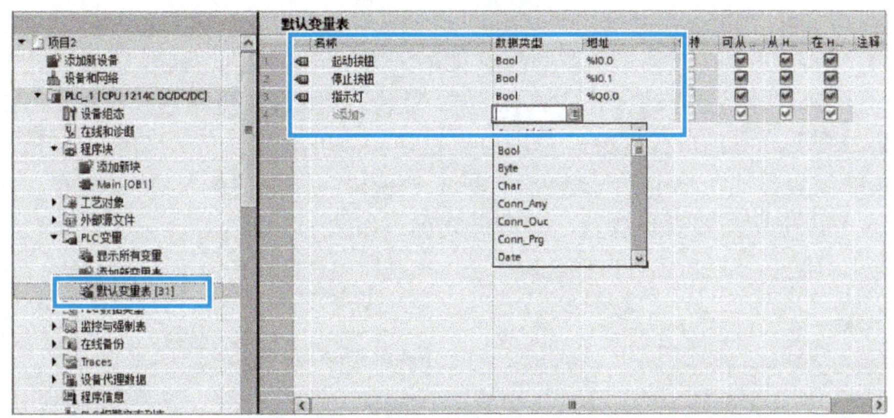

图 3-16　“默认变量表”界面

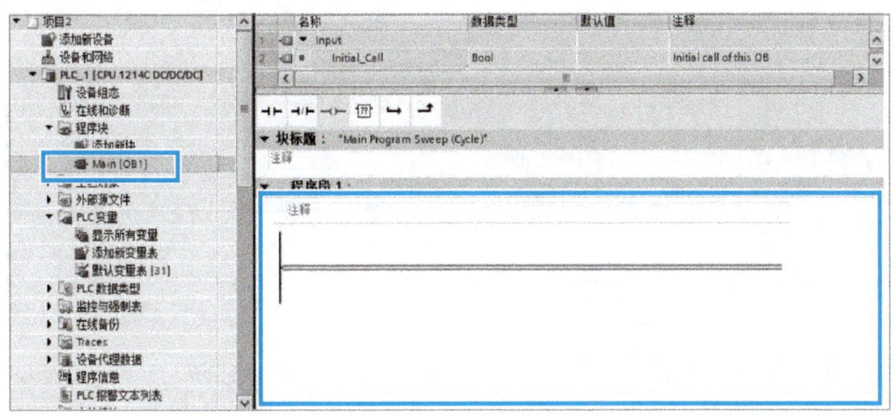

图 3-17　双击“Main [OB1]”

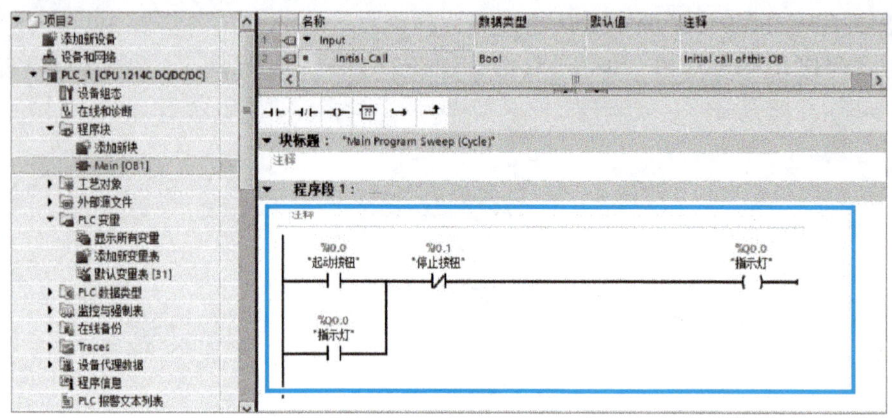

图 3-18　程序编写界面

3. PLC 程序编写基础

图 3-19 ～图 3-22 所示为 4 种程序编写方法。

1）选中编程母线（选中后呈蓝色）；双击指令图标，即可把所需要的指令放置在编程母线上，如图 3-19 所示。

2）选中所需指令，按住鼠标左键将其拖动到编程母线，即可把所需要的指令放置在编程母线上；双击指令上方的 < ？ ？ ？ >，选择变量；然后修改变量名称，如图 3-20 所示。

3）选中需要分支的母线部分；单击分支指令，即可出现分支，如图 3-21 所示。

4）选中编程母线（选中后呈蓝色）；单击项目树左侧的“▶”，使其展开；双击所需指令图标，即可把所需要指令放置在编程母线上，如图 3-22 所示。

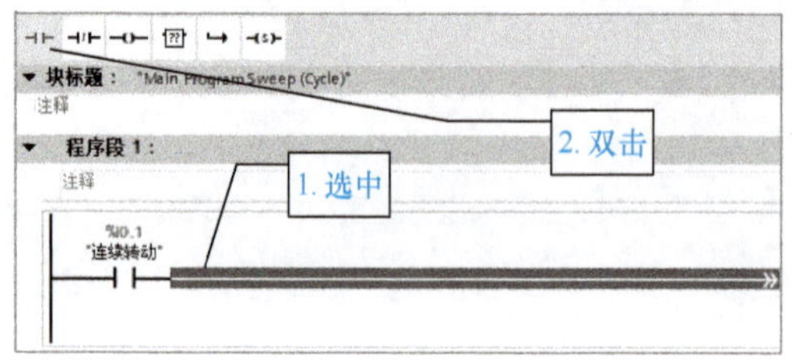

图 3-19　程序编写方法 1

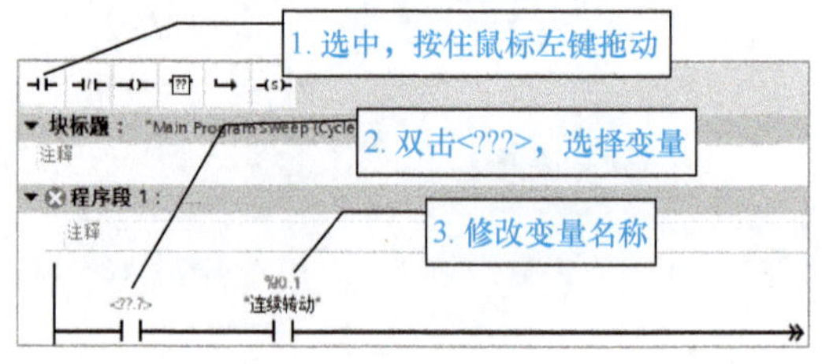

图 3-20　程序编写方法 2

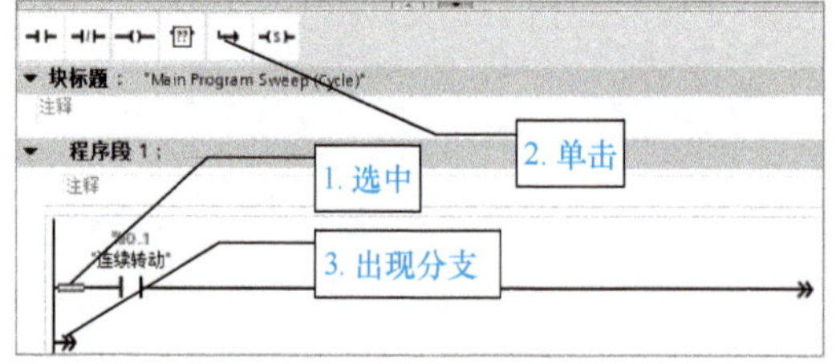

图 3-21　程序编写方法 3

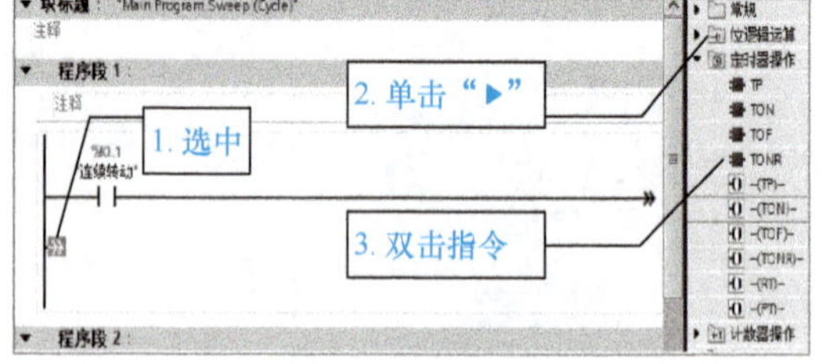

图 3-22　程序编写方法 4

4. PLCSIM 仿真程序下载

如图 3-23 所示，单击“开始仿真”，弹出“起动仿真将禁用所有其他的在线接口”对话框，单击“确定”，出现如图 3-24 所示界面，设置 PG/PC 的“接口类型”为“PN/IE”，设置“PG/PC 接口”为“PLCSIM”，选择合适的“接口 / 子网的连接”，单击“开始搜索”，出现如图 3-25 所示界面，选中 CPU，单击“下载”，后续操作如图 3-26 ～图 3-28 所示。

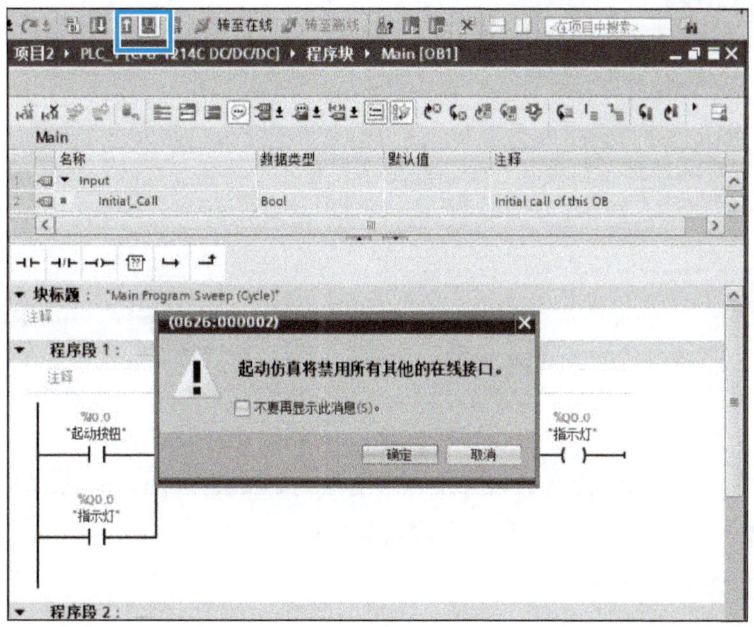

图 3-23　开始仿真

图 3-24　设置参数

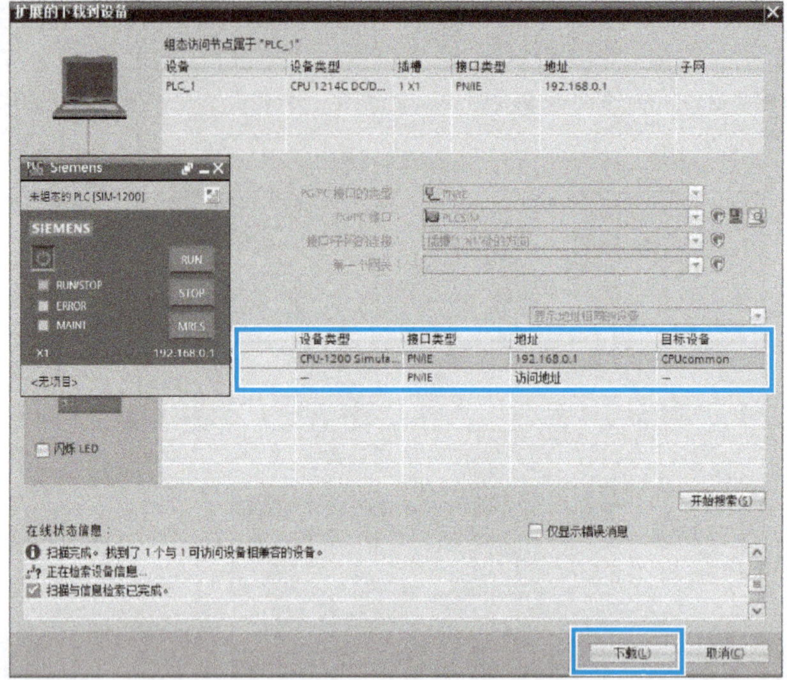

图 3-25 搜索程序

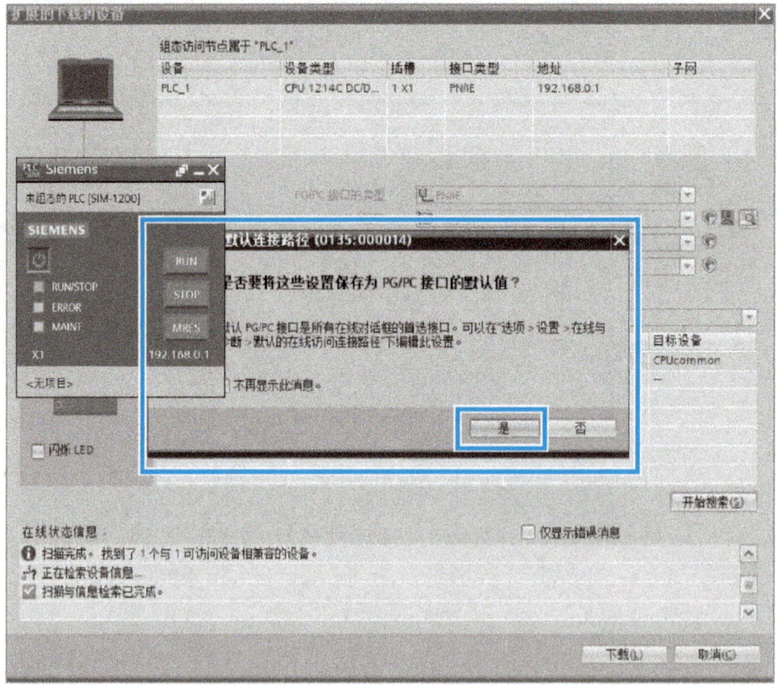

图 3-26 下载程序

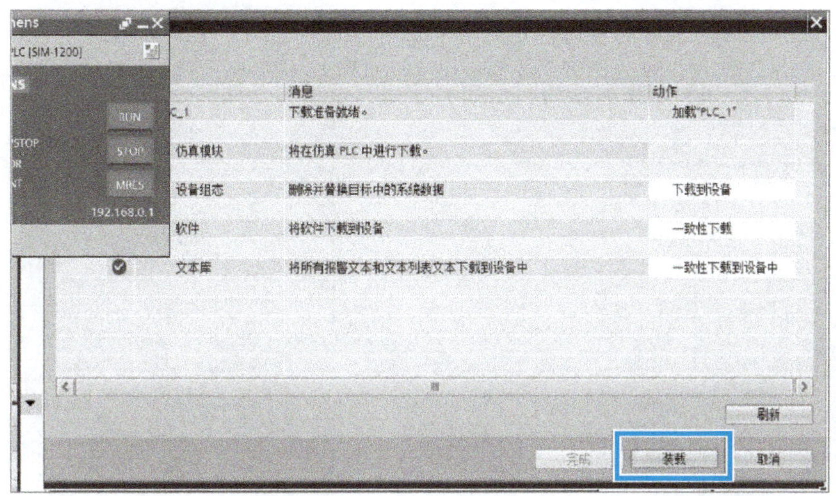

图 3-27　装载程序

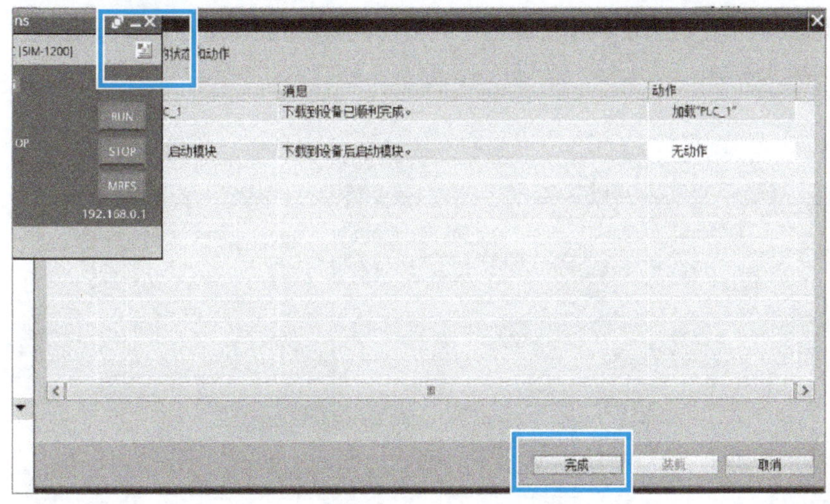

图 3-28　程序下载完成

5. PLCSIM 仿真

图 3-29 ～图 3-34 所示为 PLCSIM 仿真流程。如图 3-29 所示，单击“创建新项目”，出现如图 3-30 所示对话框，设置项目名称、路径、作者、注释等，单击“创建”，新项目创建完成，如图 3-31 所示，在 SIM 表格中输入名称、地址等内容，如图 3-32 所示，单击菜单栏“将 CPU 置于 RUN 模式”快捷按钮，如图 3-33 所示，开始仿真，如图 3-34 所示。

图 3-29　创建新项目

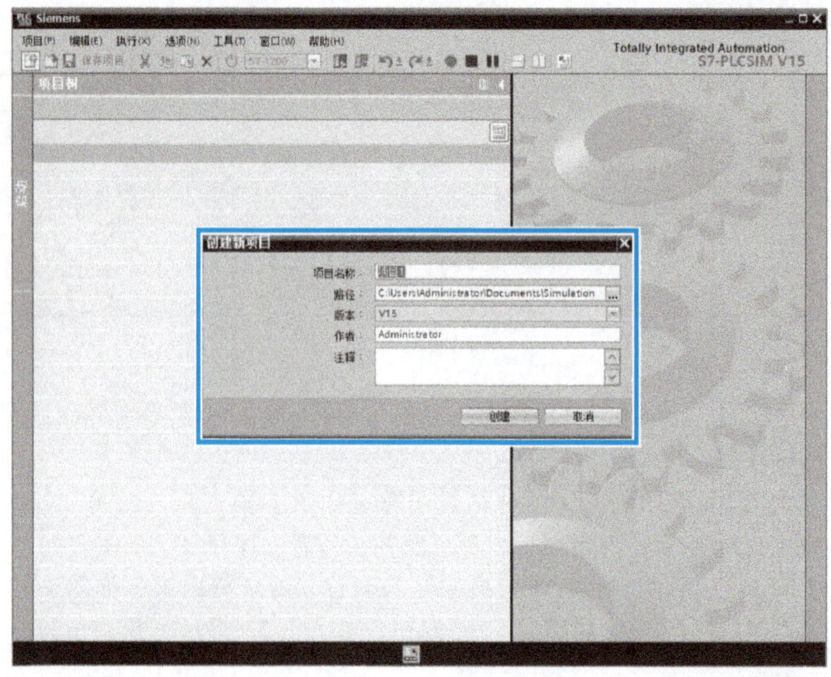

图 3-30　设置参数

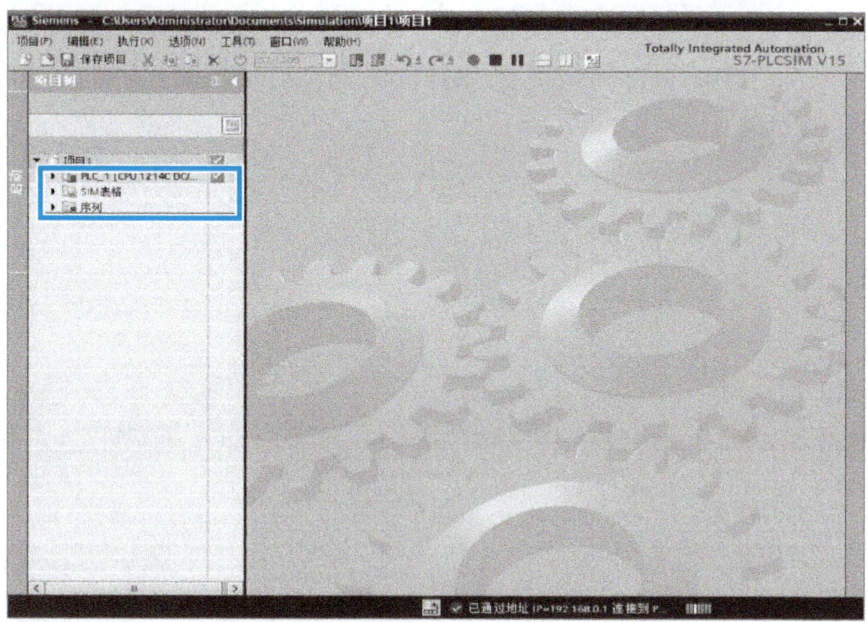

图 3-31　创建完成

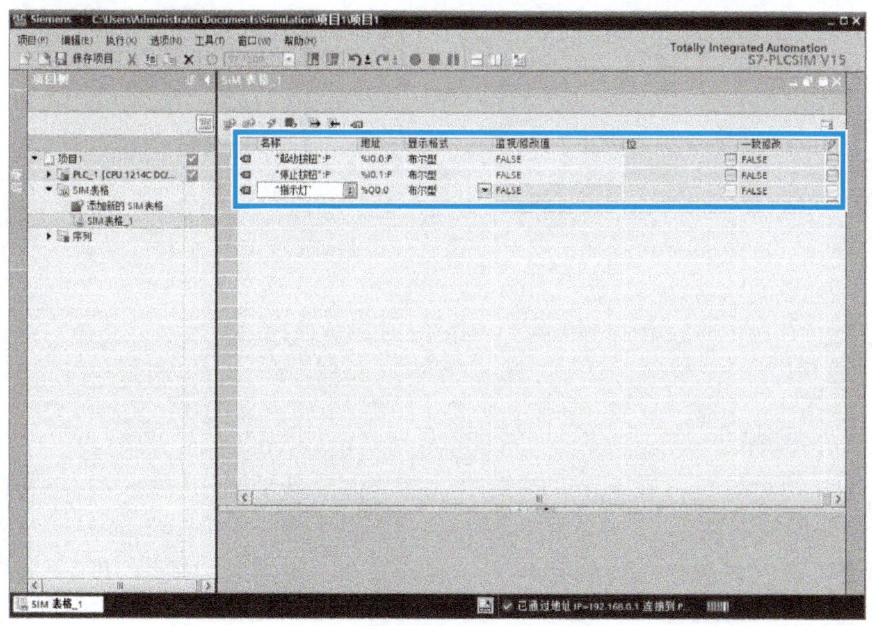

图 3-32　输入“SIM 表格 _1”参数

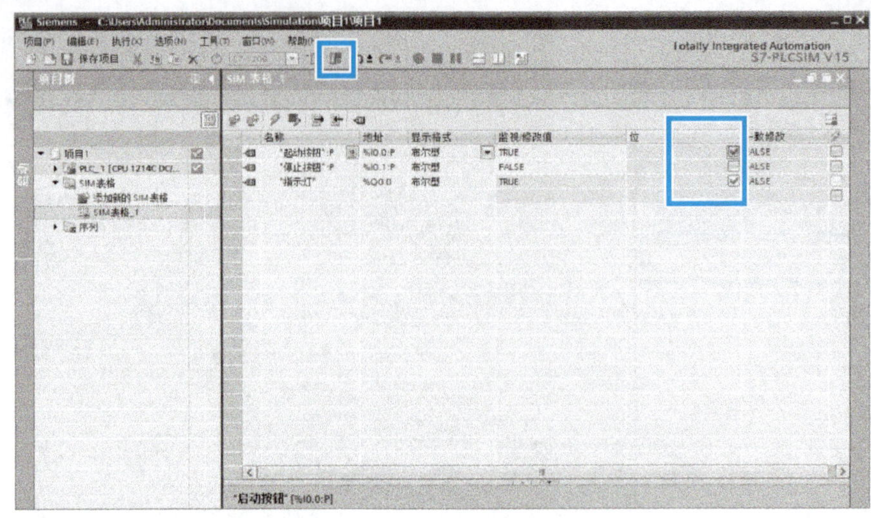

图 3-33　将 CPU 置于 RUN 模式

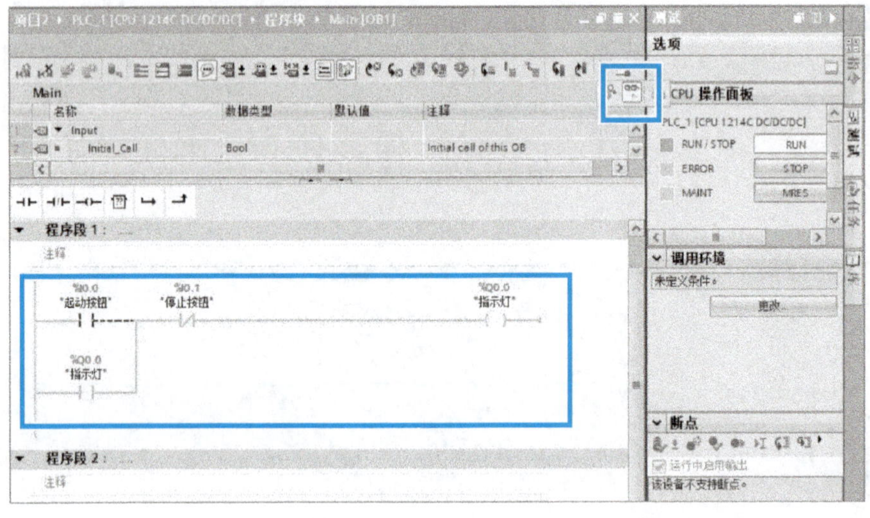

图 3-34　开始仿真

3.2.3　任务实践

1. 创建工程项目

打开 TIA 博途软件，在 Portal 视图中选择“创建新项目”，输入项目名称“起保停控制电路”，选择项目保存路径，然后单击“创建”，完成项目创建。在项目视图中，依次单击“组态设备 / 添加新设备”，单击“控制器 → SIMATIC S7-1200 → CPU 1214C DC/DC/DC → 6ES7 214-1AG40-0XB0”，如图 3-35 所示。单击“添加”，完成工程项目创建。

TIA 博途软件新手上路

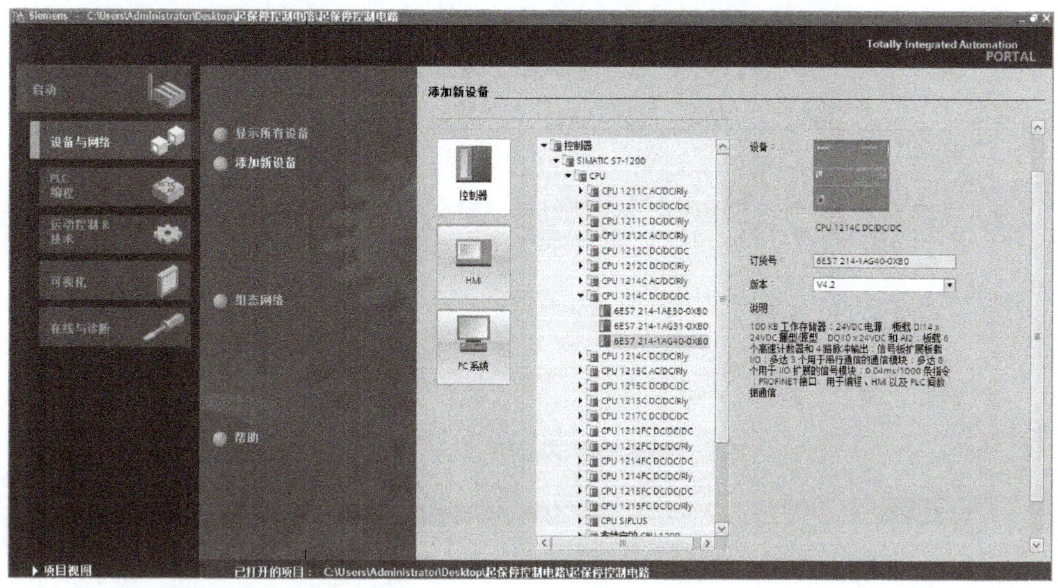

图 3-35　创建工程项目

2. 定义用户变量表

如图 3-36 所示，在项目树中依次单击“PLC 变量→默认变量表”，添加变量。

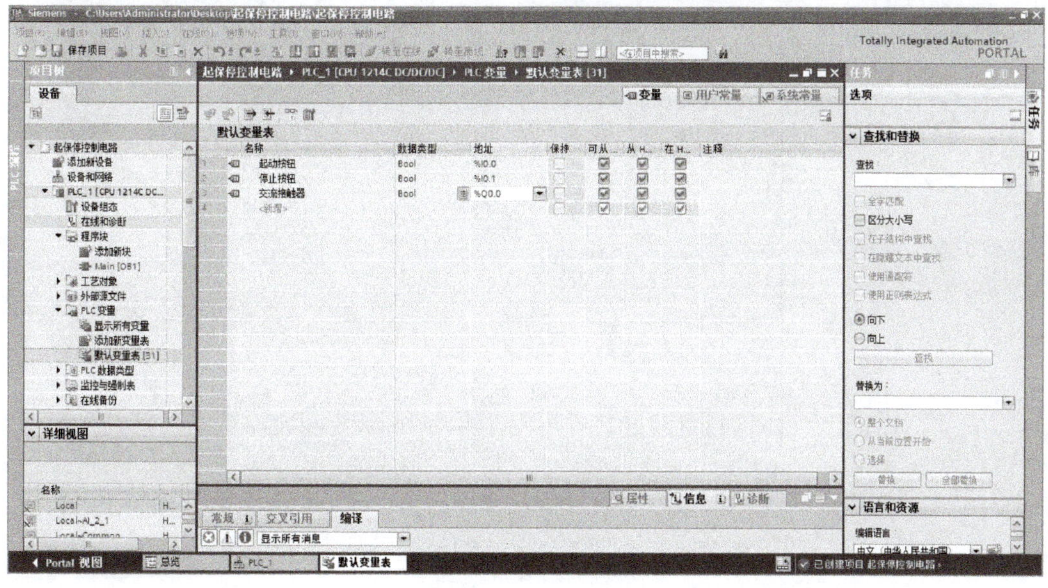

图 3-36　添加变量

3. 程序设计与下载

在 Portal 视图中，单击“程序块”，双击“ Main”，打开程序编辑窗口，起保停控制电路程序如图 3-37 所示。

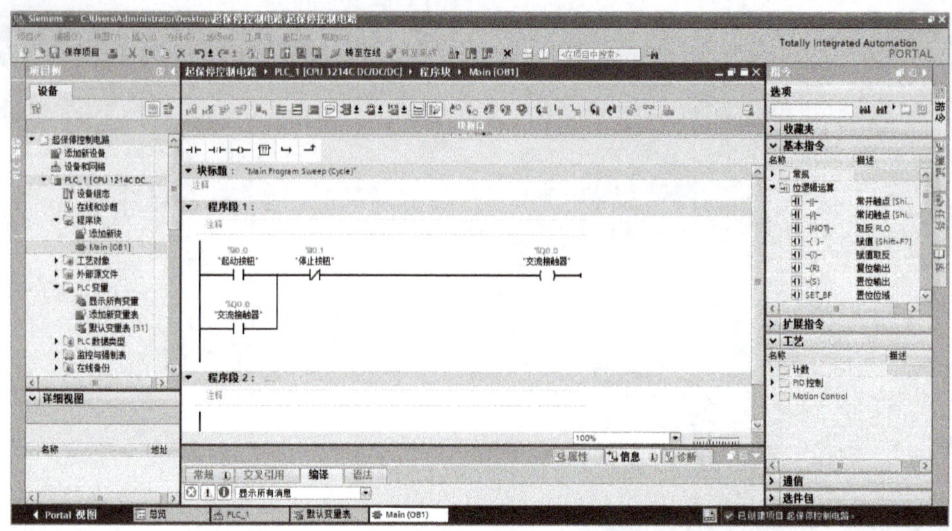

图 3-37　起保停控制电路程序

4. PLCSIM 程序验证

程序编译无误后，单击工具栏“启动仿真”，创建新项目，在 SIM 表格中选择要观察或验证的变量，单击工具栏“将 CPU 置于 RUN 模式”完成仿真验证，如图 3-38 所示。

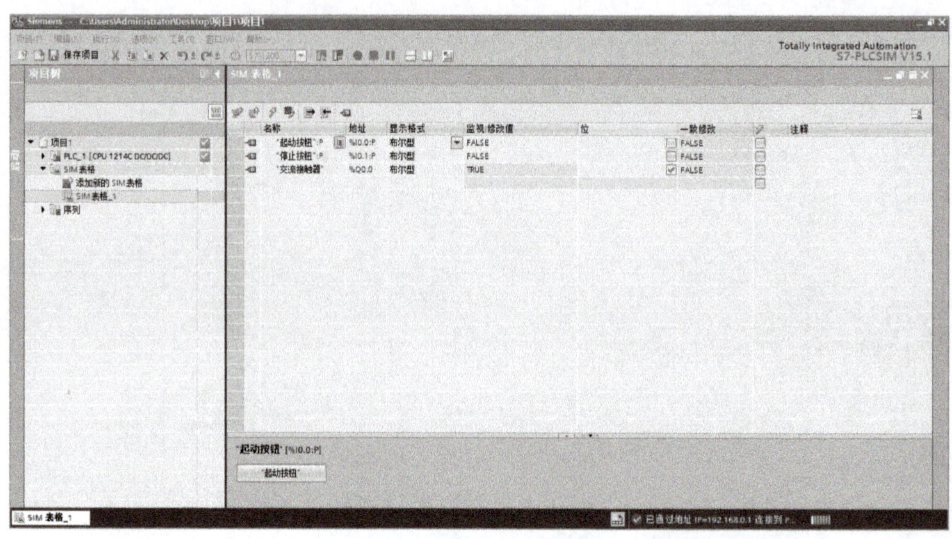

图 3-38　PLCSIM 程序验证

思考与练习

1. [多选题] PLC 按照结构形式可以分为（　　）。

A. 整体式　　B. 模块式　　C. 扩展式　　D. 叠装式

2.［单选题］S7-1200 PLC 系列 CPU 支持的寻址方式有 I/O 访问和（　　）。

A. 过程映像访问　B. 直接物理访问　C. 存储器寻址　D. 优化访问

3.［多选题］S7-1200 PLC 系列 CPU 中运行（　　）。

A. 操作系统　B. TIA 博途软件　C. 用户程序　D. 自定义软件

4.［单选题］CPU 按照 OB 的优先级对其进行处理，以下正确的是（　　）。

A. 低优先级的 OB 可以中断高优先级的 OB

B. 程序的最高优先级为 1

C. 高优先级的 OB 可以中断低优先级的 OB

D. 先出现的 OB 一定被后出现的 OB 中断

5.［判断题］TIA 博途软件的 Portal 视图采用向导型操作。（　　）

6.［思考题］PLC 控制系统相较于继电器 - 接触器组成的控制系统具有哪些优点？

7.［思考题］PLC 有哪些分类方法？

8.［思考题］谈谈使用 TIA 博途软件新建项目的基本步骤？

项目 4

S7-1200 PLC 基本指令及其应用

项目描述

S7-1200 PLC 基本指令主要包括位逻辑运算指令、定时器操作指令、计数器操作指令、比较操作指令、数学函数指令、移动操作指令、转换操作指令、程序控制指令、字逻辑运算指令、移位 / 循环指令，本项目任务列表及知识点见表 4-1。

表 4-1 本项目任务列表及知识点

项目名称	指令（知识点）
任务 4.1 基于 PLC 的三相异步电动机点动 - 连续运转控制系统设计与调试	位逻辑运算指令（一）
任务 4.2 基于 PLC 的三相异步电动机正反转控制系统设计与调试	位逻辑运算指令（二）
任务 4.3 基于 PLC 的三相异步电动机 Y - △减压起动控制系统设计与调试	定时器操作指令
任务 4.4 基于 PLC 的三相异步电动机自动往返运动控制系统设计与调试	计数器操作指令

项目目标

1）熟练运用常用位逻辑运算指令，如常开触点、常闭触点、线圈、取反、置位、复位置位 / 复位触发器、复位 / 置位触发器、上升沿 / 下降沿等。

2）熟练运用脉冲定时器、接通延时定时器、关断延时定时器和时间累加器等相关指令。

3）熟练运用加计数器、减计数器和加减计数器等相关指令。

4）掌握并能运用比较操作指令、数学函数指令、移位 / 循环指令、移动操作指令、转换指令和程序控制指令。

5）掌握利用 PLC 改造继电控制电路的基本方法，并能设计基于 PLC 的控制电路。

6）掌握 S7-1200 PLC 的编程基本规则。

7）熟练使用 TIA 博途软件。

8）引导学生树立职业理想，明确岗位职业素养。

9）培养学生沟通交流、团队协作能力。

任务 4.1　基于 PLC 的三相异步电动机点动 - 连续运转控制系统设计与调试

任务目标

1）学会常开触点指令、常闭触点指令、线圈指令、取反指令、边沿检测指令。
2）掌握点动控制、自锁控制、停止优先控制、起动优先控制编程方法。
3）掌握利用 PLC 改造三相异步电动机起保停继电控制电路的基本方法。
4）熟练绘制 PLC 接线图并进行硬件接线。
5）按照要求编制 PLC 程序。
6）完成基于 PLC 的三相异步电动机点动 - 连续运转控制系统的调试。

4.1.1　任务导入

图 4-1 所示为三相异步电动机点动 - 连续运转继电控制电路原理图，其采用接触器自锁原理实现电动机 M 的连续运转控制。若采用 PLC 对继电控制电路进行改造，该如何设计基于 PLC 的点动 - 连续运转控制电路？

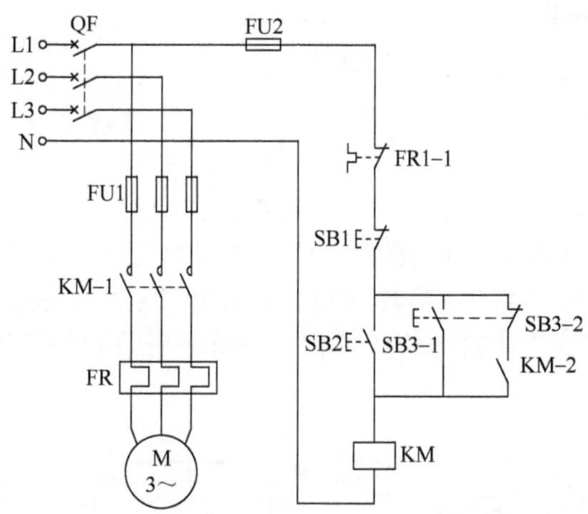

图 4-1　三相异步电动机点动 - 连续运转继电控制电路原理图

4.1.2　相关知识

1. 触点指令和线圈指令

触点指令包括常开触点指令和常闭触点指令，线圈指令指输出线圈指令，见表 4-2。

触点和线圈指令的原理及应用

表 4-2　触点指令和线圈指令

指令	声明	数据类型	存储区	说明
—| |— 常开触点指令	Input	Bool	I、Q、M、D、L 或常量	1）操作数的信号状态为“1”→常开触点闭合→指令输出的信号状态置位为输入的信号状态 2）操作数的信号状态为“0”→不会激活常开触点→指令输出的信号状态复位为“0”
—|/|— 常闭触点指令	Input	Bool	I、Q、M、D、L 或常量	1）操作数的信号状态为“1”→常闭触点断开→指令输出的信号状态复位为“0” 2）操作数的信号状态为“0”→不会激活常闭触点→指令输入的信号状态传输到输出
—( )— （输出）线圈指令	Output	Bool	I、Q、M、D、L	1）线圈输入的信号状态为“1”→指定操作数的信号状态置位为“1” 2）线圈输入的信号状态为“0”→指定操作数的位将复位为“0”

2. 取反指令

取反指令“—|NOT|—”的数据类型是 Bool，作用是对逻辑运算结果（RLO）的信号状态进行取反，当输入信号的 RLO 为“1”时，则取反指令输出的信号状态为“0”；反之亦然。图 4-2 所示为取反指令举例，程序运行结果是：未按下 I0.0 时，Q0.1 指示灯亮；按下 I0.0 时，Q0.0 指示灯亮。

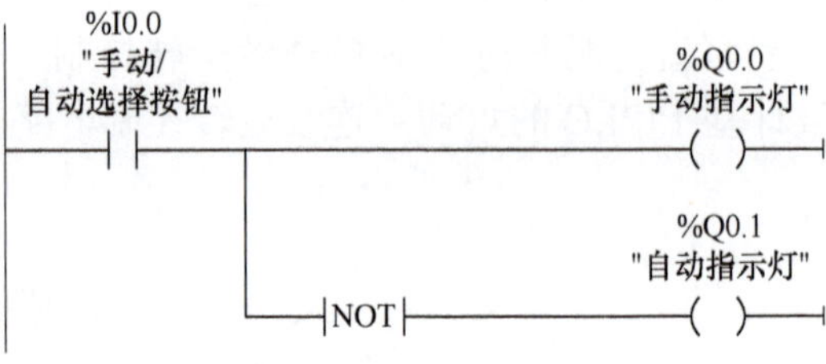

图 4-2　取反指令举例

3. 扫描操作数的信号上升沿指令

扫描操作数的信号上升沿指令“—|P|—”的数据类型是 Bool，作用是确定所指操作数 <操作数 1> 的信号状态是否由“0”变为“1”。该指令比较 <操作数 1> 的当前信号状态与上一次扫描的信号状态（存于边沿存储位 <操作数 2> 中），若比较逻辑运算结果 RLO 是从“0”变为“1”，则认为出现一个上升沿。图 4-3 所示为扫描操作数的信号上升沿指令举例。

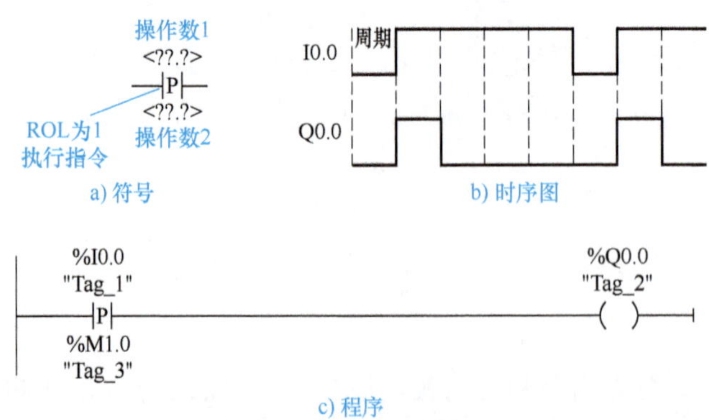

图 4-3　扫描操作数的信号上升沿指令举例

4. 扫描操作数的信号下降沿指令

扫描操作数的信号下降沿指令"—|N|—"的数据类型是 Bool，作用是确定所指操作数 <操作数 1> 的信号状态是否由"1"变为"0"。该指令比较 <操作数 1> 的当前信号状态与上一次扫描的信号状态（存于边沿存储位 <操作数 2> 中）。若比较逻辑运算结果 RLO 是从"1"变为"0"，则认为出现一个下降沿。图 4-4 所示为扫描操作数的信号下降沿指令举例。

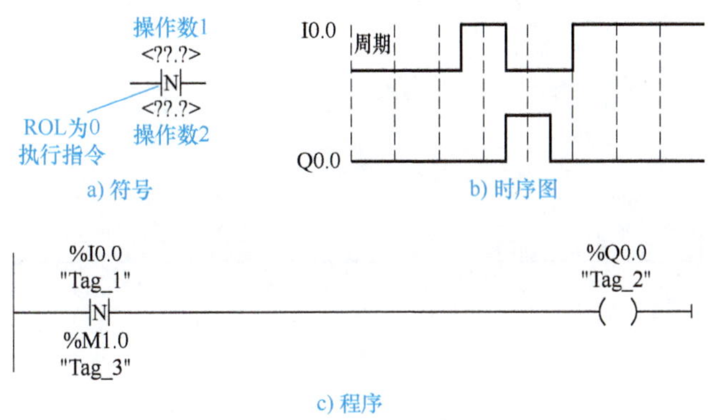

图 4-4　扫描操作数的信号下降沿指令举例

5. 在信号上升沿置位操作数指令

在信号上升沿置位操作数指令"—(P)—"的数据类型是 Bool，作用是在逻辑运算结果（RLO）从"0"变为"1"时置位指定操作数（<操作数 1>）。该指令将当前 RLO 与保存在边沿存储位中（<操作数 2>）上次查询的 RLO 进行比较。如果该指令检测到 RLO 从"0"变为"1"，则说明出现了一个信号上升沿。每次执行指令时都会查询信号上升沿。当检测到信号上升沿时，<操作数 1> 的信号状态将在一个程序周期内保持置位为"1"。在其他任何情况下，操作数的信号状态均为"0"。图 4-5 所示为在信号上升沿置位操作数指令举例。

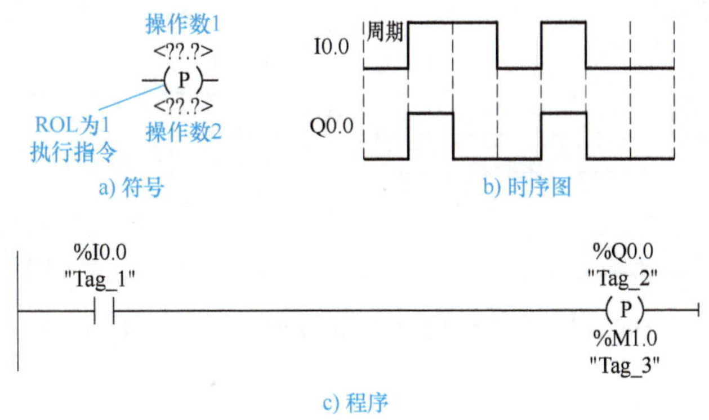

图 4-5　在信号上升沿置位操作数指令举例

6. 在信号下降沿置位操作数指令

在信号下降沿置位操作数指令"—(N)—"的数据类型是 Bool，作用是在逻辑运算结果

（RLO）从“1”变为“0”时置位指定操作数（<操作数 1>）。该指令将当前 RLO 与保存在边沿存储位中（<操作数 2>）上次查询的 RLO 进行比较。如果该指令检测到 RLO 从“1”变为“0”，则说明出现了一个信号下降沿。每次执行指令时都会查询信号下降沿。当检测到信号下降沿时，<操作数 1> 的信号状态将在一个程序周期内保持置位为“1”。在其他任何情况下，操作数的信号状态均为“0”。图 4-6 所示为在信号下降沿置位操作数指令举例。

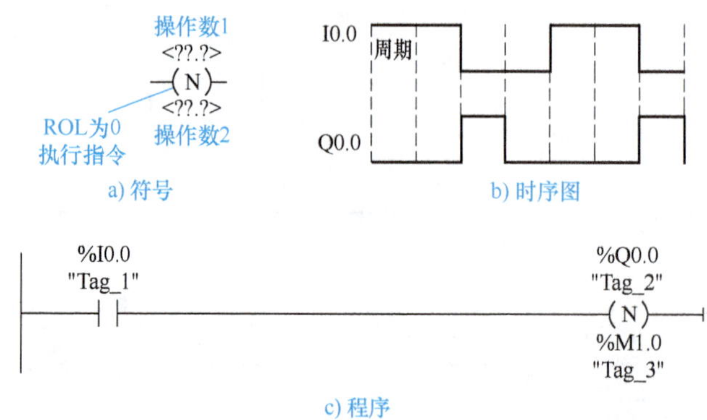

a) 符号　b) 时序图

c) 程序

图 4-6　在信号下降沿置位操作数指令举例

7. 点动控制

点动控制指按下起动按钮，电动机转动；松开起动按钮，电动机停止，如图 4-7 所示。

1）按下起动按钮→起动按钮常开触点 I0.0 导通→ KM 线圈 Q0.0 得电→电动机转动。

2）松开起动按钮→起动按钮常开触点 I0.0 断开→ KM 线圈 Q0.0 失电→电动机停止。

8. 自锁控制

自锁控制指按下起动按钮，电动机转动；松开起动按钮，电动机仍然保持转动状态。PLC 程序编写过程中，通常将输出线圈的操作数（Q0.0）与起动按钮操作数（I0.0）并联来实现自锁控制，如图 4-8 所示。

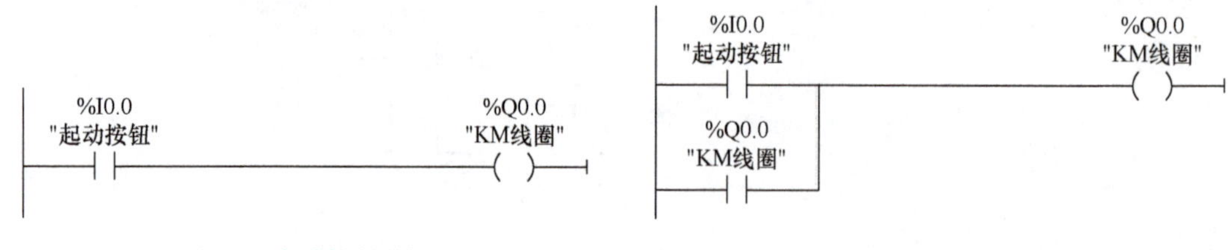

图 4-7　点动控制举例　　图 4-8　自锁控制举例

1）按下起动按钮→起动按钮常开触点 I0.0 导通→ KM 线圈 Q0.0 得电（Q0.0 为 1）→电动机转动。

2）KM 线圈 Q0.0 得电（Q0.0 为 1）→操作数为 Q0.0 的常开触点导通，此时松开起动按钮→电动机仍然保持运转状态。

9. 停止优先控制

停止优先控制指同时按下起动按钮和停止按钮，输出线圈操作数复位为“0”。停止优先控制一般将起动按钮常开触点和停止按钮常闭触点串联，如图 4-9 所示。

1）按下起动按钮→起动按钮常开触点 I0.0 导通→ KM 线圈 Q0.0 得电并自锁（未按下停止按钮）→电动机连续转动；按下停止按钮→停止按钮常闭触点 I0.2 断开→ KM 线圈 Q0.0 失电→电动机停止转动。

2）若起动按钮和停止按钮被同时按下→ KM 线圈 Q0.0 无法得电（Q0.0 为 0）→电动机保持停止状态。

10. 起动优先控制

起动优先控制指同时按下起动按钮和停止按钮，输出线圈操作数置位为“1”。起动优先控制一般将起动按钮常开触点和停止按钮常闭触点并联，如图 4-10 所示。

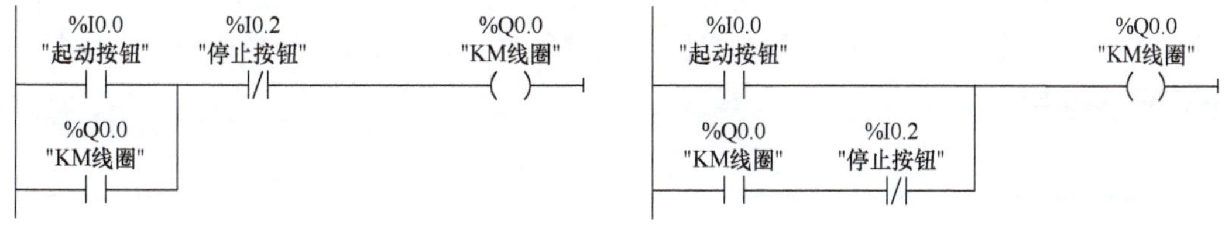

图 4-9　停止优先控制举例　　图 4-10　起动优先控制举例

1）按下起动按钮→起动按钮常开触点 I0.0 导通→ KM 线圈 Q0.0 得电并自锁（未按下停止按钮）→电动机连续转动；按下停止按钮→停止按钮常闭触点 I0.2 断开→ KM 线圈 Q0.0 失电→解除自锁→电动机停止转动。

2）若起动按钮和停止按钮被同时按下→ KM 线圈 Q0.0 得电（Q0.0 为 1）且 Q0.0 不能自锁→电动机连续转动；松开起动按钮和停止按钮→电动机停止转动。

4.1.3　PLC 改造继电控制电路的基本方法

用 PLC 改造继电控制电路过程中，主电路一般保持不变，原控制电路采用 PLC 控制电路代替。将原控制电路的按钮、开关、传感器等输入信号用 PLC 的输入继电器代替；将原控制电路的接触器、线圈、电磁阀等被控对象用 PLC 的输出继电器代替；将原控制电路的中间继电器用 PLC 的内部继电器代替；将原控制电路的时间继电器用 PLC 的定时器代替。

1. PLC 输入信号的确定

将原控制电路的外加控制信号（如按钮、开关、传感器等）作为 PLC 的输入信号。原控制电路中具有相同标识符号的信号（无论其出现多少次）用 1 个 PLC 输入信号代替。PLC 输入信号与继电控制电路信号对照见表 4-3，原控制电路的输入信号有按钮 SB1、按钮 SB2、按钮 SB3-1、按钮 SB3-2 以及热继电器常闭辅助触点 FR-1，其中按钮 SB3-1 和按钮 SB3-2 互锁。

表 4-3　PLC 输入信号与继电控制电路信号对照

继电控制电路	PLC 控制电路	
	输入信号	PLC 输入继电器
按钮 SB1	按钮 SB1	I0.0
按钮 SB2	按钮 SB2	I0.1

（续）

继电控制电路	PLC 控制电路	
	输入信号	PLC 输入继电器
按钮 SB3-1	按钮 SB3	I0.2
按钮 SB3-2	按钮 SB3	I0.2
热继电器常闭辅助触点 FR-1	热继电器常闭辅助触点 FR-1	I0.3

2. PLC 输出信号的确定

将原控制电路的外加控制信号（如接触器、电磁阀、电磁铁等）作为 PLC 的输出信号。原控制电路中具有相同标识符号的被控对象（无论其出现多少次）用 1 个 PLC 输出信号代替。PLC 输出信号与继电控制电路被控对象对照见表 4-4，原控制电路的被控对象有接触器线圈 KM。

表 4-4　PLC 输出信号与继电控制电路被控对象对照

继电控制电路	PLC 控制电路	
	输出信号	PLC 输出继电器
接触器线圈 KM	接触器线圈 KM	Q0.0

3. PLC 外部接线图设计

为节约 PLC 输入点数而组合的多个起同样作用的按钮或开关连接时，遵循的原则为：常开触点在 PLC 外部并联连接，常闭触点在 PLC 外部串联连接。

输出信号的硬件连线电路设计主要考虑被控对象的电压形式和电压级别，按要求选择继电器输出还是晶体管输出。一般情况下，原控制电路的中间继电器（KA）不出现在 PLC 输入或输出列表中；原控制电路的时间继电器（KT）用 PLC 的定时器代替，也不出现在 PLC 输入或输出列表中。

图 4-11 所示为基于 PLC 的三相异步电动机点动 - 连续运转控制电路接线图。

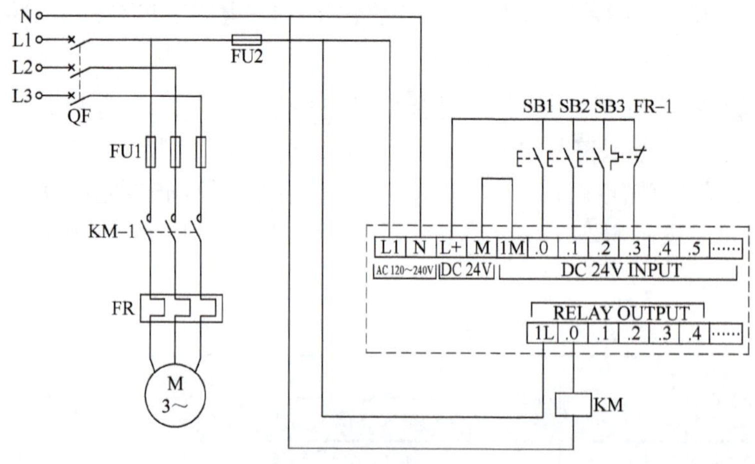

图 4-11　基于 PLC 的三相异步电动机点动 - 连续运转控制电路接线图

4.1.4　任务实践

1. 绘制 I/O 分配表

基于 PLC 的三相异步电动机点动 – 连续运转控制电路 I/O 分配表见表 4-5。

表 4-5　基于 PLC 的三相异步电动机点动 – 连续运转控制电路 I/O 分配表

输入			输出		
输入继电器	输入元件	作用	输出继电器	输出元件	作用
I0.0	SB1	停止按钮	Q0.0	KM	接触器
I0.1	SB2	连续运转按钮			
I0.2	SB3	点动按钮			
I0.3	FR–1	热继电器			

2. 按照接线图接线

继电器原理图如图 4-12 所示，按照图 4-11 所示的接线图接线。

3. 程序设计

三相异步电动机点动 – 连续运转控制电路 PLC 程序如图 4-13 所示。

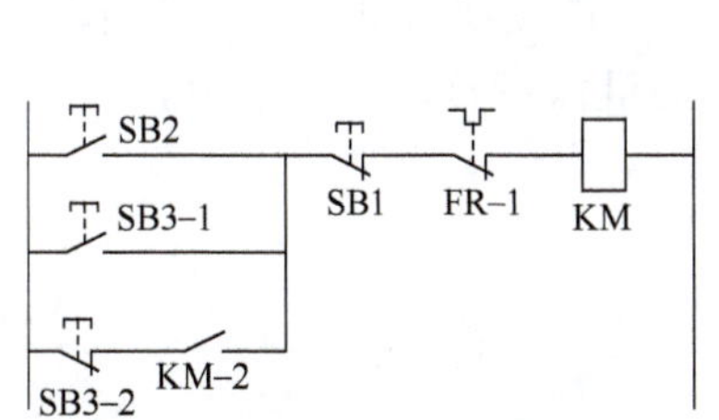

图 4-12　继电器原理图

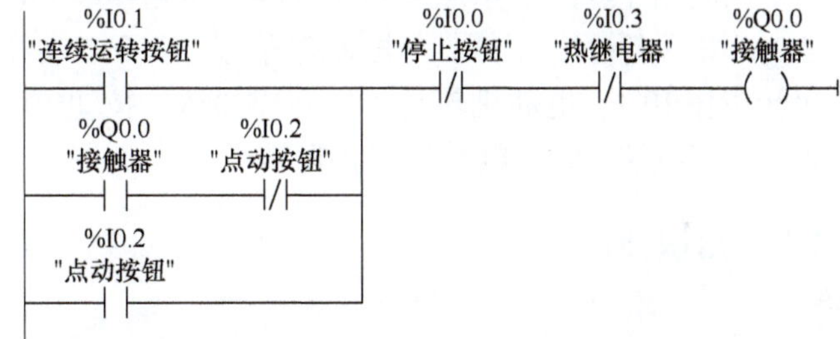

图 4-13　三相异步电动机点动 – 连续运转控制电路 PLC 程序

4. PLCSIM 验证

在 PLCSIM 中验证程序，在 SIM 表格中填入要观察或验证的变量，完成仿真验证，如图 4-14 所示。

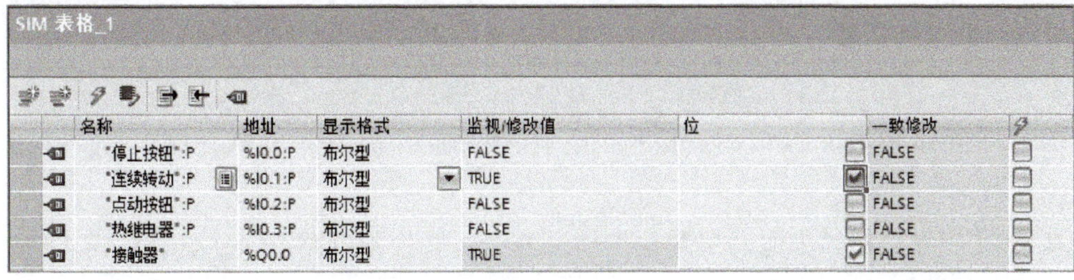

SIM 表格_1

名称	地址	显示格式	监视/修改值	位	一致修改
"停止按钮":P	%I0.0:P	布尔型	FALSE		FALSE
"连续转动":P	%I0.1:P	布尔型	TRUE		FALSE
"点动按钮":P	%I0.2:P	布尔型	FALSE		FALSE
"热继电器":P	%I0.3:P	布尔型	FALSE		FALSE
"接触器"	%Q0.0	布尔型	TRUE		FALSE

图 4-14　PLCSIM 验证

5. 调试运行

（1）静态调试

1）按照图 4-11 所示的接线图接好控制电路的输入设备。

2）下载程序。

3）按下点动按钮 I0.2，接触器 Q0.0 指示灯亮；松开点动按钮 I0.2，接触器 Q0.0 指示灯不亮。按下连续运转按钮 I0.1，接触器 Q0.0 指示灯亮，松开连续运转按钮 I0.1，接触器 Q0.0 指示灯保持亮的状态（自锁、连续运转）。按下停止按钮 I0.0 或热继电器 I0.3，所有输出均熄灭。通过计算机监视，观察监视结果与指示灯是否一致，若不一致，检查并修改程序直至指示正确。

（2）动态调试（空载）

1）按照图 4-11 所示接线图接好控制电路的输入设备和输出设备（线圈等）。

2）下载程序。

3）按下点动按钮 I0.2，接触器 KM 得电闭合，松开点动按钮 I0.2，接触器 KM 线圈失电断开。按下连续运转按钮 I0.1，接触器 KM 得电闭合，松开连续运转按钮 I0.1，接触器 KM 线圈保持得电。按下停止按钮 I0.0 或热继电器 I0.3，接触器 KM 线圈失电断开。通过计算机监视，观察监视结果与指示灯是否一致，若不一致，检查并修改程序直至指示正确。

（3）动态调试（负载）

1）按照图 4-11 所示原理图完成控制电路接线和电路检查。

2）按下点动按钮 I0.2，电动机转动；松开点动按钮 I0.2，电动机停止转动。按下连续运转按钮 I0.1，电动机转动；松开连续运转按钮 I0.1，电动机保持转动。按下停止按钮 I0.0 或热继电器 I0.3，电动机停止运转。

4.1.5 知识拓展

基于 PLC 的三相异步电动机两地点动 - 连续运转控制系统设计

1. 控制要求

某些机械设备为了操作方便，要求在不同地方能独立对电动机进行控制，例如在 A 地通过点动按钮 SB1、连续运转按钮 SB2、停止按钮 SB3 控制电动机进行点动和连续运转，在 B 地可以不受干扰的通过点动按钮 SB4、连续运转按钮 SB5、停止按钮 SB6 控制电动机点动和连续运转。

2. 基于 PLC 的三相异步电动机两地点动 - 连续运转控制电路

图 4-15 所示为基于 PLC 的三相异步电动机两地点动 - 连续运转控制电路接线图。

3. 绘制 I/O 分配表

基于 PLC 的三相异步电动机两地点动 - 连续运转控制电路 I/O 分配表见表 4-6。

4. 程序设计

三相异步电动机两地点动 - 连续运转控制电路 PLC 程序如图 4-16 所示。

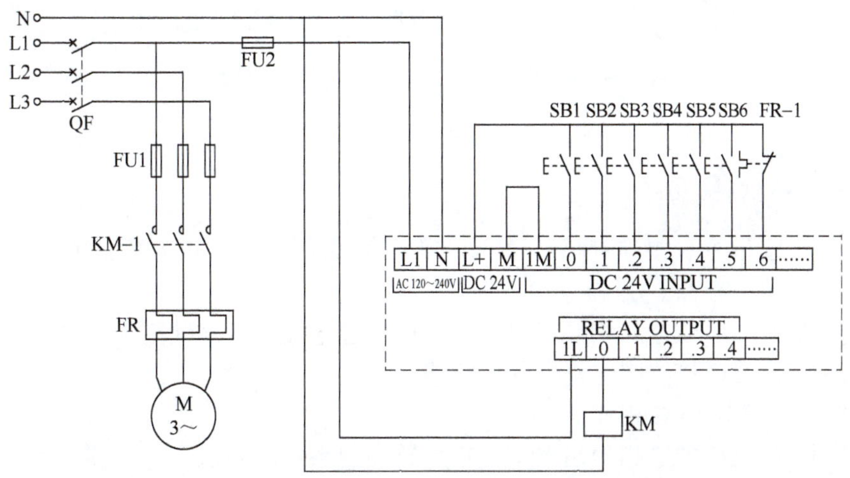

图 4-15　基于 PLC 的三相异步电动机两地点动 - 连续运转控制电路接线图

表 4-6　基于 PLC 的三相异步电动机两地点动 - 连续运转控制电路 I/O 分配表

输入			输出		
输入继电器	输入元件	作用	输出继电器	输出元件	作用
I0.0	SB1	A 地点动按钮	Q0.0	KM	接触器
I0.1	SB2	A 地连续运转按钮			
I0.2	SB3	A 地停止按钮			
I0.3	SB4	B 地点动按钮			
I0.4	SB5	B 地连续运转按钮			
I0.5	SB6	B 地停止按钮			
I0.6	FR-1	热继电器常闭触点			

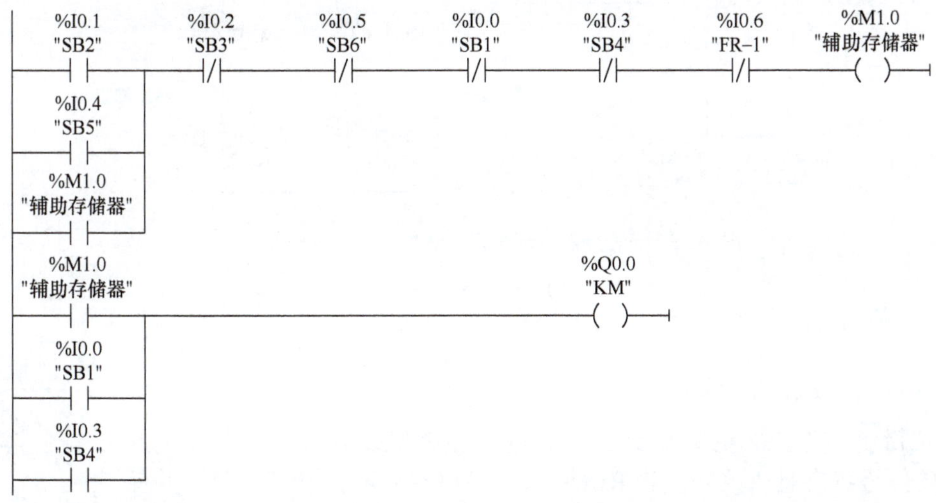

图 4-16　三相异步电动机两地点动 - 连续运转控制电路 PLC 程序

任务 4.2　基于 PLC 的三相异步电动机正反转控制系统设计与调试

任务目标

1）学会置位指令、复位指令、置位 / 复位触发指令、复位 / 置位触发指令及互锁控制。

2）掌握利用 PLC 改造三相异步电动机正反转继电控制电路的基本方法。

3）熟练绘制 PLC 接线图并进行硬件接线。

4）按照要求编制 PLC 程序。

5）完成基于 PLC 的三相异步电动机正反转控制系统的调试。

4.2.1　任务导入

电动机正反转电路具有广泛的用途，图 4-17 所示为三相异步电动机正反转继电控制电路原理图，其采用接触器互锁原理。若采用 PLC 对继电控制电路进行改造，该如何设计基于 PLC 的正反转控制系统？

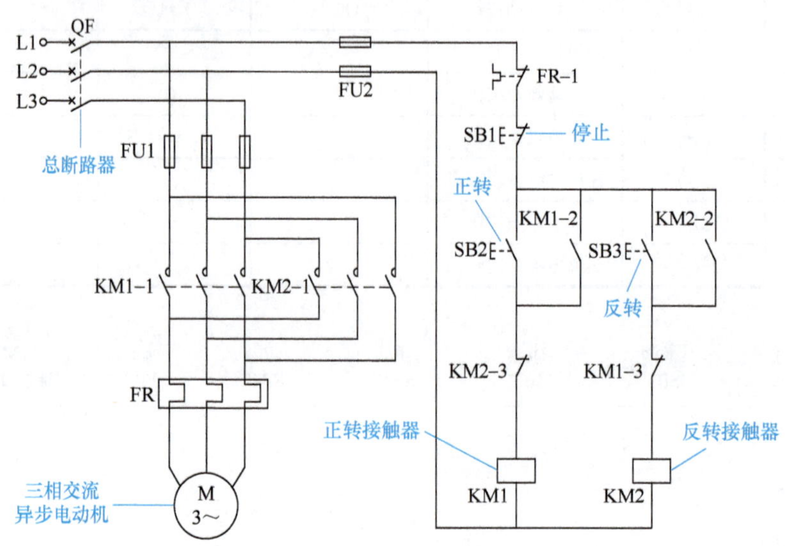

图 4-17　三相异步电动机正反转继电控制电路原理图

4.2.2　相关知识

1. 置位指令和复位指令

置位和复位指令的原理及应用

置位指令“-(S)-”的数据类型是 Bool，根据触发条件（RLO 值）判断线圈的信号状态是否改变。当 RLO=1 时，置位指令将线圈置“1”并保持，只有触发复位指令才能将线圈复位为“0”。

复位指令“–(R)–”的数据类型是 Bool，根据触发条件（RLO 值）判断线圈的信号状态是否改变。当 RLO=1 时，复位指令将线圈置“0”并保持，只有触发置位指令才能将线圈置位为“1”。

置位指令和复位指令必须成对使用。

图 4-18 所示为置位 / 复位指令举例，当输入 I0.0 为 1 时，触发置位指令，Q0.0 输出为“1”并保持；当输入 I0.1 为“1”时，触发复位指令，Q0.0 输出由“1”复位为“0”并保持。

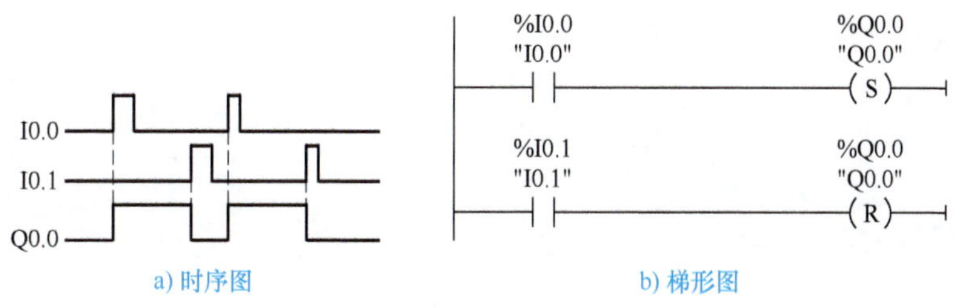

图 4-18　置位 / 复位指令举例

2. 置位 / 复位触发指令

置位 / 复位触发指令的作用为：根据置位输入“ S”和复位输入“ R1”的信号状态，置位或复位指定操作数的位，如图 4-19 所示。

1）当 S、R1、< 操作数 > 为 Input 时，Q 为 Output。

2）当 S 为 1 且 R1 为 0 时，将指定操作数置位为 1。

3）当 S 为 0 且 R1 为 1 时，将指定操作数置位为 0。

4）当 S 为 1 且 R1 为 1 时，将指定操作数置位为 0。

5）当 S 为 0 且 R1 为 0 时，操作数信号状态不变。

6）输入 R1 的优先级高于输入 S。

图 4-20 所示为置位 / 复位触发指令的应用。

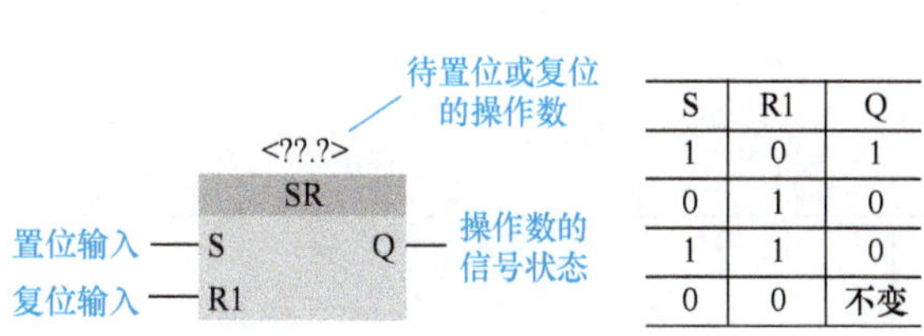

S	R1	Q
1	0	1
0	1	0
1	1	0
0	0	不变

图 4-19　置位 / 复位触发指令

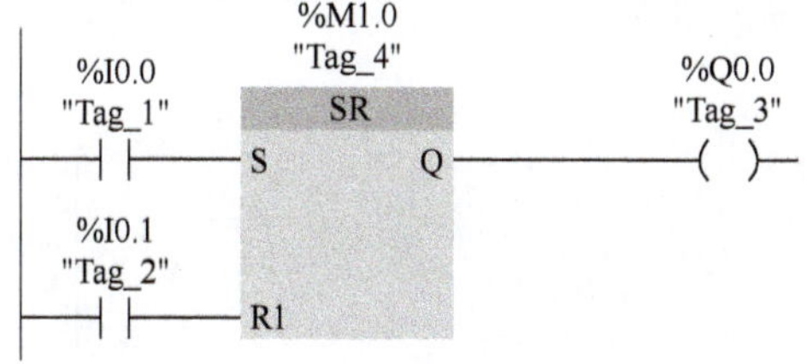

图 4-20　置位 / 复位触发指令的应用

3. 复位 / 置位触发指令

复位 / 置位触发指令的作用为：根据复位输入“ R”和置位输入“ S1”的信号状态，复位或置位指定操作数的位，如图 4-21 所示。

1）当 R、S1、< 操作数 > 为 Input 时，Q 为 Output。

2）当 R 为 1 且 S1 为 0 时，将指定操作数置位为 0。

3）当 R 为 0 且 S1 为 1 时，将指定操作数置位为 1。

4）当 R 为 1 且 S1 为 1 时，将指定操作数置位为 1。

5）当 R 为 0 且 S1 为 0 时，操作数信号状态不变。

6）输入 S1 的优先级高于输入 R。

图 4-22 所示为复位 / 置位触发指令的应用。

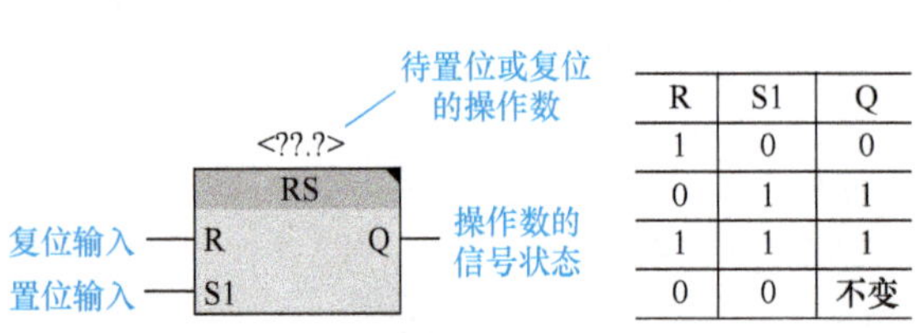

R	S1	Q
1	0	0
0	1	1
1	1	1
0	0	不变

图 4-21　复位 / 置位触发指令

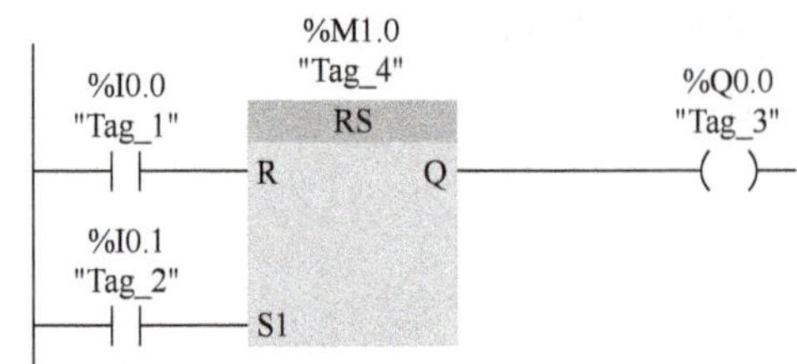

图 4-22　复位 / 置位触发指令的应用

4. 互锁控制

互锁控制是指机电设备中要求两个电动机或执行机构不能同时得电动作，相互之间具有排他性。按钮互锁时，一般将 SB1 按钮的常闭触点串接在 SB2 按钮的常开触点电路中，SB2 按钮的常闭触点串接在 SB1 按钮的常开触点电路中；接触器互锁时，一般将 KM1 接触器的常闭辅助触点串接在 KM2 接触的线圈电路中，KM2 接触器的常闭辅助触点串接在 KM1 接触的线圈电路中。

图 4-23 和图 4-24 分别为互锁控制继电器原理图和 PLC 程序。PLC 梯形图工作原理如下：SB2 和 KM1 并联后与 SB1 常闭触点、KM2 常闭触点、FR–1 常闭触点串联。按下 SB2 后，线圈 KM1 的输入 RLO 值为“1”→线圈 KM1 为“1”→与 SB2 并联的 KM1 常开触点为“1”→自锁；与 KM2 串联的 KM1 常闭触点为“0”→互锁→线圈 KM2 不能为“1”。

按下 SB1 常闭触点→线圈 KM1 的输入 RLO 值为“0”→线圈 KM1 为“0”→KM1 常开触点为“0”→解除自锁；与 KM2 串联的 KM1 常闭触点为“1”→为线圈 KM2 为“1”做好准备。

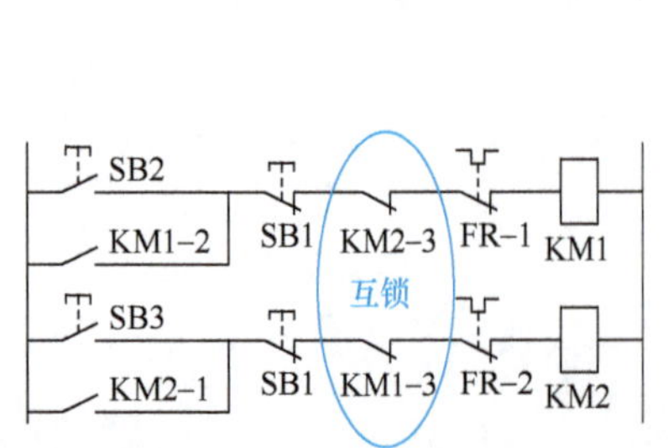

图 4-23　互锁控制继电器原理图

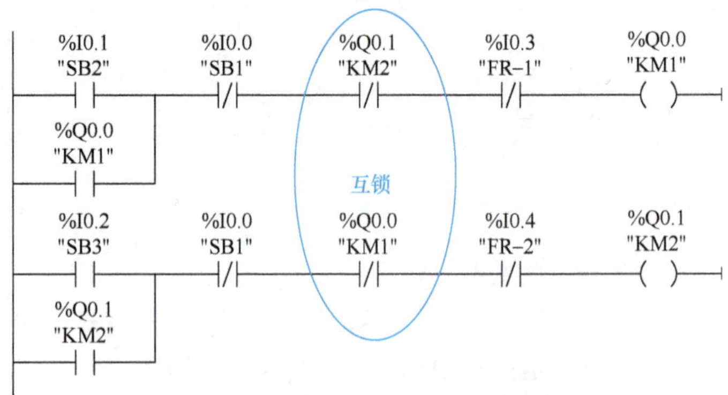

图 4-24　互锁控制 PLC 程序

4.2.3　任务实践

1. 绘制 I/O 分配表

基于 PLC 的三相异步电动机正反转控制电路 I/O 分配表见表 4-7。

表 4-7　基于 PLC 的三相异步电动机正反转控制电路 I/O 分配表

输入			输出		
输入继电器	输入元件	作用	输出继电器	输出元件	作用
I0.0	SB1	停止按钮	Q0.0	KM1	正转接触器
I0.1	SB2	正转按钮	Q0.1	KM2	反转接触器
I0.2	SB3	反转按钮			
I0.3	FR-1	热继电器			

2. 按照接线图接线

按照图 4-25 所示的接线图接线。

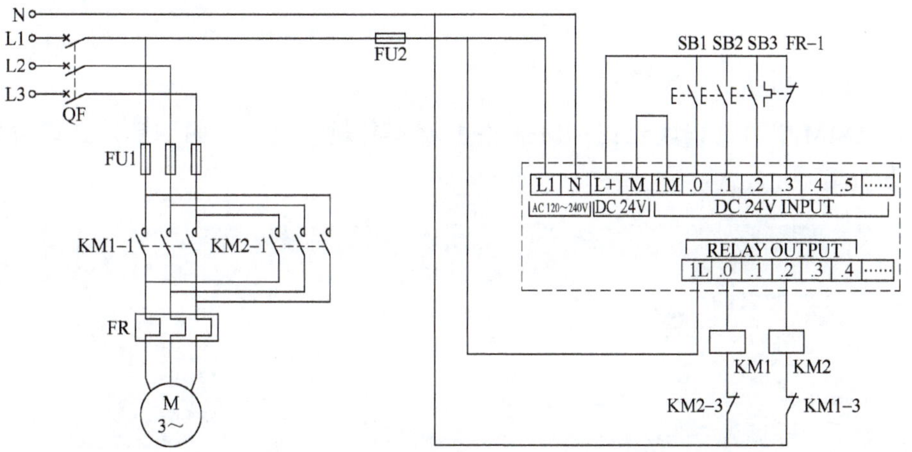

图 4-25　基于 PLC 的三相异步电动机正反转控制电路接线图

3. 程序设计

（1）接触器互锁　接触器互锁三相异步电动机正反转控制电路 PLC 程序如图 4-26 所示。

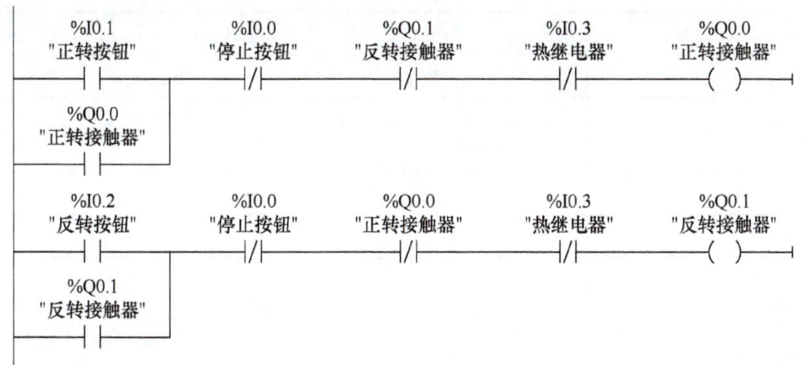

图 4-26　接触器互锁三相异步电动机正反转控制电路 PLC 程序

图 4-26 所示的 PLC 程序可知，电动机从“正转”变为“反转”时，必须“停止”正转，反之亦然。

（2）按钮互锁

按钮互锁三相异步电动机正反转控制电路 PLC 程序如图 4-27 所示。

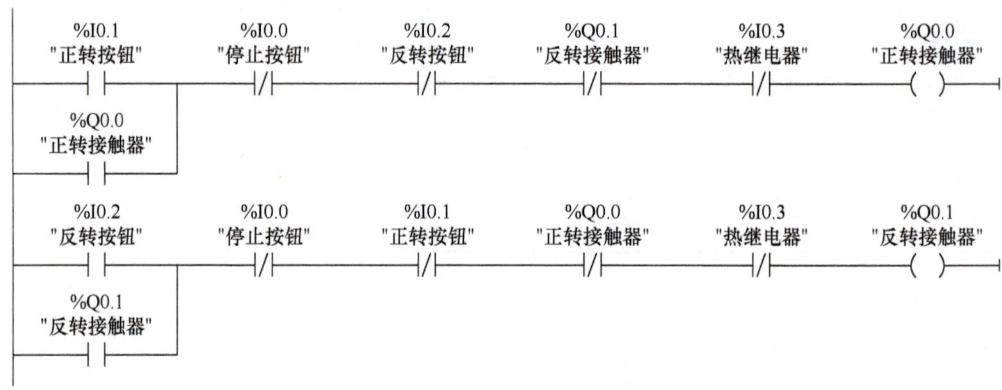

图 4-27　按钮互锁三相异步电动机正反转控制电路 PLC 程序

4. PLCSIM 验证

在 PLCSIM 中验证程序，在 SIM 表格中填入要观察或验证的变量，完成仿真验证，如图 4-28 所示。

SIM 表格_1

名称	地址	显示格式	监视/修改值	位	一致修改
"停止按钮":P	%I0.0:P	布尔型	FALSE		FALSE
"正转按钮":P	%I0.1:P	布尔型	TRUE		FALSE
"反转按钮":P	%I0.2:P	布尔型	FALSE		FALSE
"热继电器":P	%I0.3:P	布尔型	FALSE		FALSE
"正转接触...	%Q0.0	布尔型	TRUE		FALSE
"反转接触...	%Q0.1	布尔型	FALSE		FALSE

图 4-28　PLCSIM 验证

按钮互锁三相异步电动机正反转控制电路仿真结果见表 4-8。

表 4-8　按钮互锁三相异步电动机正反转控制电路仿真结果

动作	仿真结果
正转按钮（0→1→0）	正转接触器（FALSE→TRUE）
反转按钮（0→1→0）	正转接触器（TRUE→FALSE） 反转接触器（FALSE→TRUE）
停止按钮（0→1→0）	正转或反转接触器（TRUE→FALSE）
热继电器（1→0）保护作用	若正转或反转接触器为 TRUE，则 TRUE→FALSE

5. 调试运行

（1）静态调试

1）按照图 4-25 所示的接线图接好控制电路的输入设备。

2）下载图 4-27 所示程序。

3）按下正转按钮 I0.1，正转接触器 Q0.0 指示灯亮；松开正转按钮 I0.1，正转接触器 Q0.0 指示灯保持亮的状态。按下反转按钮 I0.2，正转接触器 Q0.0 指示灯不亮，反转接触器 Q0.1 指示灯亮；松开反转按钮 I0.2，反转接触器 Q0.1 指示灯保持亮的状态。通电状态下按下停止按钮 I0.0 或热继电器 I0.3 动作，正转接触器 Q0.0 或反转接触器 Q0.1 指示灯均不亮，通过计算机监视，观察监视结果与指示灯是否一致，若不一致，检查并修改程序直至指示正确。

（2）动态调试（空载）

1）按照图 4-25 所示接线图接好控制电路的输入设备和输出设备（线圈等）。

2）下载图 4-27 所示程序。

3）按下正转按钮 I0.1，正转接触器 KM1 线圈得电；松开正转按钮 I0.1，正转接触器 KM1 线圈保持得电。按下反转按钮 I0.2，正转接触器 KM1 线圈失电，反转接触器 KM2 线圈得电；松开反转按钮 I0.2，反转接触器 KM2 线圈保持得电。通电状态下按下停止按钮 I0.0 或热继电器 I0.3 动作，正转接触器 KM1 或反转接触器 KM2 均失电，通过计算机监视，观察监视结果与指示灯是否一致，若不一致，检查并修改程序直至指示正确。

（3）动态调试（负载）

1）按照图 4-25 所示接线图完成控制电路接线和电路检查。

2）下载图 4-27 所示程序。

3）按下正转按钮 I0.1，正转接触器 KM1 线圈得电，电动机正转。按下反转按钮 I0.2，正转接触器 KM1 线圈失电，反转接触器 KM2 线圈得电，电动机反向转动。通电状态下按下停止按钮 I0.0 或热继电器 I0.3 动作，正转接触器 KM1 或反转接触器 KM2 均失电，电动机停止运行。

4.2.4　知识拓展

基于 PLC 的停车场车辆出入库检测控制系统设计

1. 控制要求

某地停车场要求同一时刻只允许一辆汽车出入，由光电开关判断是否有车辆经过，有车辆出入时，红色指示灯亮，否则绿色指示灯亮，如图 4-29 所示。

2. 基于 PLC 的停车场车辆出入库检测控制电路

图 4-30 所示为基于 PLC 的停车场车辆出入库检测控制电路，控制电路中接触器 KM 控制栏杆升降电动机，采用 S7-1200 DC/DC/DC PLC 作为主控器。

3. 绘制 I/O 分配表

基于 PLC 的停车场车辆出入库检测控制电路 I/O 分配表见表 4-9。

4. 程序设计

停车场车辆出入库检测控制电路 PLC 程序如图 4-31 所示。

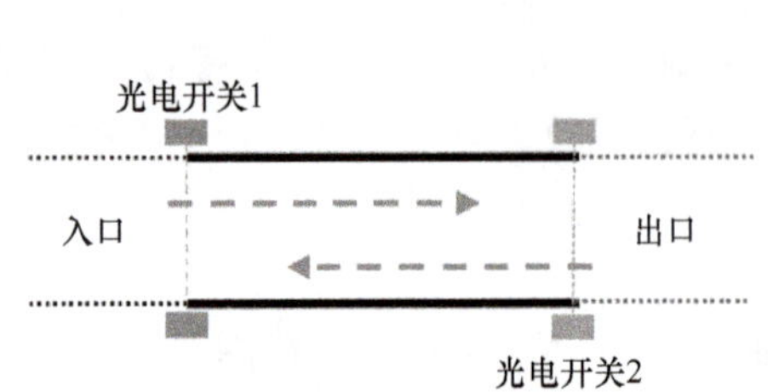

图 4-29　停车场车辆出入库

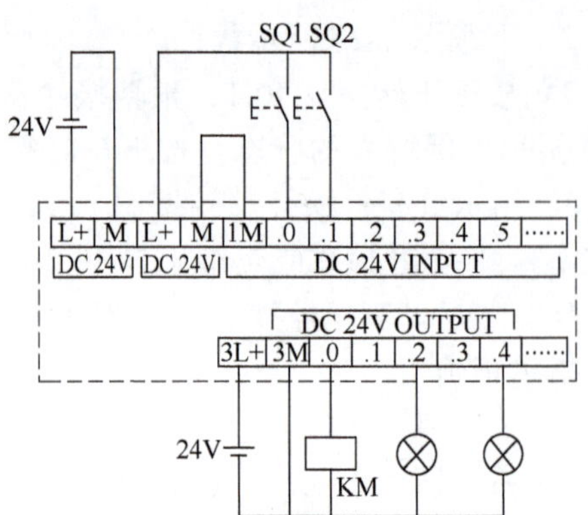

图 4-30　基于 PLC 的停车场车辆出入库检测控制电路

表 4-9　基于 PLC 的停车场车辆出入库检测控制电路 I/O 分配表

输入			输出		
输入继电器	输入元件	作用	输出继电器	输出元件	作用
I0.0	SQ1	入口开关	Q0.0	KM	接触器
I0.1	SQ2	出口开关	Q0.2	红色指示灯	通道有车辆
			Q0.4	绿色指示灯	通道无车辆

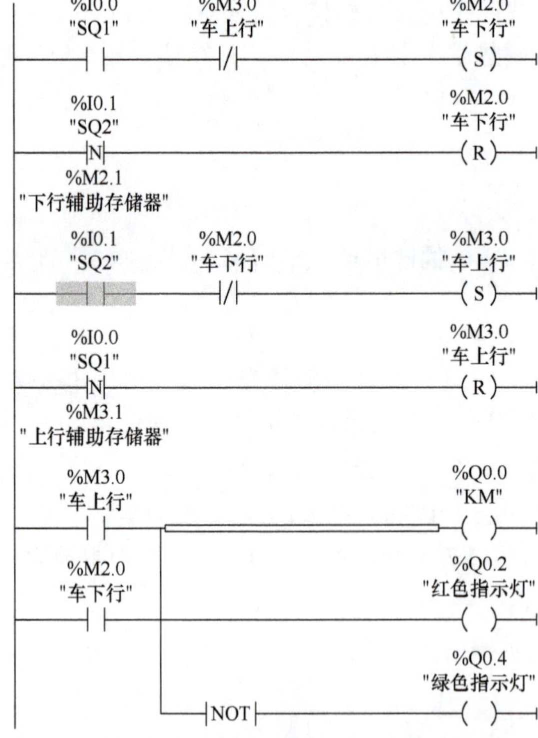

图 4-31　停车场车辆出入库检测控制电路 PLC 程序

任务 4.3　基于 PLC 的三相异步电动机 Y－△ 减压起动控制系统设计与调试

任务目标

1）掌握脉冲定时器、接通延时定时器、断电延时定时器和时间累加器。
2）掌握利用 PLC 改造三相异步电动机 Y－△减压起动继电控制电路的基本方法。
3）熟练绘制 PLC 接线图并进行硬件接线。
4）按照要求编制 PLC 程序。
5）完成基于 PLC 的三相异步电动机 Y－△减压起动控制系统调试。

4.3.1　任务导入

图 4-32 所示为三相异步电动机 Y－△减压起动继电控制电路原理图，若采用 PLC 对 Y－△减压起动继电控制电路进行改造，该如何设计基于 PLC 的控制系统？

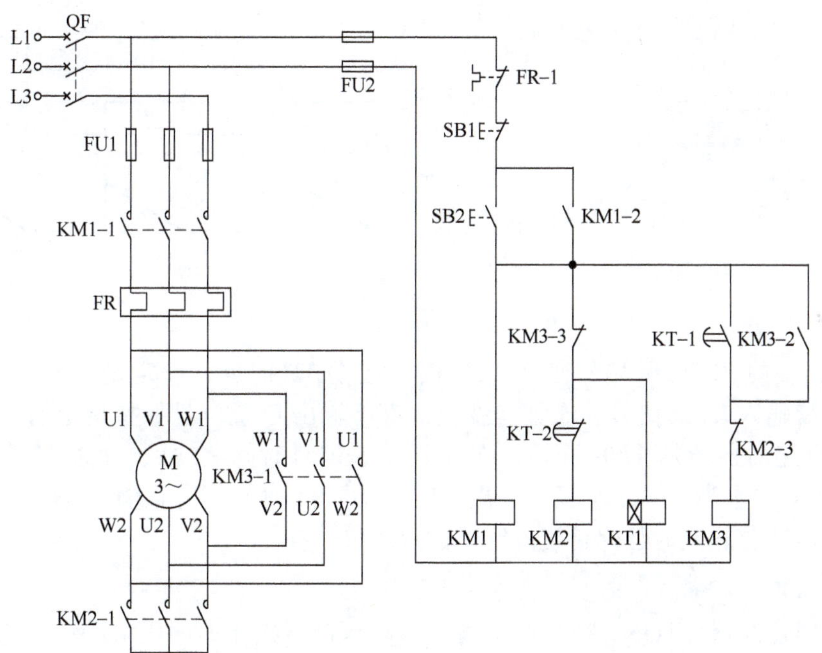

图 4-32　三相异步电动机 Y－△减压起动继电控制电路原理图

4.3.2　相关知识

S7-1200 PLC CPU 定时器为 IEC 定时器，是 IEC_TIMER 或 TP_TIME 数据类型结构，用户程序中定时器数量仅受 CPU 存储器容量限制。S7-1200 PLC CPU 包含四种定时器，即脉冲定时器（TP）、接通延时定时器（TON）、断开延时定时器（TOF）和时间累加器（TONR），各定时器的引脚见表 4-10。

表 4-10　各定时器引脚

类型	名称	说明	数据类型	备注
输入变量	IN	输入	Bool	TP、TON、TONR：0 表示禁用定时器，1 表示起动定时器 TOF：0 表示起动定时器，1 表示禁用定时器
	PT	设定定时时间	Time	
	R	复位	Bool	TONR 指令
输出变量	Q	输出	Bool	
	ET	已计时时间	Time	

1. 脉冲定时器（TP）

脉冲定时器（TP）指令可将输出 Q 置位指定的时间（由 PT 决定），图 4-33 所示为脉冲定时器符号及时序图。TP 为脉冲定时器，IEC_Timer_0_DB 为背景数据块，PT 为脉冲的设定定时时间且其值必须为正数。

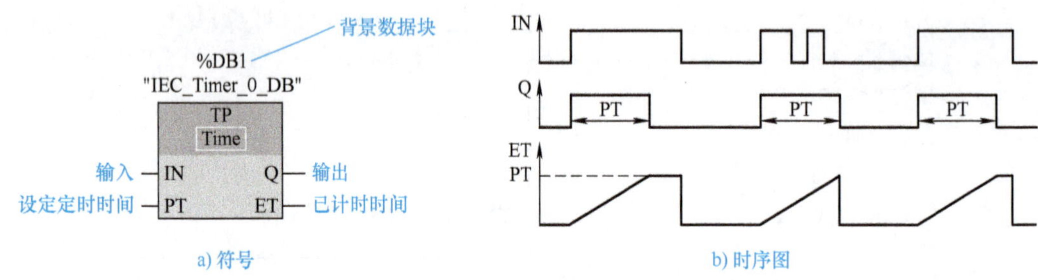

图 4-33　脉冲定时器符号及时序图

当输入 IN 的 RLO 从“0”变为“1”时，起动 TP 指令，设定定时时间 PT 开始计时。无论后续输入 IN 的信号状态如何变化，都将输出 Q 置位且保持指定的时间（由 PT 决定）。假设定时器值从 T#0s 开始，在达到设定定时时间 PT 后，如果 PT 时间用完且输入 IN 的信号状态为“0”，则复位输出 ET；如果 PT 时间用完且输入 IN 的信号状态为“1”，则输出 ET 停止定时且保持当前定时值。

2. 接通延时定时器（TON）

接通延时定时器（TON）指令可将输出 Q 经延时设定定时时间 PT 后置位为“1”，图 4-34 所示为接通延时定时器符号及时序图。TON 为接通延时定时器，IEC_Timer_0_DB_1 为背景数据块，PT 为接通延时的设定定时时间且其值必须为正数。

当输入 IN 的 RLO 从“0”变为“1”时，起动 TON 指令，设定定时时间 PT 开始计时。计时超过设定时间 PT 之后，输出 Q 的信号状态变为“1”，只要输入 IN 仍为“1”，输出 Q 就保持置位为“1”。当输入 IN 的信号状态从“1”变为“0”时，输出 Q 将复位为“0”。当输入 IN 检测到新的信号上升沿时，该定时器功能将再次起动。可以在输出 ET 查询当前的时间值。假设定时器值从

T#0s 开始，在达到设定定时时间 PT 后，输出 Q 置位为“1”；只要输入 IN 的信号状态变为“0”，输出 ET 就复位。

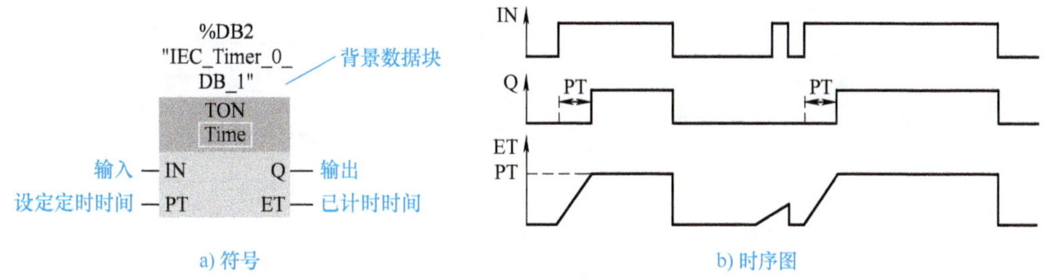

a) 符号　　b) 时序图

图 4-34　接通延时定时器符号及时序图

3. 断开延时定时器（TOF）

断开延时定时器（TOF）指令可将输出 Q 经延时设定定时时间 PT 后复位为“0”，图 4-35 所示为断开延时定时器符号及时序图。TOF 为断开延时定时器，IEC_Timer_0_DB_2 为背景数据块，PT 为断开延时的设定定时时间且其值必须为正数。

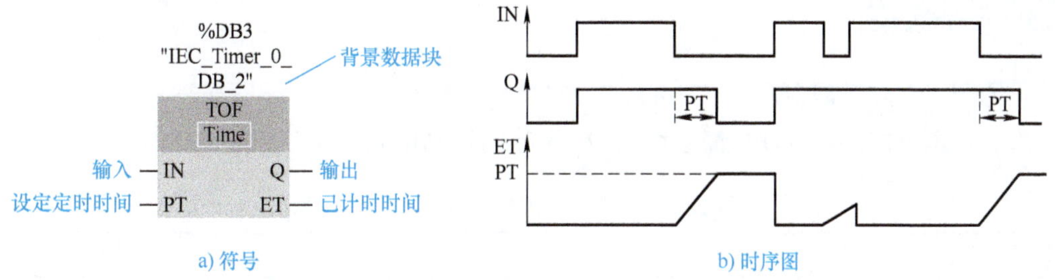

a) 符号　　b) 时序图

图 4-35　断开延时定时器符号及时序图

当输入 IN 的逻辑运算结果（RLO）从“0”变为“1”时，输出 Q 将置位为“1”。当输入 IN 处的信号状态变回“0”时，设定定时时间 PT 开始计时，只要 PT 持续时间仍在计时，输出 Q 就保持置位为“1”；设定定时时间 PT 计时结束后，输出 Q 将复位为“0”。如果输入 IN 的信号状态在持续时间 PT 计时结束之前变为“1”，则复位定时器，输出 Q 的信号状态仍将为“1”。可以在输出 ET 查询当前的时间值。假如定时器值从 T#0s 开始，在达到持续时间值 PT 后结束。当持续时间 PT 计时结束后，在输入 IN 变回“1”之前，输出 ET 会被设置为当前值的状态；在持续时间 PT 计时结束之前，如果输入 IN 的信号状态切换为“1”，则输出 ET 将复位为值 T#0s。

4. 时间累加器（TONR）

时间累加器（TONR）指令用来累加由参数 PT 设定的时间段内的时间值，图 4-36 所示为时间累加器符号及时序图。TONR 为时间累加器，IEC_Timer_0_DB_3 为背景数据块，PT 为时间记录的最长设定定时时间且其值必须为正数。

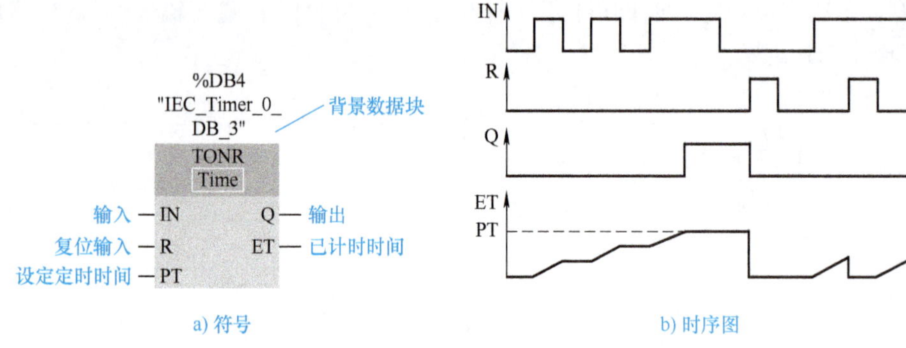

a) 符号　　b) 时序图

图 4-36　时间累加器符号及时序图

当输入 IN 的信号状态从“0”变为“1”时，将执行该指令，同时设定定时时间值 PT 开始计时。当 PT 计时时，加上输入 IN 的信号状态为“1”时记录的时间值，累加得到的时间值将写入到输出 ET 中，并可以在此进行查询。持续时间 PT 计时结束后，输出 Q 的信号状态为“1”。即使 IN 参数的信号状态从“1”变为“0”（信号下降沿），Q 参数仍将保持置位为“1”。无论输入 IN 的信号状态如何，输入 R 都将复位输出 ET 和 Q。

4.3.3　任务实践

1. 绘制 I/O 分配表

基于 PLC 的三相异步电动机\u4e2b–△减压起动控制电路 I/O 分配表见表 4-11。

表 4-11　基于 PLC 的三相异步电动机\u4e2b–△减压起动控制电路 I/O 分配表

输入			输出		
输入继电器	输入元件	作用	输出继电器	输出元件	作用
I0.0	SB1	停止按钮	Q0.0	KM1	主接触器 KM1
I0.1	SB2	起动按钮	Q0.2	KM2	\u4e2b联结接触器 KM2
I0.2	FR–1	热继电器	Q0.4	KM3	△联结接触器 KM3

2. 设计控制原理图

图 4-37 所示为基于 PLC 的三相异步电动机\u4e2b–△减压起动控制电路原理图。控制部分 KM2–3 和 KM3–3 互锁，防止 KM3 和 KM2 主触点同时接通。

3. 程序设计

三相异步电动机\u4e2b–△减压起动控制电路 PLC 程序如图 4-38 所示。采用接通延时定时器（TON）计时 5s，计时结束后计时器输出 Q 为“1”。

4. PLCSIM 验证

在 PLCSIM 中验证程序，在 SIM 表格中填入要观察或验证的变量，完成仿真验证，如图 4-39 所示。

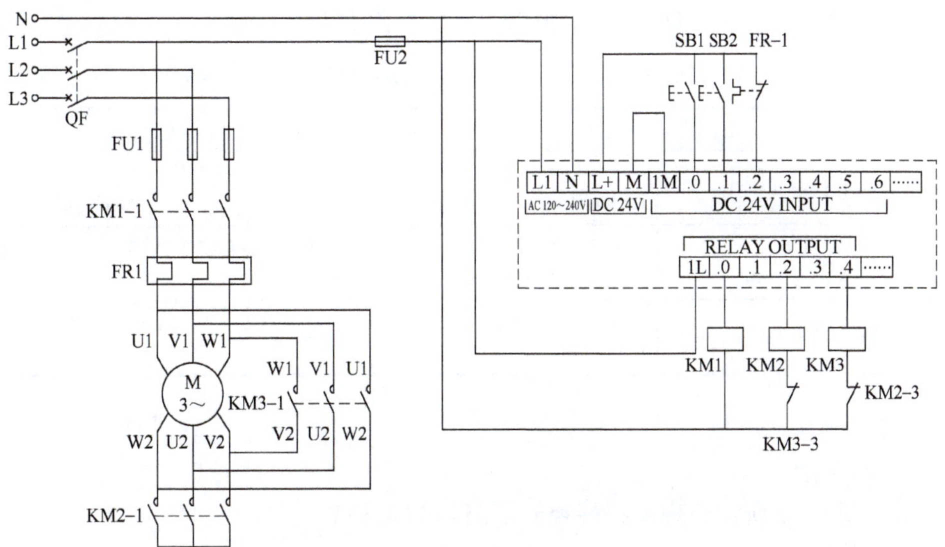

图 4-37　基于 PLC 的三相异步电动机丫－△减压起动控制电路原理图

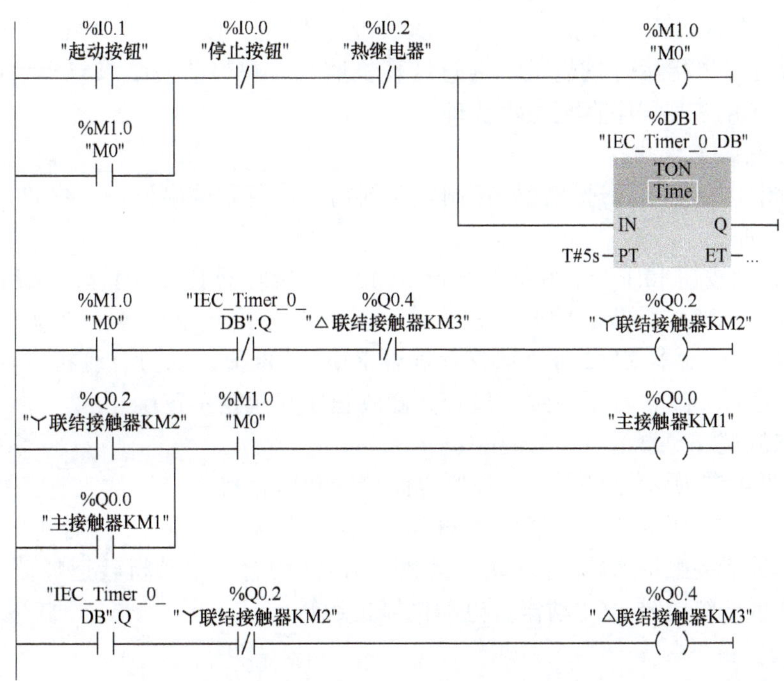

图 4-38　三相异步电动机丫－△减压起动控制电路 PLC 程序

	名称	地址	显示格式	监视/修改值	位	一致修改
	"停止按钮":P	%I0.0:P	布尔型	FALSE		☐ FALSE
	"起动按钮":P	%I0.1:P	布尔型	FALSE		☐ FALSE
	"热继电器":P	%I0.2:P	布尔型	FALSE		☐ FALSE
	"主接触器KM1"	%Q0.0	布尔型	TRUE		☑ FALSE
	"Y联结接触器KM2"	%Q0.2	布尔型	FALSE		☐ FALSE
	"Δ联结接触器KM3"	%Q0.4	布尔型	TRUE		☑ FALSE
	"M0"	%M1.0	布尔型	TRUE		☑ FALSE

图 4-39　PLCSIM 验证

三相异步电动机Y-△减压起动控制电路仿真结果见表 4-12。

表 4-12 三相异步电动机Y-△减压起动控制电路仿真结果

动作	仿真结果
起动按钮 I0.1（0→1→0）	主接触器 KM1（FALSE→TRUE），Y联结接触器 KM2（FALSE→TRUE），M0（FALSE→TRUE）
经过 5s 延时后	主接触器 KM1 保持 TRUE，Y联结接触器 KM2（TRUE→FALSE），△联结接触器 KM3（FALSE→TRUE），M0 保持 TRUE
停止按钮 I0.0 或热继电器 I0.2（1→0）	主接触器 KM1（TRUE→FALSE），△联结接触器 KM3（TRUE→FALSE），M0（TRUE→FALSE）

5. 系统调试

（1）静态调试

1）按照图 4-37 所示原理图接好控制电路的输入设备。

2）下载程序。

3）按下起动按钮 I0.1，主接触器 Q0.0 和Y联结接触器 Q0.2 指示灯亮；5s 后Y联结接触器 Q0.2 指示灯灭、△联结接触器 Q0.4 指示灯亮。按下停止按钮 I0.0 或热继电器 I0.2 动作，所有输出指示灯均熄灭。通过计算机监视，观察监视结果与指示灯是否一致，若不一致，检查并修改程序直至指示正确。

（2）动态调试（空载）

1）按照图 4-37 所示原理图接好控制电路的输入设备和输出设备（线圈等）。

2）下载程序。

3）按下起动按钮 I0.1，Y联结接触器 KM2、主接触器 KM1 闭合；5s 后Y联结接触器 KM2、△联结接触器 KM3 闭合。按下停止按钮 I0.0 或热继电器 I0.2 动作，则主接触器 KM1、Y联结接触器 KM2 或△联结接触器 KM3 均断开。通过计算机监视，观察监视结果与指示灯是否一致，若不一致，检查并修改程序直至指示正确。

（3）动态调试（负载）

1）按照图 4-37 所示原理图完成控制电路接线和电路检查。

2）按下起动按钮 I0.1，Y联结接触器 KM2、主接触器 KM1 闭合（电动机转速较低）；5s 后Y联结接触器 KM2、△联结接触器 KM3 闭合（电动机转速显著变高）。按下停止按钮 I0.0 或热继电器 I0.2 动作，电动机停止运转。

4.3.4 知识拓展

基于 PLC 的二级输送带控制系统设计

1. 控制要求

某生产线由 A 输送带和 B 输送带组成，分别对应 1 号三相异步电动机 M1 和 2 号三相异步电动机 M2，如图 4-40 所示。

工作要求如下：

1）起动：A 输送带起动，经过 10s 后，B 输送带起动。

2）停止：B 输送带停止，经过 20s 后，A 输送带停止。

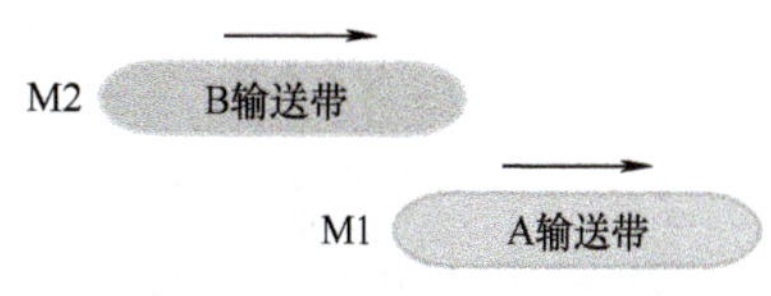

图 4-40　二级输送带原理图

2. 基于 PLC 的二级输送带控制电路

图 4-41 所示为基于 PLC 的二级输送带控制电路原理图，控制电路中接触器 KM1 控制 A 输送带，接触器 KM2 控制 B 输送带，采用 S7-1200 AC/DC/Relay PLC 作为主控器。SB1 为起动按钮，SB2 为停止按钮，SQ1 为 A 输送带故障传感器，SQ2 为 B 输送带故障传感器。FR-1 和 FR-2 分别为热继电器常闭辅助触点。

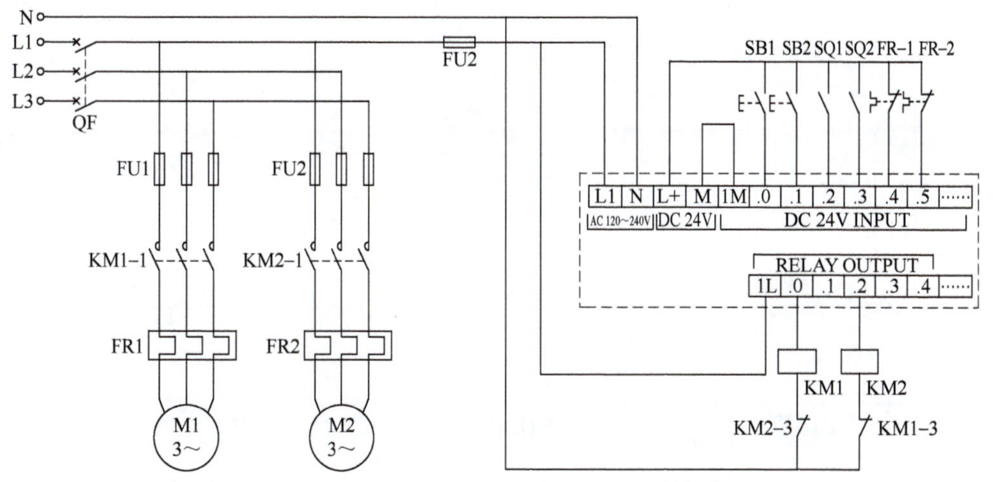

图 4-41　基于 PLC 的二级输送带控制电路原理图

3. 绘制 I/O 分配表

基于 PLC 的二级输送带控制电路 I/O 分配表见表 4-13。

表 4-13　基于 PLC 的二级输送带控制电路 I/O 分配表

输入			输出		
输入继电器	输入元件	作用	输出继电器	输出元件	作用
I0.0	SB1	起动按钮	Q0.0	KM1	A 输送带接触器
I0.1	SB2	停止按钮	Q0.2	KM2	B 输送带接触器
I0.2	SQ1	A 输送带故障传感器			
I0.3	SQ2	B 输送带故障传感器			
I0.4	FR-1	FR1 热继电器常闭辅助触点			
I0.5	FR-2	FR2 热继电器常闭辅助触点			

4. 程序设计

二级输送带控制电路 PLC 程序如图 4-42 所示。

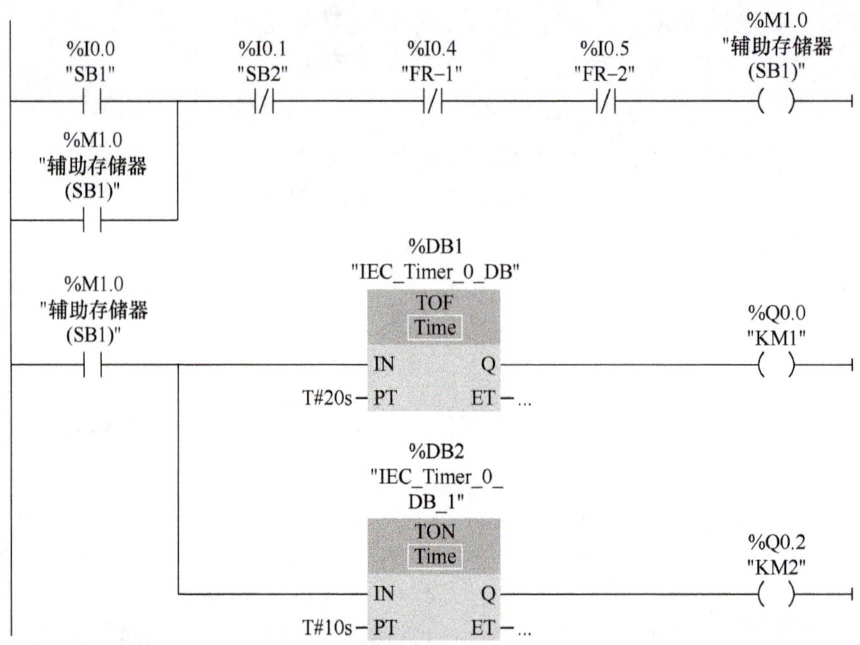

图 4-42　二级输送带控制电路 PLC 程序

任务 4.4　基于 PLC 的三相异步电动机自动往返运动控制系统设计与调试

任务目标

1）掌握加计数器、减计数器、加减计数器。

2）掌握利用 PLC 改造三相异步电动机自动往返运动继电控制电路的基本方法。

3）熟练绘制 PLC 接线图并进行硬件接线。

4）按照要求编制 PLC 程序。

5）完成基于 PLC 的三相异步电动机自动往返运动控制系统调试。

4.4.1　任务导入

图 4-43 所示为三相异步电动机自动往返运动继电控制电路原理图，若采用 PLC 对三相异步电动机自动往返运动继电控制电路进行改造，该如何设计基于 PLC 的控制系统？

工作任务如下：

1）按下起动按钮后，运料小车自动往返运行 5 次停止。

2）触发限位开关后，运料小车停止运行 10s，完成装卸货。

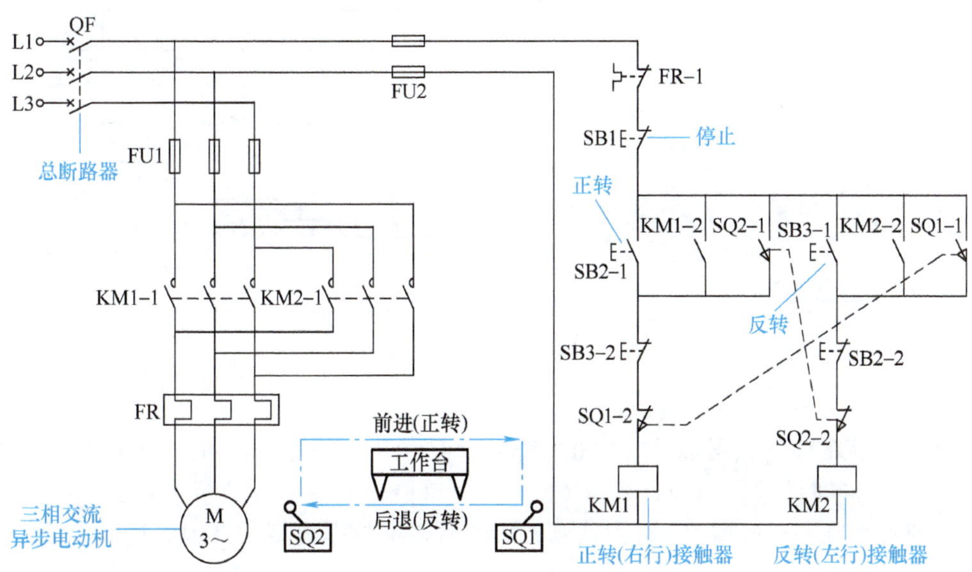

图 4-43　三相异步电动机自动往返运动继电控制电路原理图

4.4.2　相关知识

S7-1200 PLC CPU 定时器为 IEC 计数器，是 IEC_Counter 数据类型结构，用户程序中计数器数量仅受 CPU 存储器容量限制。S7-1200 PLC CPU 包含三种计数器，即加计数器（CTU）、减计数器（CTD）和加减计数器（CTUD），各计数器的引脚见表 4-14。

表 4-14　各计数器引脚

类型	名称	说明	数据类型
输入变量	CU	计数输入	Bool
	CD	计数输入	Bool
	R	计数复位	Bool
	PV	计数器预置值	整数
	LD	装载输入	Bool
输出变量	Q	计数器状态	Bool
	QU	加计数器状态	Bool
	QD	减计数器状态	Bool
	CV	计数器当前计数值	整数

1. 加计数器（CTU）

图 4-44 所示为加计数器符号及时序图。CTU 为加计数器，IEC_Counter_0_DB 为背景数据块，数据类型有 Int、SInt、DInt、USInt、UInt 和 UDInt。

加计数器的原理及应用

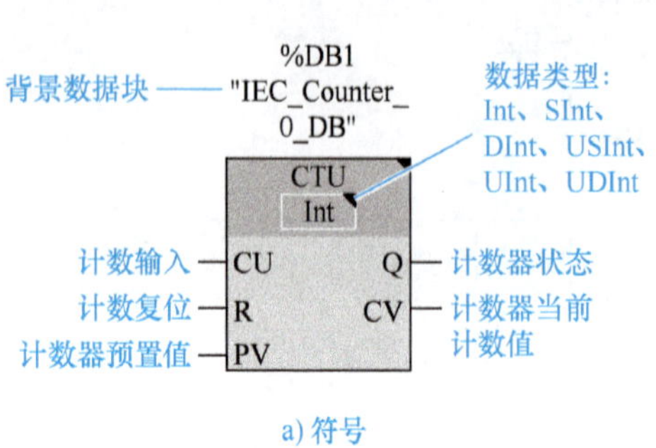

a) 符号

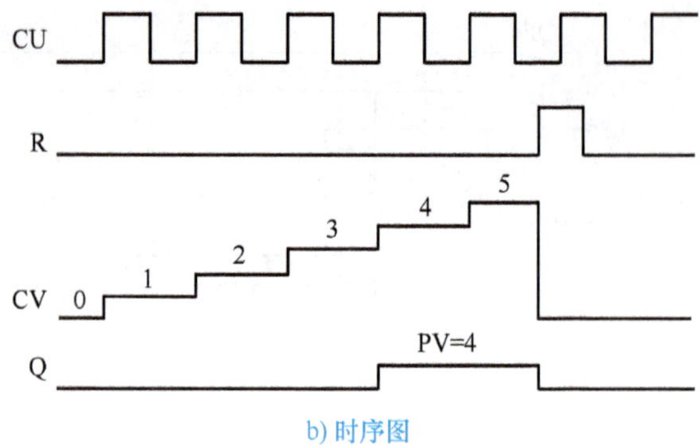

b) 时序图

图 4-44　加计数器符号及时序图

当计数输入 CU 的信号状态从“0”变为“1”（信号上升沿）时，则执行加计数器（CTU）指令，同时计数器当前计数值 CV 加 1。每检测到一个计数输入 CU 信号上升沿，计数器当前计数值 CV 递增 1，直到达到 CV 中所指定数据类型的上限。达到上限时（由计数器预置值 PV 决定），计数输入 CU 的信号状态将不再影响该指令。

当计数器当前计数值 CV 大于或等于计数器预置值 PV 时，则计数器状态 Q 的信号状态置位为“1”。在其他任何情况下，计数器状态 Q 的信号状态均为“0”。当计数复位 R 的状态变为“1”时，计数器当前计数值 CV 的值被复位为“0”，计数器状态 Q 的值被复位为“0”。

2. 减计数器（CTD）

图 4-45 所示为减计数器符号及时序图。CTD 为减计数器，IEC_Counter_0_DB_1 为背景数据块，数据类型有 Int、SInt、DInt、USInt、UInt 和 UDInt。

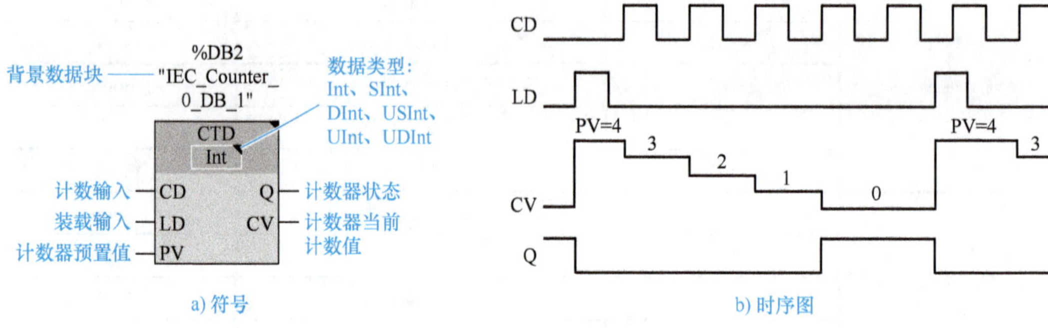

a) 符号　　b) 时序图

图 4-45　减计数器符号及时序图

当计数输入 CD 的状态从“0”变为“1”（信号上升沿）时，则执行减计数器（CTD）指令，同时计数器当前计数值 CV 减 1。每检测到一个计数输入 CD 信号的上升沿，计数器当前计数值 CV 就会递减 1，直到达到指定数据类型的下限为止。达到下限时，计数输入 CD 的状态将不再影响该指令。

如果计数器当前计数值 CV 的值小于或等于 0，则计数器状态 Q 的状态将置位为

“1”。在其他任何情况下，计数器状态 Q 的信号状态均为“0”。当装载输入 LD 的状态变为“1”时，计数器当前计数值 CV 设置为计数器预置值 PV。只要装载输入 LD 的信号状态仍为“1”，计数输入 CD 的状态就不会影响该指令。

加减计数器的原理及应用

3. 加减计数器（CTUD）

图 4-46 所示为加减计时器符号及时序图。CTUD 为加减计数器，IEC_Counter_0_DB_2 为背景数据块，数据类型有 Int、SInt、DInt、USInt、UInt 和 UDInt。

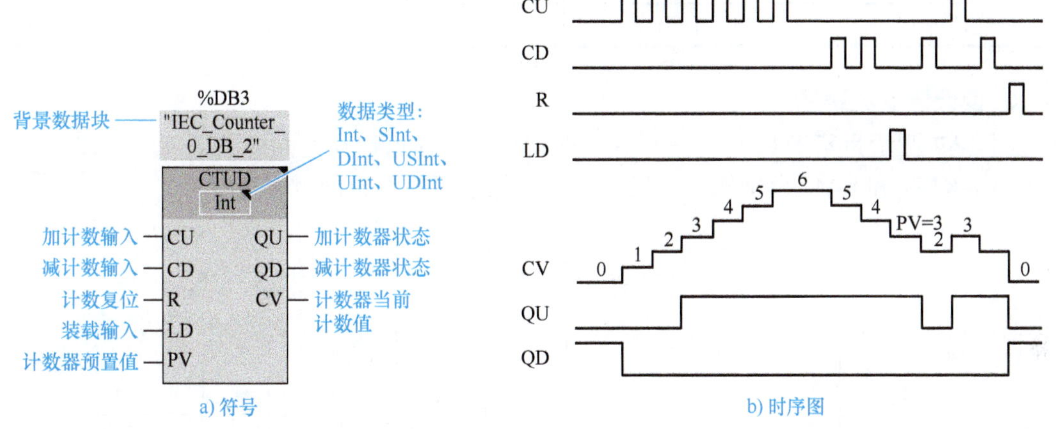

图 4-46　加减计时器符号及时序图

当加计数输入 CU 的状态从“0”变为“1”（信号上升沿）时，计数器当前计数值 CV 加 1。当减计数输入 CD 的状态从“0”变为“1”（信号上升沿）时，计数器当前计数值 CV 减 1。如果在一个程序周期内，加计数输入 CU 和减计数输入 CD 都出现信号上升沿，则计数器当前计数值 CV 保持不变。

当装载输入 LD 的信号状态变为“1”时，计数器当前计数值 CV 置位为计数器预置值 PV 的值。只要装载输入 LD 的信号状态仍为“1”，加计数输入 CU 和减计数输入 CD 的信号状态就不会影响该指令。当计数复位 R 的信号状态变为“1”时，计数器当前计数值 CV 置位为“0”。只要计数复位 R 的信号状态仍为“1”，加计数输入 CU、减计数输入 CD 和装载输入 LD 信号状态的改变均不会影响加减计数器（CTUD）指令。可以在加计数器状态 QU 中查询加计数器的状态，如果计数器当前计数值 CV 的值大于或等于计数器预置值 PV 的值，则将加计数器状态 QU 的信号状态置位为“1”。可以在减计数器状态 QD 中查询减计数器的状态，如果计数器当前计数值 CV 的值小于或等于“0”，则减计数器状态 QD 的信号状态将置位为“1”。在其他任何情况下，减计数器状态 QD 的信号状态均为“0”。

4.4.3　任务实践

1. 绘制 I/O 分配表

基于 PLC 的三相异步电动机自动往返运动控制电路 I/O 分配表见表 4-15。

表 4-15　基于 PLC 的三相异步电动机自动往返运动控制电路 I/O 分配表

输入			输出		
输入继电器	输入元件	作用	输出继电器	输出元件	作用
I0.0	SB1	停止按钮	Q0.0	KM1	正转（右行）接触器
I0.1	SB2	左行按钮	Q0.2	KM2	反转（左行）接触器
I0.2	SB3	右行按钮			
I0.3	FR-1	热继电器			
I0.4	SQ1	左限位			
I0.5	SQ2	右限位			

2. 设计控制原理图

图 4-47 所示为基于 PLC 的三相异步电动机自动往返运动控制电路原理图，控制电路中接触器 KM1 和 KM2 分别实现互锁控制，确保正反转不会同时接通。

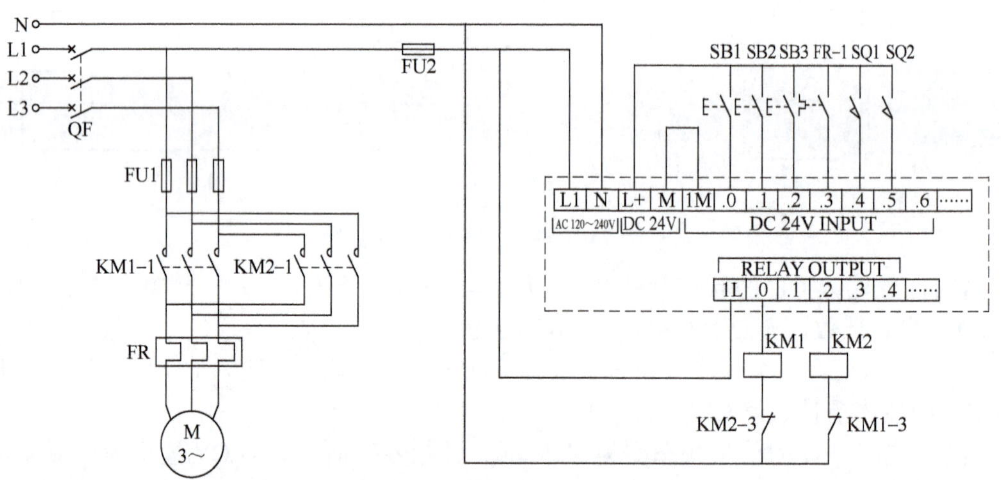

图 4-47　基于 PLC 的三相异步电动机自动往返运动控制电路原理图

3. 程序设计

三相异步电动机自动往返运行 5 次，其 PLC 程序如图 4-48 所示。

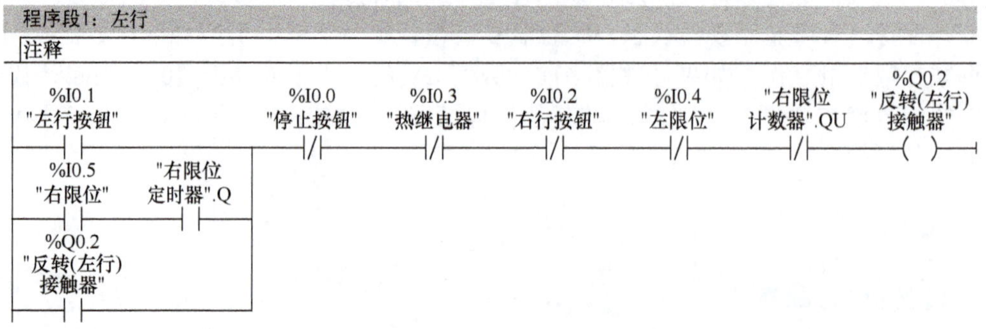

图 4-48　三相异步电动机自动往返运动控制电路 PLC 程序

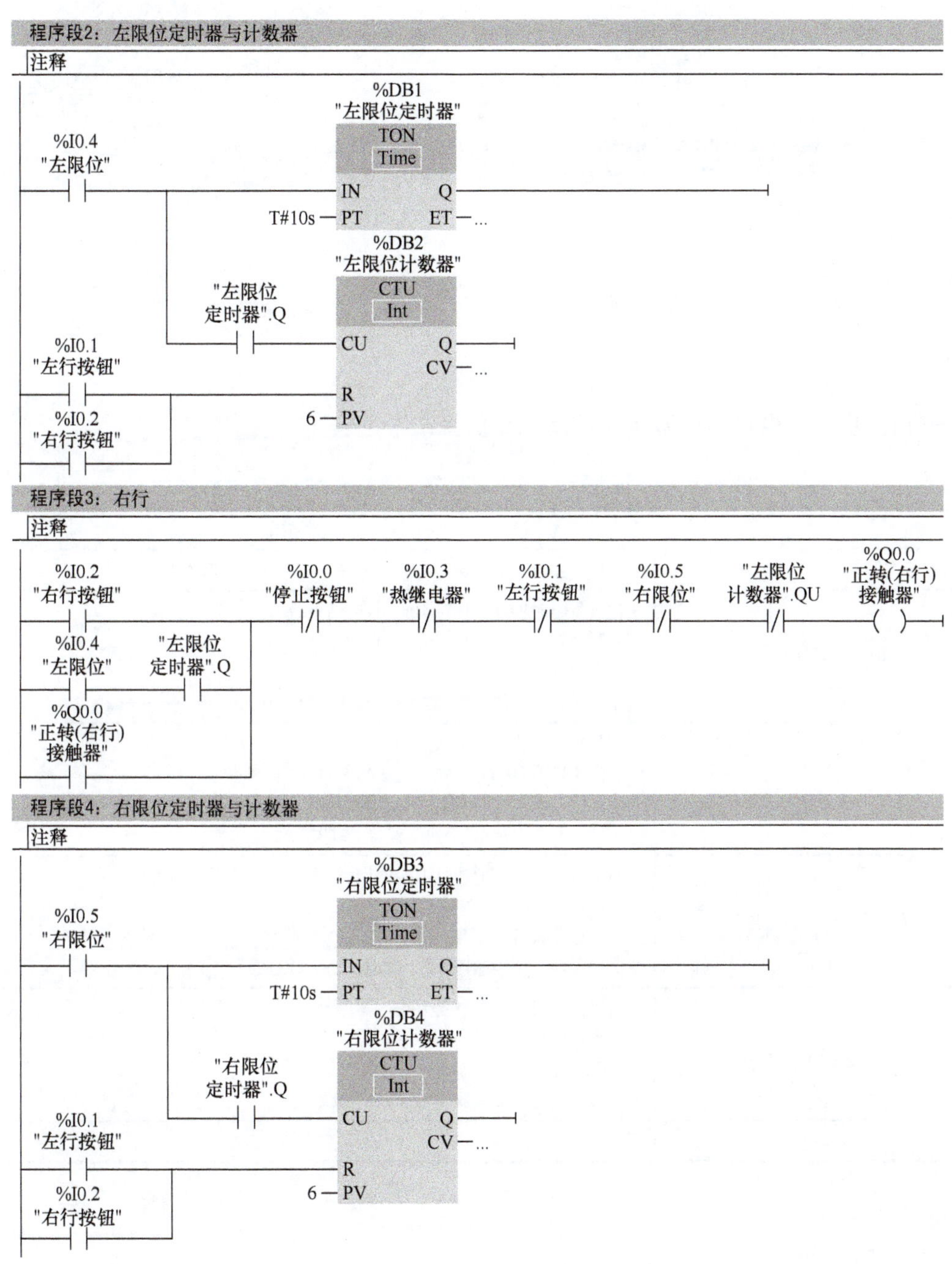

图 4-48　三相异步电动机自动往返运动控制电路 PLC 程序（续）

4. PLCSIM 验证

在 PLCSIM 中验证程序，在 SIM 表格中填入要观察或验证的变量，完成仿真验证，如图 4-49 所示。

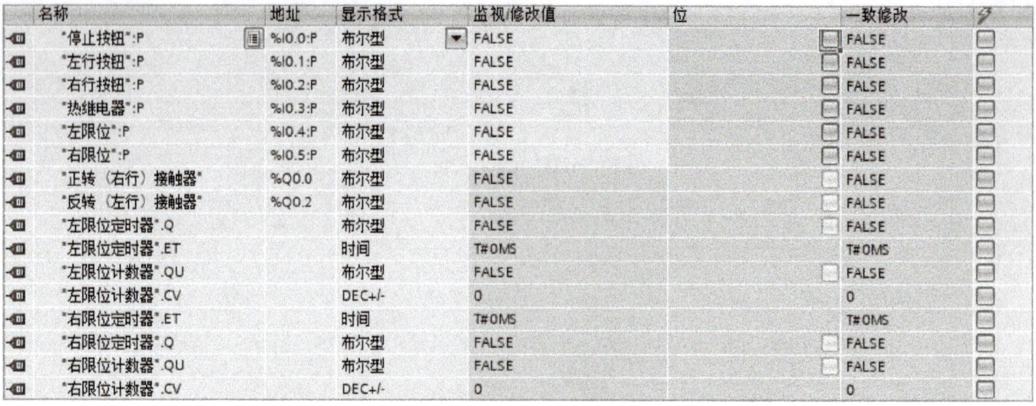

名称	地址	显示格式	监视/修改值	位	一致修改	
"停止按钮":P	%I0.0:P	布尔型	FALSE		FALSE	
"左行按钮":P	%I0.1:P	布尔型	FALSE		FALSE	
"右行按钮":P	%I0.2:P	布尔型	FALSE		FALSE	
"热继电器":P	%I0.3:P	布尔型	FALSE		FALSE	
"左限位":P	%I0.4:P	布尔型	FALSE		FALSE	
"右限位":P	%I0.5:P	布尔型	FALSE		FALSE	
"正转（右行）接触器"	%Q0.0	布尔型	FALSE		FALSE	
"反转（左行）接触器"	%Q0.2	布尔型	FALSE		FALSE	
"左限位定时器".Q		布尔型	FALSE		FALSE	
"左限位定时器".ET		时间	T#0MS		T#0MS	
"左限位计数器".QU		布尔型	FALSE		FALSE	
"左限位计数器".CV		DEC+/-	0		0	
"右限位定时器".ET		时间	T#0MS		T#0MS	
"右限位定时器".Q		布尔型	FALSE		FALSE	
"右限位计数器".QU		布尔型	FALSE		FALSE	
"右限位计数器".CV		DEC+/-	0		0	

图 4-49　PLCSIM 验证

三相异步电动机自动往返运动控制电路仿真结果见表 4-16。

表 4-16　三相异步电动机自动往返运动控制电路仿真结果

动作	仿真结果
左行按钮 I0.1（0→1→0）	反转（左行）接触器 Q0.2（FALSE→TRUE）且保持 1
左限位 I0.4（0→1）	左限位定时器 .ET 计时 10s，计时结束后 左限位定时器 .Q（FALSE→TRUE） 左限位计数器 .CV 增加 1 正转（右行）接触器 Q0.0（FALSE→TRUE）
左限位 I0.4（1→0）	左限位定时器 . ET 恢复为 0s 左限位定时器 . Q（TRUE→FALSE） 左限位计数器 .QU 保持 FALSE 正转（右行）接触器 Q0.0 保持 TRUE
右限位 I0.5（0→1）	右限位定时器 .ET 计时 10s，计时结束后 右限位定时器 .Q（FALSE→TRUE） 右限位计数器 .CV 增加 1 反转（左行）接触器 Q0.2（FALSE→TRUE）
右限位 I0.5（1→0）	右限位定时器 .ET 恢复为 0s 右限位定时器 .Q（TRUE→FALSE） 右限位计数器 .CV 保持 FALSE 反转（左行）接触器 Q0.2 保持 TRUE
……	……

5. 系统调试

（1）静态调试

1）按照图 4-47 所示原理图接好控制电路的输入设备。

2）下载程序。

3）按下左行按钮 I0.1，反转（左行）接触器 Q0.2 指示灯亮。

4）按下左限位 I0.4（0→1），保持 $0<t<10$s，反转（左行）接触器 Q0.2 指示灯由“亮”变“不亮”。$t>10$s，正转（右行）接触器 Q0.0 指示灯亮。

5）按下右限位 I0.5（0 → 1），保持 $0<t<10$s，正转（右行）接触器 Q0.0 指示灯由“亮”变“不亮”。$t>10$s，反转（左行）接触器 Q0.2 指示灯亮。

6）交替按下左限位 I0.4 和右限位 I0.5 共 5 次，相关接触器工作。

7）再次按下左限位 I0.4 或右限位 I0.5，相关接触器指示灯不亮，表示模拟完成往返 5 次运行。

8）通过计算机监视，观察监视结果与指示灯是否一致，若不一致，检查并修改程序直至指示正确。

（2）动态调试（空载）

1）按照图 4-47 所示原理图接好控制电路的输入设备和输出设备（线圈等）。

2）下载程序。

3）按下左行按钮 I0.1，反转（左行）接触器 Q0.2 动作（接通）。

4）按下左限位 I0.4（0 → 1），保持 $0<t<10$s，反转（左行）接触器 Q0.2 动作（由“接通”变“断开”）。$t>10$s，正转（右行）接触器 Q0.0 动作（接通）。

5）按下右限位 I0.5（0 → 1），保持 $0<t<10$s，正转（右行）接触器 Q0.0 动作（由“接通”变“断开”）。$t>10$s，反转（左行）接触器 Q0.2 动作（接通）。

6）交替按下左限位 I0.4 和右限位 I0.5 共 5 次，相关接触器工作。

7）再次按下左限位 I0.4 或右限位 I0.5，相关接触器不能接通，表示模拟完成往返 5 次运行。

8）通过计算机监视，观察监视结果与指示灯是否一致，若不一致，检查并修改程序直至指示正确。

（3）动态调试（负载）

1）按照图 4-47 所示原理图完成控制电路接线和电路检查。

2）下载程序。

3）按下左行按钮 I0.1，小车左行；往返运行 5 次后，停止工作。

思考与练习

1.［单选题］以下哪个指令为扫描操作数的信号上升沿（　　）。

A. <??.?> —|P|— <??.?>　　B. <??.?> —|N|— <??.?>　　C. <??.?> —(P)— <??.?>　　D. <??.?> —(N)— <??.?>

2.［单选题］定时器中的哪个输入端用于设定定时时间（　　）。

A. IN　　B. PT　　C. ET　　D. R

3.［多选题］以下哪种定时器是 S7-1200 PLC 中的定时器（　　）。

A. TON　　B. TOF　　C. TONR　　D. TP

4.［多选题］以下关于加计数器，说法正确的是（　　）。

A. 输入 R 的信号状态为“1”时，输出 CV 和 Q 的值均被复位为“0”

B. 输入 R 的信号状态为“0”的情况下，当计数输入端 CU 由“0”变为“1”时，计

数器当前计数值 CV 的值增加 1

C. CV 的最大值为计数器预置值 PV

D. 如果 CV 大于或等于 PV 的值，则将输出 Q 的信号状态置位为“1”

5.［判断题］加减计数器中，只要输入 R 的信号状态为“1”，输入 CU、CD 和 LD 信号状态的改变均不会影响加减计数指令。（　　）

6.［思考题］请用多种方法产生周期为 1s 的脉冲信号。

7.［思考题］如何用定时器和计数器实现 72h 的延时电路?

8.［思考题］PLC 断电后，时间累加器还会累加计时吗?

项目 5

S7-1200 PLC 功能指令及其应用

项目描述

S7-1200 PLC 功能指令主要包括比较操作指令、移动操作指令、数学运算指令、逻辑运算指令、程序控制指令、运行控制指令，S7-1200 PLC 功能指令及应用项目列表见表 5-1。

表 5-1　S7-1200 PLC 功能指令及应用项目列表

项目名称	指令（知识点）
任务 5.1　基于 PLC 的广场喷泉控制系统设计与调试	比较操作指令、移动操作指令
任务 5.2　基于 PLC 的奶茶包装线计数系统设计与调试	数学运算指令、逻辑运算指令
任务 5.3　基于 PLC 的桥式吊车升降系统设计与调试	程序控制指令、运行控制指令

项目目标

1）掌握并能运用比较操作指令、移动操作指令、数学运算指令、逻辑运算指令、程序控制指令和运行控制指令。

2）掌握 PLC 控制系统的硬件设计与接线。

3）掌握 PLC 控制系统的编程与调试。

4）培养学生不忘初心，牢记为人民服务的使命感。

5）培养学生良好的职业素养。

任务 5.1　基于 PLC 的广场喷泉控制系统设计与调试

任务目标

1）掌握常用比较操作指令和移动操作指令。

2）熟练绘制 PLC 接线图并进行硬件接线。

3）按照要求编制 PLC 程序。

4）完成基于 PLC 的广场喷泉控制系统调试。

5.1.1 任务导入

一个喷泉池里有 A、B、C、D 四种喷头，其工作过程如下：按下起动按钮，喷泉控制装置开始工作，A、C 喷头喷水 5s →接着 B、D 喷头喷水 5s →停止 2s → A、C 喷头和 B、D 喷头交替运行 30s（各 15s）；按下停止按钮结束。若采用 PLC 作为喷泉系统的主控制器，该如何设计基于 PLC 的控制系统？

5.1.2 相关知识

1. 比较操作指令

比较指令的原理及应用

比较操作指令主要用于数值的比较以及数据类型的比较。本任务主要讲解数值比较操作指令。

（1）等于指令和不等于指令　等于指令用于判断 <操作数 1> 和 <操作数 2> 是否相等，若相等，则指令逻辑运算结果 RLO 为“1”；若不相等，则指令逻辑运算结果 RLO 为“0”。操作数数据类型有 Int、DInt、Real、Byte、Word、DWord、USInt、UInt、UDInt、SInt、String、WSTring、Char、WChar、Date、Time、DTL、Time_of_Day、LReal、Variant 等，图 5-1 所示为等于指令举例。不等于指令功能与等于指令功能相反。

若“Tag_Value_1” = “Tag_Value_2”，则满足指令的条件，置位输出“Tag_4”。

（2）大于等于指令和小于等于指令　大于等于指令用于判断 <操作数 1> 是否大于或等于 <操作数 2>，若满足条件，则指令逻辑运算结果 RLO 为“1”；若不满足条件，则指令逻辑运算结果 RLO 为“0”。操作数数据类型有 Int、DInt、Real、Byte、Word、DWord、USInt、UInt、UDInt、SInt、String、WSTring、Char、WChar、Date、Time、DTL、Time_of_Day、LReal、Variant 等，图 5-2 所示为大于等于指令举例。小于等于指令功能与大于等于指令功能相反。

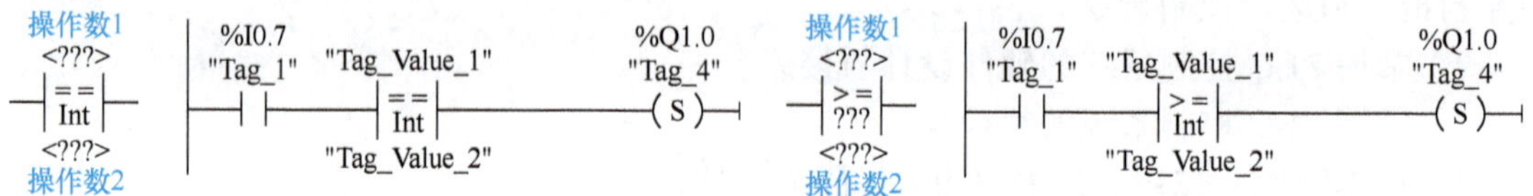

图 5-1　等于指令举例

图 5-2　大于等于指令举例

若 I0.7 为“1”，“Tag_Value_1” ≥ “Tag_Value_2”，则满足指令的条件，置位输出“Tag_4”。

（3）大于指令和小于指令　大于指令用于判断 <操作数 1> 是否大于 <操作数 2>，若满足条件，则指令逻辑运算结果 RLO 为“1”；若不满足条件，则指令逻辑运算结果 RLO 为“0”。操作数数据类型有 Int、DInt、Real、Byte、Word、DWord、USInt、UInt、UDInt、SInt、String、WSTring、Char、WChar、Date、Time、DTL、Time_of_Day、LReal、Variant 等，图 5-3 所示为大于指令举例。小于指令功能与大于指令功能相反。

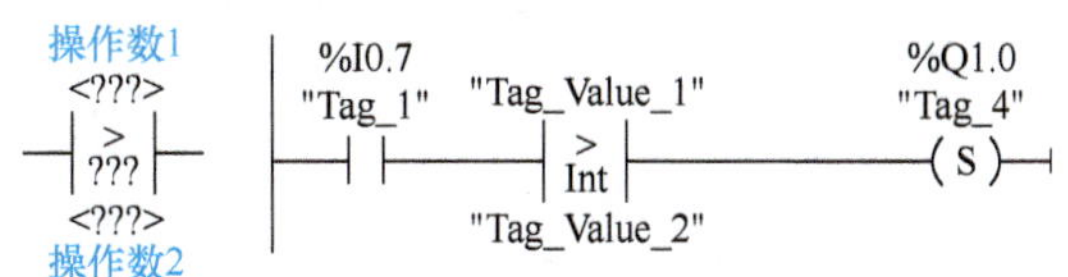

图 5-3　大于指令举例

若 I0.7 为“1”，“Tag_Value_1” > “Tag_Value_2”，则满足指令的条件，置位输出“Tag_4”。

（4）值在范围内指令和值超出范围指令　值在范围内指令用于判断操作数 VAL 是否在取值范围下限 MIN 和取值范围上限 MAX 范围内，若满足条件，则指令逻辑运算结果 RLO 为“1”；若不满足条件，则指令逻辑运算结果 RLO 为“0”。操作数数据类型有 Int、DInt、USInt、UInt、UDInt、SInt、Real、LReal 等，图 5-4 所示为值在范围内指令举例。值超出范围指令功能与值在范围内指令功能互补。

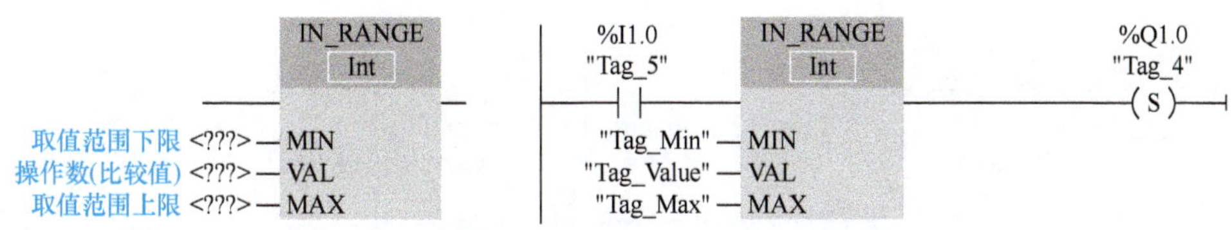

图 5-4　值在范围内指令举例

若 I1.0 为“1”，“Tag_Value”在“Tag_Min”和“Tag_Max”范围内，则满足指令的条件，置位输出“Tag_4”。

（5）检查有效性指令和检查无效性指令　检查有效性指令用于检查 <操作数> 是否为有效的浮点数。如果该指令输入的信号状态为“1”，则在每个程序周期内都进行检查。查询时，如果操作数的值是有效浮点数且指令输入的信号状态为“1”，则该指令输出的信号状态为“1”。在其他任何情况下，检查有效性指令输出的信号状态都为“0”。检查无效性指令用于检查 <操作数> 是否为无效的浮点数。

2. 移动操作指令

移动操作指令主要用于数据的移动、相同数据不同排列的转换，以及实现 S7-1200 PLC CPU 的间接寻址功能部分的移动操作。本任务主要讲解移动值（MOVE）指令、块移动（MOVE_BLK）指令和交换（SWAP）指令。

（1）移动值（MOVE）指令　移动值（MOVE）指令用于将输入 IN <操作数 1> 中的内容传送给输出 OUT1 的 <操作数 2>，始终沿地址升序方向进行传送。当使能输入 EN 的信号状态为“0”或 IN 参数的数据类型与 OUT1 参数的指定数据类型不对应时，使能输出 ENO 将返回信号状态“0”。图 5-5 所示为移动值（MOVE）指令举例。

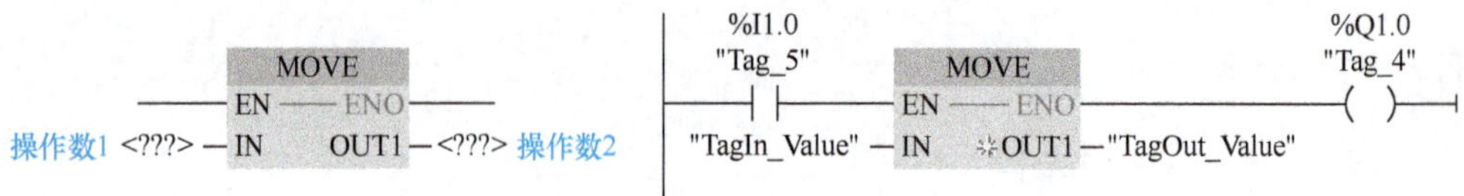

图 5-5　移动值（MOVE）指令举例

当 I1.0 为“1”时，执行 MOVE 指令，将操作数“TagIn_Value”的内容传送到操作数“TagOut_Value”，并将“Tag_4”的信号状态置位为“1”。

（2）块移动（MOVE_BLK）指令　块移动（MOVE_BLK）指令用于将一个存储区（源范围）的数据移动到另一个存储区（目标范围）中，使用输入 COUNT 可以指定移动到目标范围中的元素个数。

可通过输入 IN 中元素的宽度来定义元素待移动的宽度。仅当源范围和目标范围的数据类型相同时，才能执行该指令。当使能输入 EN 的信号状态为“0”或移动的数据量超出输入 IN 或输出 OUT 所能容纳的数据量时，使能输出 ENO 将返回信号状态“0”。图 5-6 所示为块移动（MOVE_BLK）指令举例。

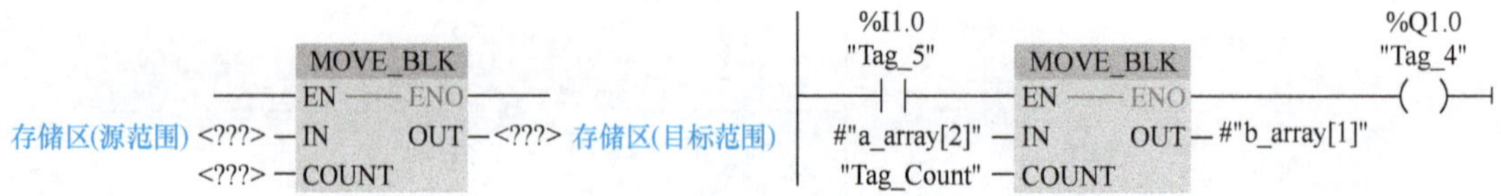

图 5-6　块移动（MOVE_BLK）指令举例

当 I1.0 为“1”时，执行 MOVE_BLK 指令，将操作数“a_array［2］”的内容移动到操作数“b_array［1］”，移动元素为“Tag_Count”个，并将“Tag_4”的信号状态置位为“1”。

（3）交换（SWAP）指令　交换（SWAP）指令用于更改输入 IN <操作数 1> 中字节的顺序，并在输出 OUT <操作数 2> 中查询结果。输入 IN <操作数 1> 和输出 OUT <操作数 2> 的数据类型为 Word 或 DWord。图 5-7 所示为交换（SWAP）指令举例。

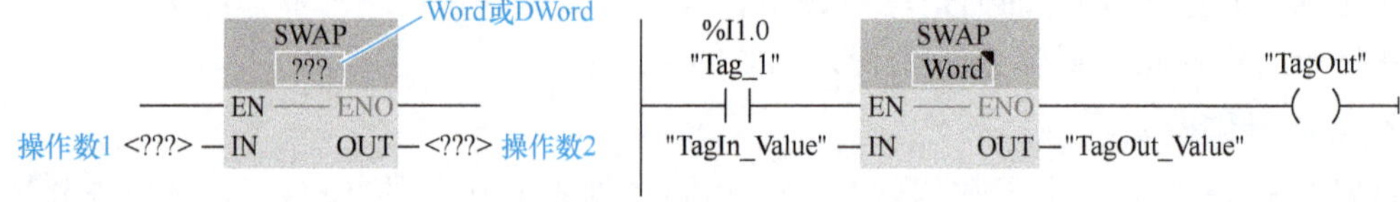

图 5-7　交换（SWAP）指令举例

当 I1.0 为“1”时，执行 SWAP 指令，操作数“TagIn_Value”的内容为“0000 1111 0101 0101”；交换后，操作数“TagOut_Value”的内容为“0101 0101 0000 1111”。

5.1.3　任务实践

1. 绘制 I/O 分配表

基于 PLC 的广场喷泉控制电路 I/O 分配表见表 5-2。

表 5-2　基于 PLC 的广场喷泉控制电路 I/O 分配表

输入			输出		
输入继电器	输入元件	作用	输出继电器	输出元件	作用
I0.0	SB1	停止按钮	Q0.0	KM1	A# 喷头
I0.1	SB2	起动按钮	Q0.2	KM2	B# 喷头
			Q0.4	KM3	C# 喷头
			Q0.6	KM4	D# 喷头

2. 设计控制原理图

图 5-8 所示为基于 PLC 的广场喷泉控制电路原理图。

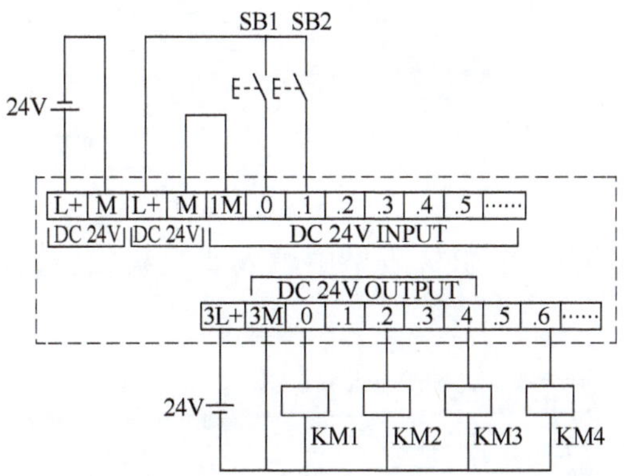

图 5-8　基于 PLC 的广场喷泉控制电路原理图

3. 程序设计

广场喷泉控制电路 PLC 程序如图 5-9 所示。

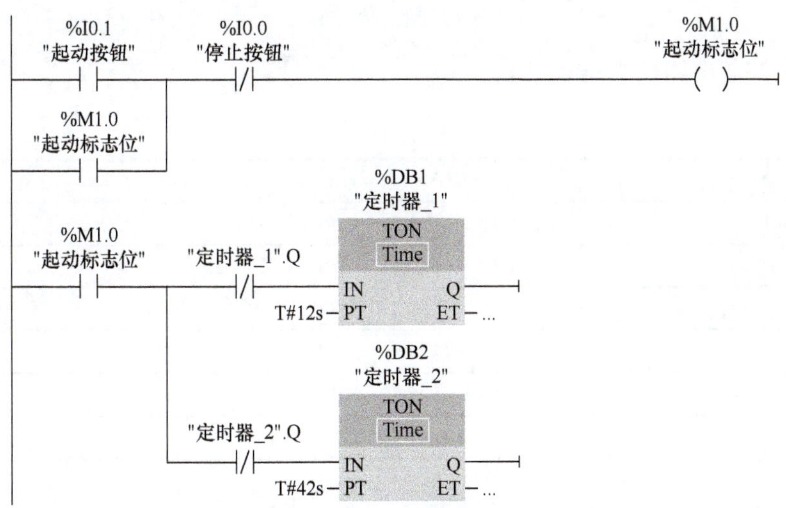

图 5-9　广场喷泉控制电路 PLC 程序

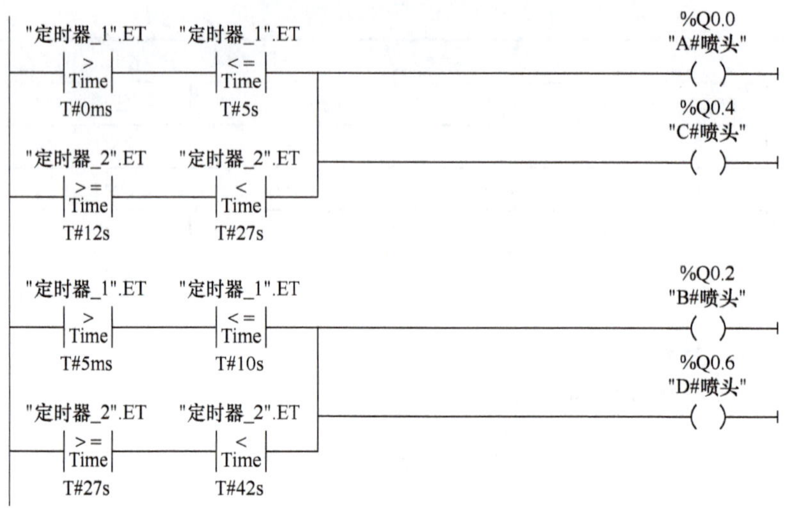

图 5-9　广场喷泉控制电路 PLC 程序（续）

4. PLCSIM 验证

在 PLCSIM 中验证程序，在 SIM 表格中填入要观察或验证的变量，完成仿真验证，如图 5-10 所示。

名称	地址	显示格式	监视/修改值	位	一致修改
"起动按钮":P	%I0.1:P	布尔型	FALSE		FALSE
"停止按钮":P	%I0.0:P	布尔型	FALSE		FALSE
"定时器_1".ET		时间	T#0MS		T#0MS
"定时器_1".Q		布尔型	FALSE		FALSE
"定时器_2".ET		时间	T#0MS		T#0MS
"A#喷头"	%Q0.0	布尔型	FALSE		FALSE
"B#喷头"	%Q0.2	布尔型	FALSE		FALSE
"C#喷头"	%Q0.4	布尔型	FALSE		FALSE
"D#喷头"	%Q0.6	布尔型	FALSE		FALSE

图 5-10　PLCSIM 验证

广场喷泉控制电路仿真结果见表 5-3。

表 5-3　广场喷泉控制电路仿真结果

动作	仿真结果
起动按钮 I0.1（0→1→0）	A、C 喷头（FALSE→TRUE）
经过 5s 延时后	B、D 喷头（FALSE→TRUE），保持 5s
第 10～11s	A、B、C、D 喷头均保持 FALSE
第 12～26s	A、C 喷头（FALSE→TRUE）
第 27～41s	B、D 喷头（FALSE→TRUE）
停止按钮 I0.0（1→0）	A、B、C、D 喷头均保持 FALSE

5. 系统调试

（1）静态调试

1）按照图 5-8 所示原理图接好控制电路的输入设备。

2）下载程序。

3）按下起动按钮 I0.1，A 喷头 Q0.0 和 C 喷头 Q0.4 指示灯亮，维持 5s；5s 后 B 喷头 Q0.2 和 D 喷头指示灯 Q0.6 亮，维持 5s；A 喷头 Q0.0、B 喷头 Q0.2、C 喷头 Q0.4、D 喷头 Q0.6 指示灯四个指示灯均不亮，维持 2s；第 12 ～ 26s，A 喷头 Q0.0 和 C 喷头 Q0.4 指示灯亮，维持 15s；第 27 ～ 41s，B 喷头 Q0.2 和 D 喷头 Q0.6 指示灯亮，维持 15s；按照上述顺序依次循环。按下停止按钮 I0.0，所有输出指示灯均熄灭。通过计算机监视，观察监视结果与指示灯是否一致，若不一致，检查并修改程序直至指示正确。

（2）动态调试（空载）

1）按照图 5-8 所示原理图接好控制电路的输入设备和输出设备（线圈等）。

2）下载程序。

3）按下起动按钮 I0.1，KM1 和 KM3 接通，维持 5s；5s 后 KM2 和 KM4 接通，维持 5s；KM1、KM2、KM3、KM4 四个喷头均未接通，维持 2s；第 12 ～ 26s，KM1 和 KM3 接通，维持 15s；第 27 ～ 41s，KM2 和 KM4 接通，维持 15s；按照上述顺序依次循环。按下停止按钮 I0.0，所有输出均断开。通过计算机监视，观察监视结果与指示灯是否一致，若不一致，检查并修改程序直至指示正确。

（3）动态调试（负载）

1）按照图 5-8 所示原理图完成控制电路接线和电路检查。

2）按下起动按钮 I0.1，喷头 A、C 喷射，维持 5s；5s 后喷头 B 和 D 喷射，维持 5s；第 10 ～ 11s，喷头 A、喷头 B、喷头 C、喷头 D 均不喷射；第 12 ～ 26s，喷头 A 和喷头 C 喷射，维持 15s；第 27 ～ 41s，喷头 B 和喷头 D 喷射，维持 15s；按照上述顺序依次循环。按下停止按钮 I0.0，所有喷头均不喷射。通过计算机监视，观察监视结果与指示灯是否一致，若不一致，检查并修改程序直至指示正确。

5.1.4　知识拓展

基于 PLC 的卫生间冲水控制系统设计

1. 控制要求

设计一个卫生间冲水控制电路，当人走近马桶时，判断是否为干扰，耗时 10s；之后进行 10s 冲水，接着暂停冲水；人离开马桶后，自动冲水 10s。

2. 基于 PLC 的卫生间冲水控制电路

图 5-11 所示为基于 PLC 的卫生间冲水控制电路。

3. 绘制 I/O 分配表

基于 PLC 的卫生间冲水控制电路 I/O 分配表见表 5-4。

4. 程序设计

卫生间冲水控制电路 PLC 程序如图 5-12 所示。

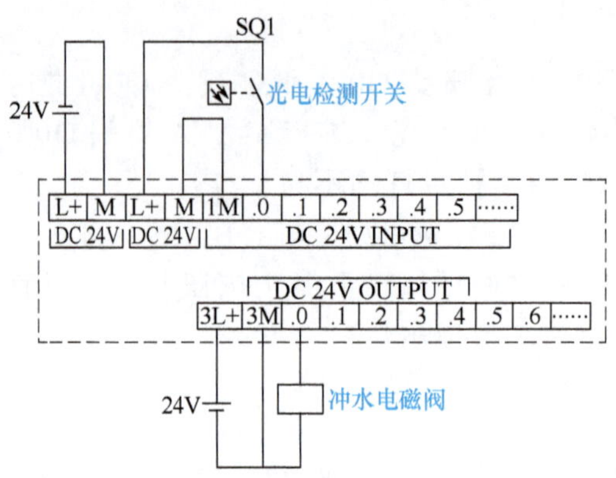

图 5-11　基于 PLC 的卫生间冲水控制电路

表 5-4　基于 PLC 的卫生间冲水控制电路 I/O 分配表

输入			输出		
输入继电器	输入元件	作用	输出继电器	输出元件	作用
I0.0	SQ1	光电检测开关	Q0.0	电磁阀	冲水电磁阀

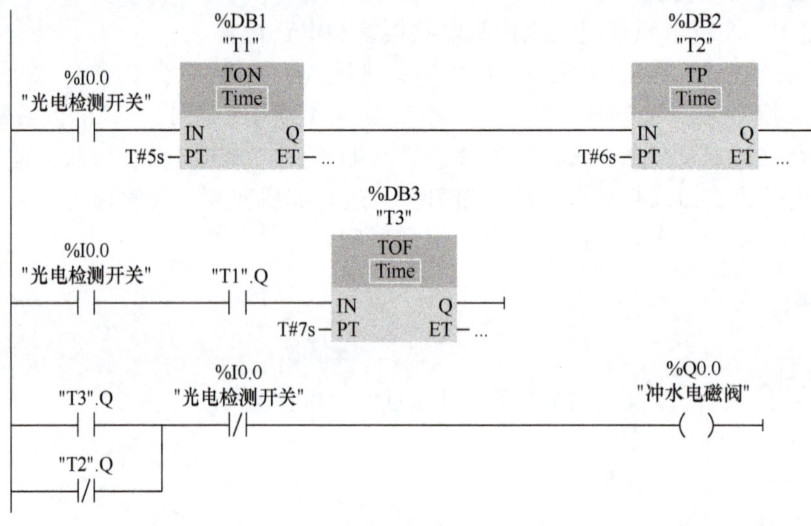

图 5-12　卫生间冲水控制电路 PLC 程序

任务 5.2　基于 PLC 的奶茶包装线计数系统设计与调试

任务目标

1）掌握常用数学运算指令和逻辑运算指令。

2）熟练绘制 PLC 接线图并进行硬件接线。

3）按照要求编制 PLC 程序。

4）完成基于 PLC 的奶茶包装线计数系统调试。

5.2.1　任务导入

某奶茶生产企业生产线可打包 A 口味 30 杯 / 箱、B 口味 12 杯 / 箱、C 口味 20 杯 / 箱、D 口味 18 杯 / 箱、E 口味 15 杯 / 箱。采用传感器可识别各不同包装产品：例如：A# 传感器能识别 A 口味，识别成功后向 PLC 发送一个脉冲，生产线共有 A# 传感器、B# 传感器、C# 传感器、D# 传感器、E# 传感器等共五个传感器，公司规定，每天达到 100000 杯后，即停止生产。若采用 PLC 作为主控制器，该如何设计基于 PLC 的控制系统？

5.2.2　相关知识

1. 数学运算指令

数学运算主要有计算（CALCULATE）、加（ADD）、减（SUB）、乘（MUL）、除（DIV）、返回除法的余数（MOD）、求二进制补码（NEG）、递增（INC）、递减（DEC）、计算绝对值（ABS）、获取最小值（MIN）、获取最大值（MAX）、设置限制（LIMIT）、计算平方（SQR）、计算平方根（SQRT）、计算自然对数（LN）、计算指数值（EXP）、计算正弦值（SIN）、计算余弦值（COS）、计算正切值（TAN）、计算反正弦值（ASIN）、计算反余弦值（ACOS）、计算反正切值（ATAN）、返回小数（FRAC）、取幂（EXPT）。

（1）四则运算指令　四则运算指令包括加（ADD）、减（SUB）、乘（MUL）、除（DIV），如图 5-13 所示。

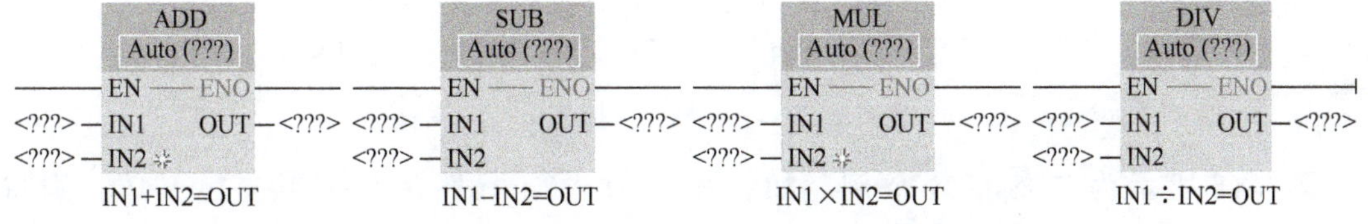

图 5-13　四则运算指令

操作数数据类型有 Int、Dint、Real、LReal、USInt、Uint、Sint 和 UDInt，IN1、IN2 和 OUT 操作数的数据类型须一致。DIV 指令将得到的商截位取整后输出给参数 OUT。ADD 和 MUL 指令的“※”表示可以增加参数，单击“※”，可增加输入参数 IN3、IN4、……。图 5-14 所示为 DIV 指令举例。

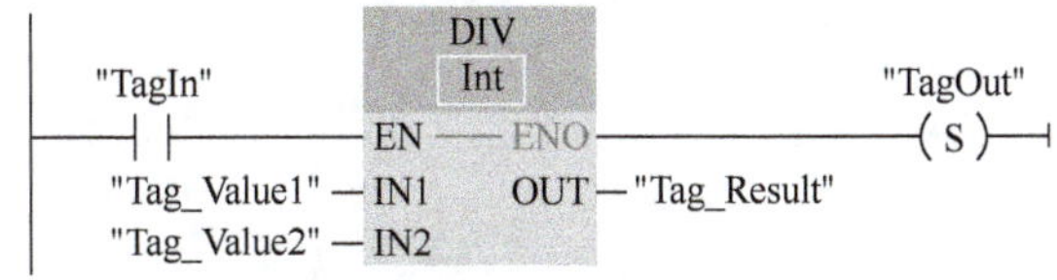

图 5-14　DIV 指令举例

“Tag_Value1”=10，“Tag_Value2”=2，则“Tag_Result”=5。

（2）极值指令　极值指令包括获取最小值（MIN）指令和获取最大值（MAX）指令，如图 5-15 所示。

1）MIN 指令。比较输入的值，并将最小的值写入输出 OUT 中。可通过“✳”来扩展输入的数量。使能输出 ENO 的信号状态为“0”的条件是使能输入 EN 的信号状态为“0”。

2）MAX 指令。比较输入的值，并将最大的值写入输出 OUT 中。可通过“✳”来扩展输入的数量。使能输出 ENO 的信号状态为“0”的条件是使能输入 EN 的信号状态为“0”。

图 5-16 所示为 MAX 指令举例，当“TagIn_Value1”=100，“TagIn_Value2”=108，“TagIn_Value3”=99 时，输出“TagOut_Value”=108，同时置位输出“TagOut”。

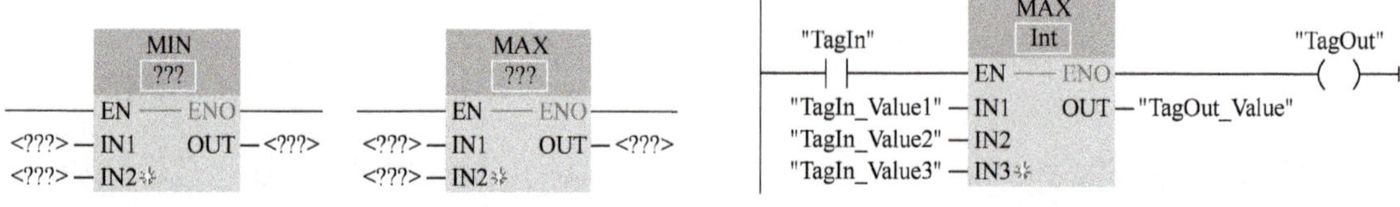

图 5-15　极值指令　　　　图 5-16　MAX 指令举例

（3）三角函数指令　三角函数指令主要包括 SIN 指令、COS 指令、TAN 指令、ASIN 指令、ACOS 指令、ATAN 指令，如图 5-17 所示。输入 IN 为三角函数的输入值，以弧度的形式指定。计算结果写入输出 OUT。操作数的数据类型为 Real 和 LReal。使能输出 ENO 的信号状态为“0”的条件是使能输入 EN 的信号状态为“0”，输入 IN 的值不是有效浮点数。

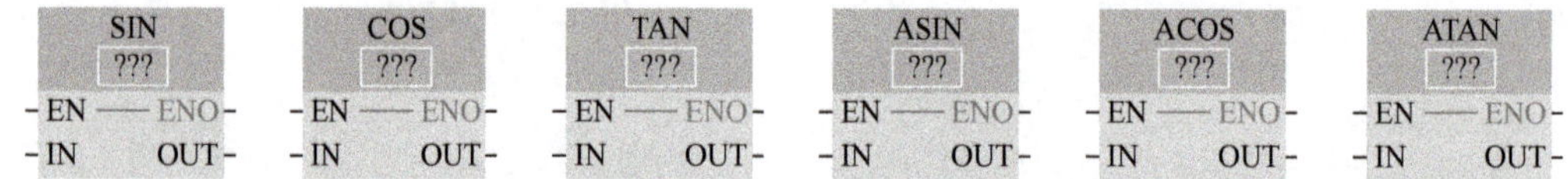

图 5-17　三角函数指令

图 5-18 所示为 COS 指令举例，如果操作数“TagIn”的信号状态为“1”，则将执行 COS 指令。该指令计算输入“Tag_Value”指定的角度的余弦并将结果保存在输出“Tag_Result”中。如果成功执行该指令，则置位输出“TagOut”。例如“Tag_Value”=+1.570796（π/2），则“Tag_Result”=0。

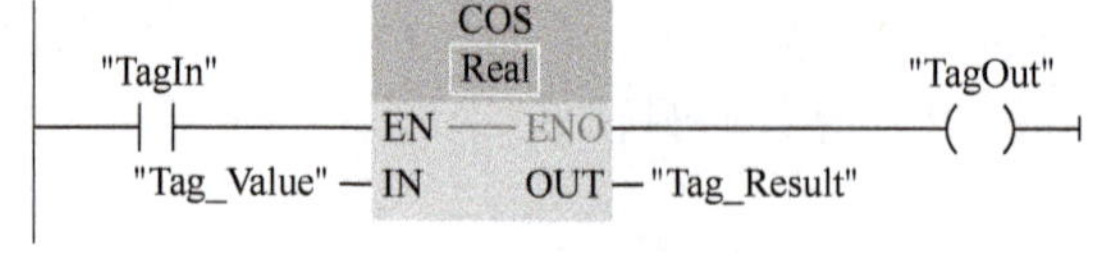

图 5-18　COS 指令举例

2. 逻辑运算指令

逻辑运算主要有“与”运算（AND）、“或”运算（OR）、“异或”运算（XOR）、求反码（INVERT）、解码（DECO）、编码（ENCO）、选择（SEL）、多路复用（MUX）、多路分用（DEMUX）。

（1）“与”运算（AND）指令　“与”运算（AND）指令是指将输入 IN1 的值和输入 IN2 的值按位进行“与”运算，并在输出 OUT 中查询结果，对指定值的所有位都执行相同（“与”运算）的逻辑运算。只有该逻辑运算中的两个位的信号状态均为“1”时，结果位的信号状态才为“1”。如果该逻辑运算的两个位中有一个位的信号状态为“0”，则对应的结果位将复位。

图 5-19 所示为 AND 指令举例，如果操作数“ TagIn”的信号状态为“1”，则执行该指令，将操作数“ TagIn_Value1”的值与操作数“ TagIn_Value2”的值进行“与”运算，结果按位映射并输出到操作数“ Tag_Result”中，使能输出 ENO 和输出“ TagOut”的信号状态都将设置为“1”。若 IN1= 0101 0101 0101 0101，IN2= 0000 0000 0000 1111，则 OUT= 0000 0000 0000 0101。

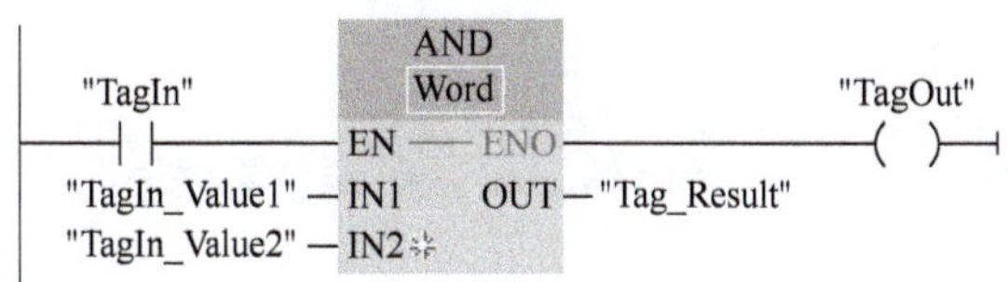

图 5-19　AND 指令举例

（2）“或”运算（OR）指令　“或”运算（OR）指令是指将输入 IN1 的值和输入 IN2 的值按位进行“或”运算，并在输出 OUT 中查询结果，对指定值的所有位都执行相同（“或”运算）的逻辑运算。只要该逻辑运算中的两个位中至少有一个位的信号状态为“1”，结果位的信号状态就为“1”。如果该逻辑运算的两个位的信号状态均为“0”，则对应的结果位将复位。

图 5-20 所示为 OR 指令举例，如果操作数“TagIn”的信号状态为“1”，则执行该指令，将操作数“TagIn_Value1”的值与操作数“TagIn_Value2”的值进行“或”运算，结果按位映射并输出到操作数“Tag_Result”中，使能输出 ENO 和输出“TagOut”的信号状态都将设置为“1”。IN1= 0101 0101 0101 0101，IN2= 0000 0000 0000 1111，则 OUT= 0101 0101 0101 1111。

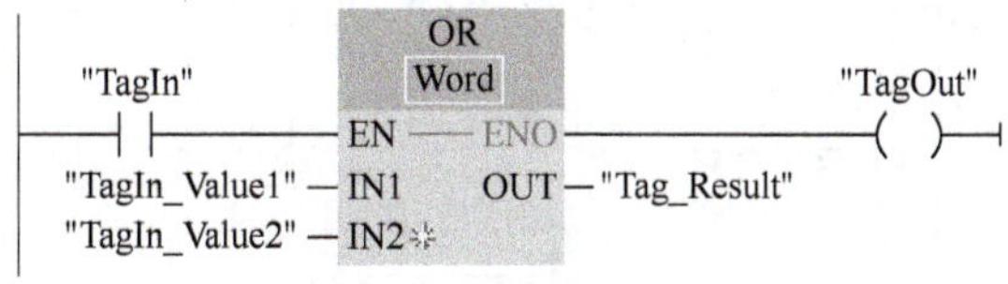

图 5-20　OR 指令举例

（3）“异或”运算（XOR）指令　“异或”运算（XOR）指令是指将输入 IN1 的值和输入 IN2 的值按位进行“异或”运算，并在输出 OUT 中查询结果，对指定值的所有位都执行相同（“异或”运算）的逻辑运算。当该逻辑运算中的两个位中有一个位的信号状态为“0”，另一个位的信号状态为“1”时，结果位的信号状态为“1”。如果该逻辑运算的两个位的信号状态均为“1”或“0”，则对应的结果位将复位。

图 5-21 所示为 XOR 指令举例，如果操作数“ TagIn”的信号状态为“1”，则执行该指令，将操作数“ TagIn_Value1”的值和操作数“ TagIn_Value2”的值进行“异或”运

算，结果按位映射并输出到操作数“Tag_Result”中，使能输出 ENO 和输出“TagOut”的信号状态都将设置为“1”。IN1= 0101 0101 0101 0101，IN2= 0000 0000 0000 1111，则 OUT= 0101 0101 0101 1010。

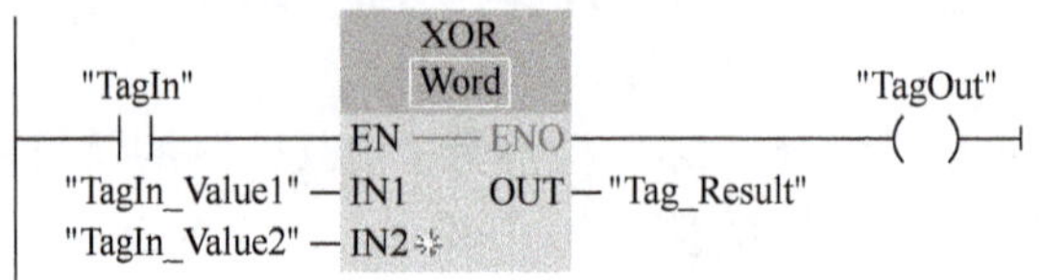

图 5-21　XOR 指令举例

5.2.3　任务实践

1. 绘制 I/O 分配表

基于 PLC 的奶茶包装线计数控制电路 I/O 分配表见表 5-5。

表 5-5　基于 PLC 的奶茶包装线计数控制电路 I/O 分配表

输入			输入 / 输出		
输入继电器	输入元件	作用	输入 / 输出继电器	输入 / 输出元件	作用
I0.0	SB1	起动按钮	I0.4	SQ3	C# 传感器
I0.1	SB2	停止按钮	I0.5	SQ4	D# 传感器
I0.2	SQ1	A# 传感器	I0.6	SQ5	E# 传感器
I0.3	SQ2	B# 传感器	Q0.0	KM	生产线停止控制

2. 设计控制原理图

图 5-22 所示为基于 PLC 的奶茶包装线计数控制电路原理图。

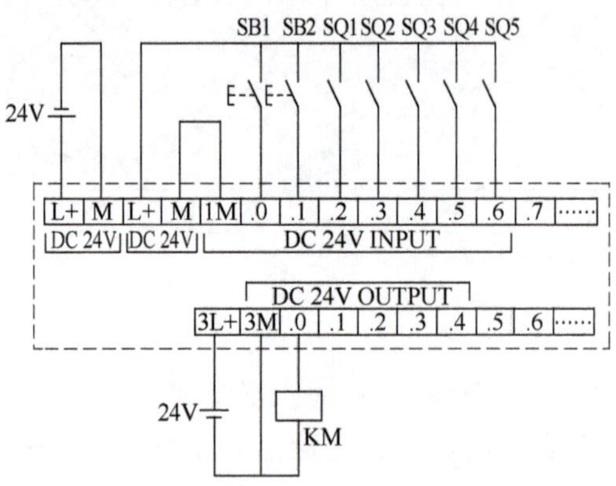

图 5-22　基于 PLC 的奶茶包装线计数控制电路原理图

3. 程序设计

奶茶包装线计数控制电路 PLC 程序如图 5-23 所示。

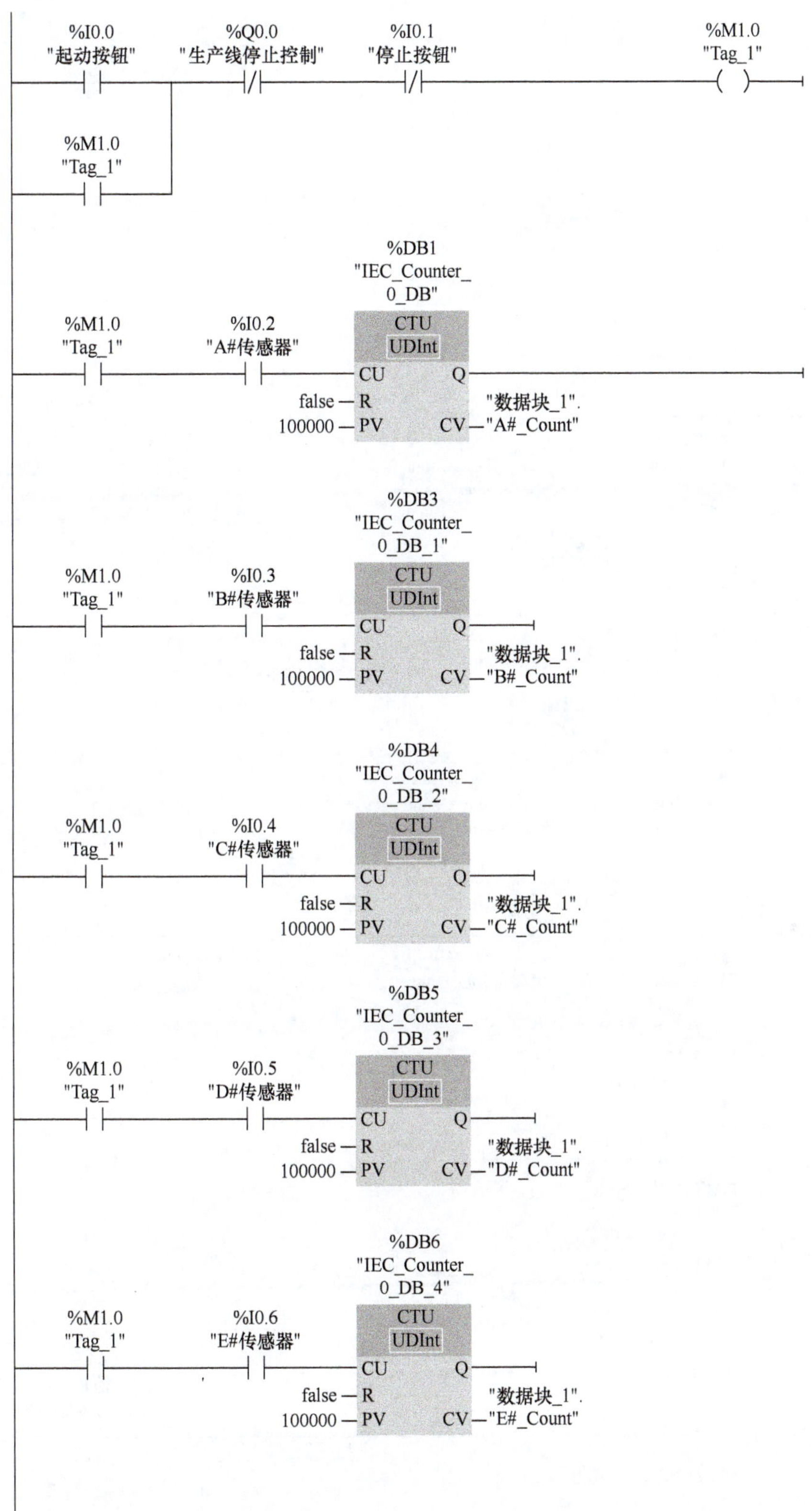

图 5-23　奶茶包装线计数控制电路 PLC 程序

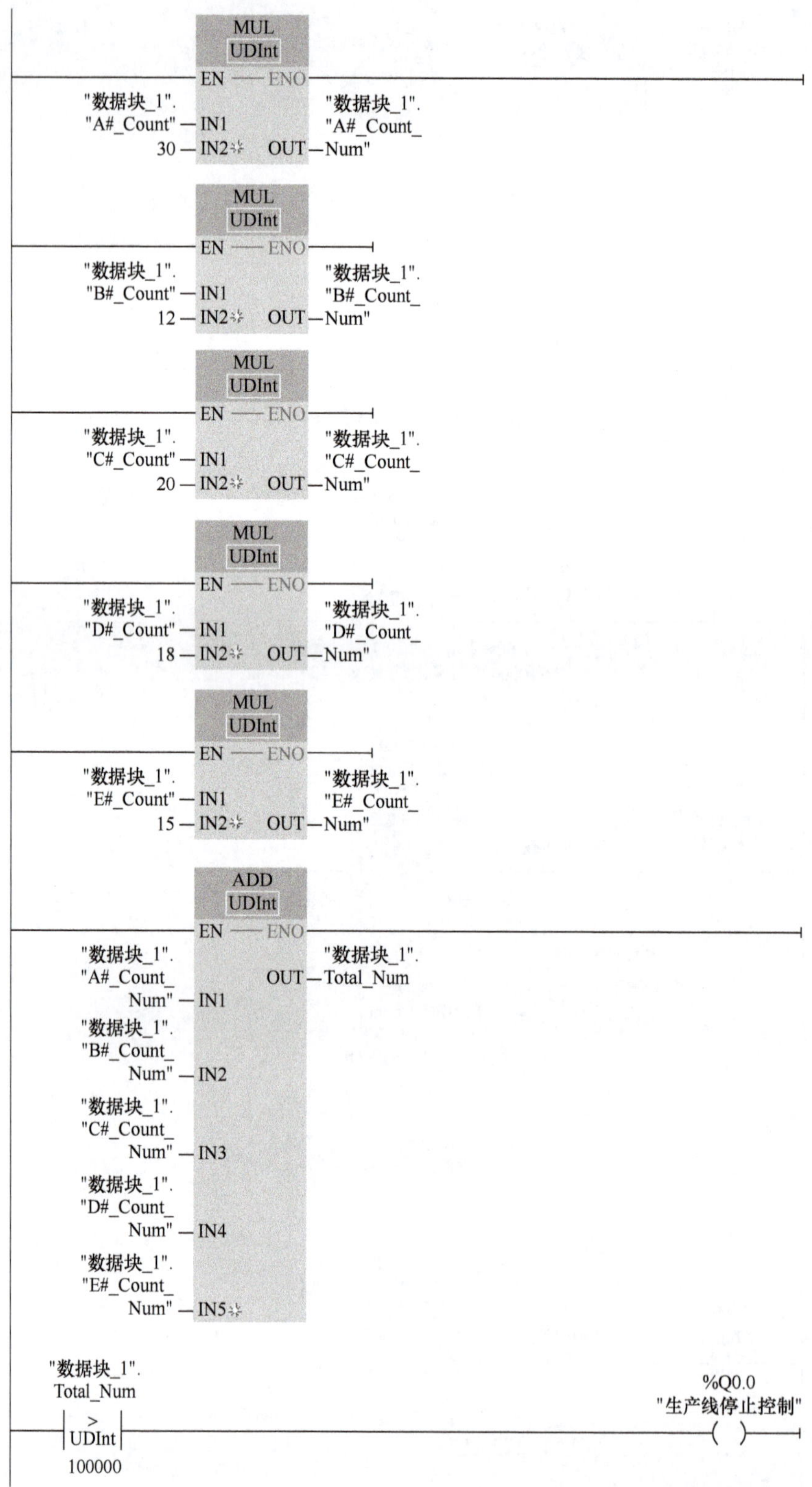

图 5-23　奶茶包装线计数控制电路 PLC 程序（续）

4. PLCSIM 验证

在 PLCSIM 中验证程序，在 SIM 表格中填入要观察或验证的变量，完成仿真验证，如图 5-24 所示。

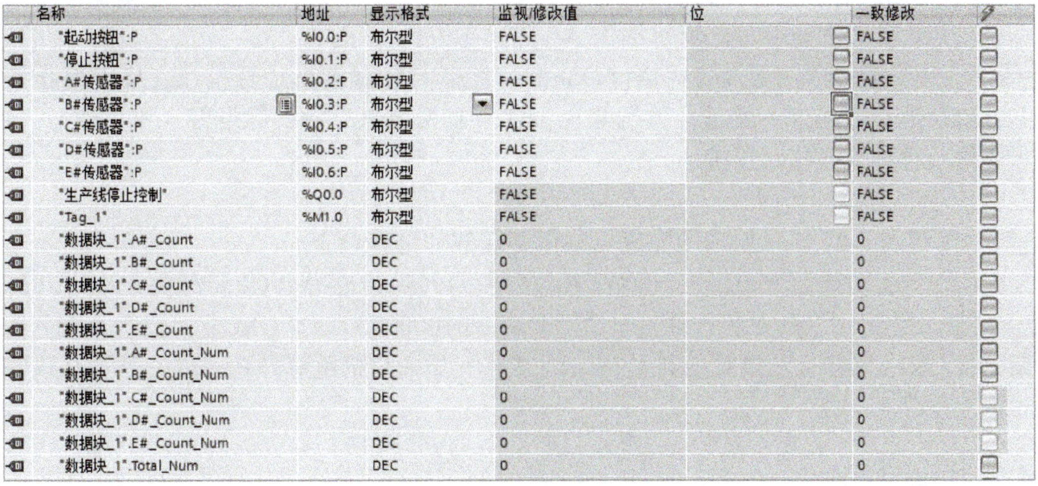

名称	地址	显示格式	监视/修改值	位	一致修改
"起动按钮":P	%I0.0:P	布尔型	FALSE		FALSE
"停止按钮":P	%I0.1:P	布尔型	FALSE		FALSE
"A#传感器":P	%I0.2:P	布尔型	FALSE		FALSE
"B#传感器":P	%I0.3:P	布尔型	FALSE		FALSE
"C#传感器":P	%I0.4:P	布尔型	FALSE		FALSE
"D#传感器":P	%I0.5:P	布尔型	FALSE		FALSE
"E#传感器":P	%I0.6:P	布尔型	FALSE		FALSE
"生产线停止控制"	%Q0.0	布尔型	FALSE		FALSE
"Tag_1"	%M1.0	布尔型	FALSE		FALSE
"数据块_1".A#_Count		DEC	0		0
"数据块_1".B#_Count		DEC	0		0
"数据块_1".C#_Count		DEC	0		0
"数据块_1".D#_Count		DEC	0		0
"数据块_1".E#_Count		DEC	0		0
"数据块_1".A#_Count_Num		DEC	0		0
"数据块_1".B#_Count_Num		DEC	0		0
"数据块_1".C#_Count_Num		DEC	0		0
"数据块_1".D#_Count_Num		DEC	0		0
"数据块_1".E#_Count_Num		DEC	0		0
"数据块_1".Total_Num		DEC	0		0

图 5-24　PLCSIM 验证

基于 PLC 的奶茶包装线计数控制电路仿真结果见表 5-6。

表 5-6　基于 PLC 的奶茶包装线计数控制电路仿真结果

动作	仿真结果
按下起动按钮 I0.0（0→1→0）	Tag_1（FALSE→TRUE）
A# 传感器（0→1→0）	“数据块 _1” .A#_Count（0→1） “数据块 _1” .A#_Count_Num（0→30） “数据块 _1” .Total_Num（0→30）
B# 传感器（0→1→0）	“数据块 _1” .B#_Count（0→1） “数据块 _1” .B#_Count_Num（0→12） “数据块 _1” .Total_Num（30→42）
C# 传感器（0→1→0）	“数据块 _1” .C#_Count（0→1） “数据块 _1” .C#_Count_Num（0→20） “数据块 _1” .Total_Num（42→62）
D# 传感器（0→1→0）	“数据块 _1” .D#_Count（0→1） “数据块 _1” .D#_Count_Num（0→18） “数据块 _1” .Total_Num（62→80）
E# 传感器（0→1→0）	“数据块 _1” .E#_Count（0→1） “数据块 _1” .E#_Count_Num（0→15） “数据块 _1” .Total_Num（80→95）
……	……
X# 传感器（0→1→0）	“数据块 _1” .X#_Count（$x \to x+1$） “数据块 _1” .X#_Count_Num（$y \to y+y1$） “数据块 _1” .Total_Num（$z \to z+z1$，当 $z>100000$ 时） “生产线停止控制”（FALSE→TRUE）

5. 系统调试

（1）静态调试

1）按照图 5-22 所示原理图接好控制电路的输入设备。

2）下载程序。

3）按下起动按钮 I0.0，依次触发 A# 传感器、B# 传感器、C# 传感器、D# 传感器、E# 传感器，并记录循环次数，判断 Q0.0 指示灯亮与计算结果是否一致。按下停止按钮 I0.1，Q0.0 指示灯熄灭。通过计算机监视，观察监视结果与指示灯是否一致，若不一致，检查并修改程序直至指示正确。

（2）动态调试（负载）

1）按照图 5-22 所示原理图完成控制电路接线和电路检查。

2）按下起动按钮 I0.0，依次触发 A# 传感器、B# 传感器、C# 传感器、D# 传感器、E# 传感器，并记录循环次数，通过计算判断达到 100000 杯时，KM 是否接通。按下停止按钮 I0.1，KM 断开。通过计算机监视，观察监视结果与指示灯是否一致，若不一致，检查并修改程序直至指示正确。

5.2.4 知识拓展

基于 PLC 的展厅人数控制系统设计

1. 控制要求

现有一个最多可容纳 100 人同时参观的展厅，展厅入口与出口各装一个传感器，每有一人进入，传感器给出一个脉冲信号。当展厅人数在 0 ～ 60 人时，绿色指示灯亮，表示有足够空位，可以进入；当展厅人数在 61 ～ 99 人时，黄色指示灯亮，表示场内人数较多，注意防控；当展厅满 100 人时，红色指示灯亮，表示不准进入。

2. 基于 PLC 的展厅人数控制系统电路

图 5-25 所示为基于 PLC 的展厅人数控制电路原理图。

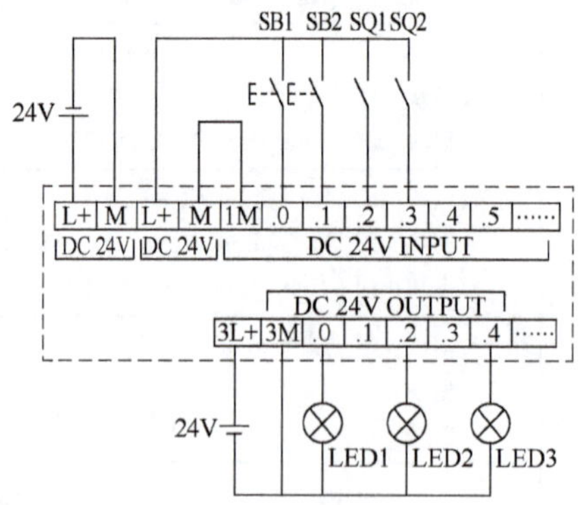

图 5-25 基于 PLC 的展厅人数控制电路原理图

3. 绘制 I/O 分配表

基于 PLC 的展厅人数控制电路 I/O 分配表见表 5-7。

表 5-7　基于 PLC 的展厅人数控制电路 I/O 分配表

输入			输出		
输入继电器	输入元件	作用	输出继电器	输出元件	作用
I0.0	SB1	重置按钮	Q0.0	LED1	绿色指示灯
I0.1	SB2	复位按钮	Q0.2	LED2	黄色指示灯
I0.2	SQ1	入口传感器	Q0.4	LED3	红色指示灯
I0.3	SQ2	出口传感器			

4. 程序设计

展厅人数控制电路 PLC 程序如图 5-26 所示。

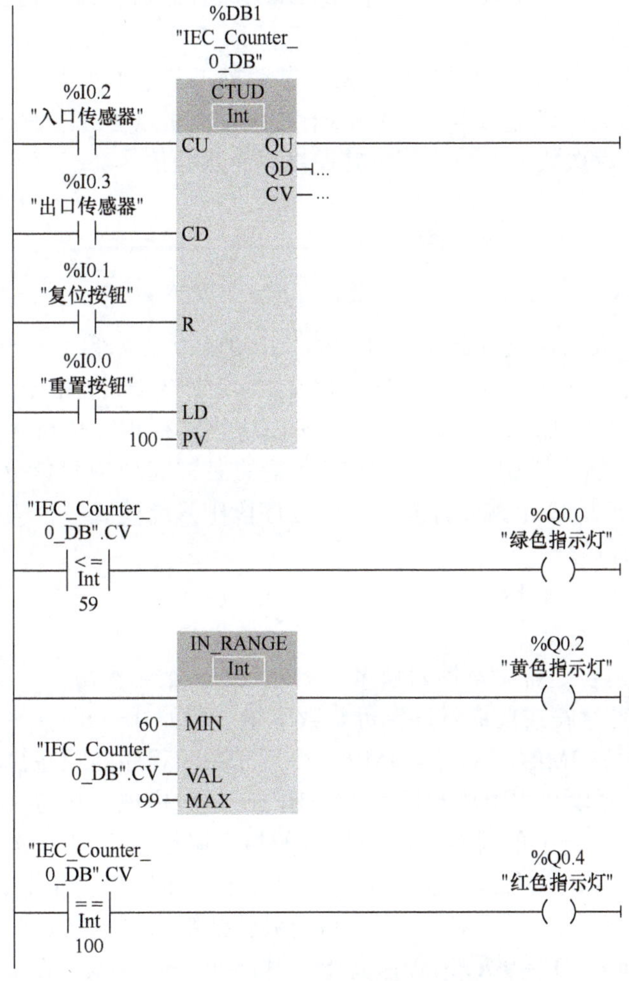

图 5-26　展厅人数控制电路 PLC 程序

任务 5.3　基于 PLC 的桥式吊车升降系统设计与调试

任务目标

1）掌握常用程序控制指令。

2）掌握运行控制指令。

3）熟练绘制 PLC 接线图并进行硬件接线。

4）按照要求编制 PLC 程序。

5）完成基于 PLC 的桥式吊车升降系统控制系统调试。

5.3.1　任务导入

某企业研制一款新型桥式吊车，具有手动和自动运行两种操作方式，为验证其可靠性，需要设计一款升降测试系统。若采用 PLC 作为主控制器，该如何设计基于 PLC 的桥式吊车升降测试系统？

运行要求：自动运行时，按下起动按钮，电动机正转（吊车上升）10s；电动机停止（卸货物）20s；电动机反转（吊车下行）10s；电动机停止（装载货物）20s。重复上述动作 10000 次，达到规定次数后，停止测试并发出声光报警信号。

5.3.2　相关知识

1. 程序控制指令

程序控制指令主要有跳转（JMP 和 JMPN）指令、跳转标签（LABEL）、定义跳转列表（JMP_LIST）指令、跳转分支（SWITCH）指令、返回（RET）指令。

（1）跳转标签（LABEL）　跳转标签（LABEL）用于标识一个目标程序段，执行跳转后，继续执行该目标程序段中的程序。跳转标签的名称在块中只能分配一次，S7-1200 PLC CPU 最多可以声明 32 个跳转标签。一个程序段中只能设置一个跳转标签，每个跳转标签可以跳转到多个位置。

跳转标签的语法规则如下：

1）字母。a 至 z，A 至 Z。

2）字母和数字组合。需注意排列顺序，字母在前，数字在后。

3）不能使用特殊字符或反向排序字母与数字组合（如 0～9，a～z，A～Z）。

（2）跳转（JMP 和 JMPN）指令　JMP 指令用于中断程序的顺序执行，并从目标程序段继续执行。目标程序段必须由跳转标签（LABEL）进行标识，在指令上方的占位符中指定该跳转标签的名称。指定的跳转标签与执行的指令必须位于同一数据块中，指定的名称在块中只能出现一次，一个程度段中只能使用一个跳转标签。如果 JMP 指令输入的逻辑运算结果（RLO）为“1”，则将跳转到由指定跳转标签标识的程序段。如果不满足 JMP 指令输入的条件（即 RLO = 0），则程序将继续执行下一程序段。图 5-27 所示为 JMP 指令举例。

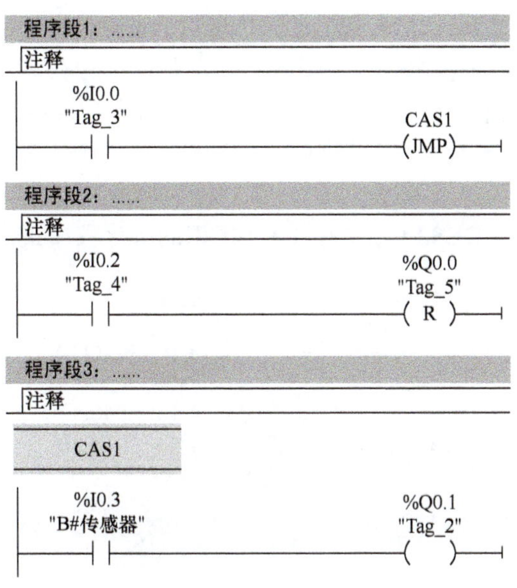

图 5-27　JMP 指令举例

JMPN 指令是指当指令输入的逻辑运算结果为“0”时，可中断程序的顺序执行，否则将跳转到由指定跳转标签标识的程序段。

（3）定义跳转列表（JMP_LIST）指令　定义跳转列表（JMP_LIST）指令用于定义多个有条件跳转，并继续执行由输入参数 K 的值指定的程序段中的程序。可通过“ ”在指令框中增加输出的数量。S7-1200 PLC CPU 最多可以声明 32 个输出。输出从“0”开始编号，每次新增输出后以升序继续编号。在指令的输出中只能指定跳转标签。输入参数 K 值将指定输出编号，因而程序将从跳转标签处继续执行。仅在使能输入 EN 的信号状态为“1”时，才执行定义跳转列表指令。图 5-28 所示为 JMP_LIST 指令举例。如果 I0.0=“1”，则执行 JMP_LIST 指令，因输入参数 K 的值为 4，则跳转到 DEST4(LABEL4) 标识的程序段中继续执行程序。

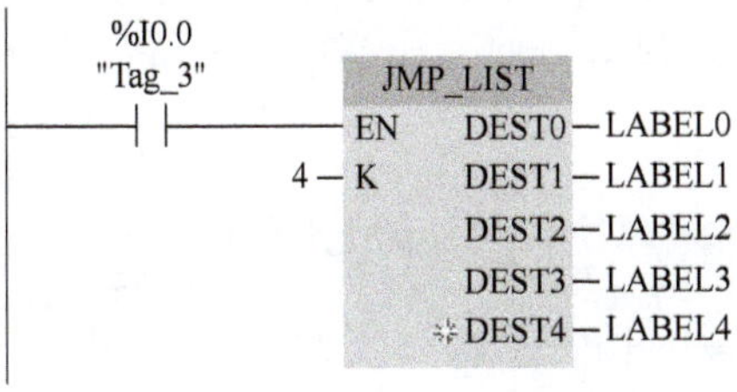

图 5-28　JMP_LIST 指令举例

（4）跳转分支（SWITCH）指令　跳转分支（SWITCH）指令是指根据一个或多个比较指令的结果，定义要执行的多个程序跳转。

在输入参数 K 中指定要比较的值。将 K 值与各个输入提供的值进行比较。可以为每个输入选择比较方法。各比较指令的可用性取决于指令的数据类型。跳转分支（SWITCH）指令的数据类型可通过指令框“？？？”选择，主要有 Int、DInt、Real、Byte、Word、

DWord、USInt、UInt、UDInt、SInt、Date、Time_of_Day 和 LReal 等。

SWITCH 指令从第一个比较开始执行，直至满足比较条件为止。如果满足比较条件，则将不考虑后续比较条件；如果未满足任何指定的比较条件，将在输出 ELSE 处执行跳转。如果输出 ELSE 中未定义程序跳转，则程序从下一个程序段继续执行。图 5-29 所示为 SWITCH 指令举例。如果 I0.0= “1”，则执行 SWITCH 指令，因输入参数 K 的值为 10，K=10>6，因此跳转到 DEST1（LABEL1）标识的程序段中继续执行程序。

%I0.0
"Tag_3"
SWITCH
UInt
EN DEST0 — LABEL0
10 — K DEST1 — LABEL1
8 — == DEST2 — LABEL2
6 — > ELSE — LABEL3
9 — <

图 5-29　SWITCH 指令举例

（5）返回（RET）指令　返回（RET）指令用于停止有条件执行或无条件执行的块。程序块退出时，返回值（操作数）的信号状态与调用程序块的使能输出 ENO 相对应。一般情况下并不需要在块结束时使用 RET 指令，操作系统会自动完成这一任务。

2. 运行控制指令

运动控制指令有限制和启用密码合法性（ENDIS_PW）、关闭目标系统（SHUT_DOWN）、重置周期监视时间（RE_TRIGR）、退出程序（STP）、获取本地错误信息（GET_ERROR）、获取本地错误 ID（GET_ERR_ID）、初始化所有保留数据（INIT_RD）、组态延时时间（WAIT）、测量程序运行时间（RUNTIME）。

（1）初始化所有保留数据（INIT_RD）指令　INIT_RD 指令用于同时复位所有数据块、位存储器以及 SIMATIC 定时器和计数器中的保持性数据，INIT_RD 指令只能在起动 OB 中执行。图 5-30 所示为 INIT_RD 指令举例。如果操作数“TagIn_1”和“Tag_REQ”的信号状态为“1”，则执行 INIT_RD 指令。将复位所有数据块、位存储器以及 SIMATIC 定时器和计数器中的保留数据。如果该指令执行成功，使能输出 ENO 的信号状态为“1”。

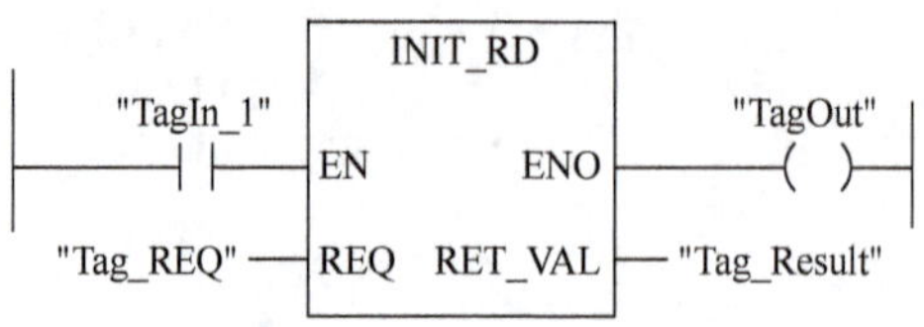

图 5-30　INIT_RD 指令举例

（2）测量程序运行时间（RUNTIME）指令　RUNTIME 指令用于测量整个程序、单个块或命令序列的运行时间。测量整个程序的运行时间时，在 OB1 中调用 RUNTIME 指令，第一次调用时开始测量运行时间，第二次调用后输出 Ret_Val 将返回程序的运行时间。如果要测量单个块或单个命令序列的运行时间，则需要三个单独的程序段。在程序的单个程序段中，调用 RUNTIME 指令，首次调用该指令即可设置运行时间测量的起始点；然后在下一个程序段中调用所需的程序块或命令序列，在另一个程序段中，第二次调用 RUNTIME 指令并将相同的存储器分配给 IN-OUT 参数 MEM，与第一次调用该指令时所做的一样。第三个程序段中的 RUNTIME 指令将读取内部 CPU 计数器，并根据内部计数器中的频率计算该程序块或命令序列的当前运行时间，然后再写入输出 Ret_Val 中。图 5-31 所示为 RUNTIME 指令举例。

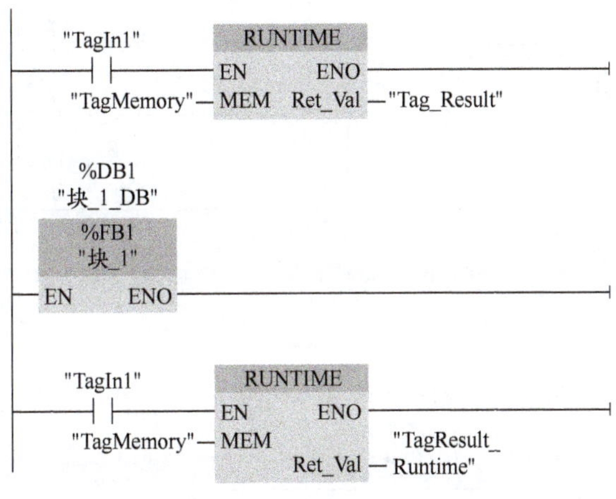

图 5-31　RUNTIME 指令举例

5.3.3　任务实践

1. 绘制 I/O 分配表

基于 PLC 的桥式吊车升降控制电路 I/O 分配表见表 5-8。

表 5-8　基于 PLC 的桥式吊车升降控制电路 I/O 分配表

输入			输出		
输入继电器	输入元件	作用	输出继电器	输出元件	作用
I0.0	SB1	上升按钮	Q0.0	KM1	正转（上升）接触器
I0.1	SB2	下降按钮	Q0.1	KM2	反转（下降）接触器
I0.2	SB3	停止按钮	Q0.2	HL	指示灯
I0.3	SB4	手动 / 自动切换按钮	Q0.3	HA	蜂鸣器
I0.4	SQ1	上升限位 1			
I0.5	SQ2	上升限位 2			
I0.6	FR-2	热继电器			

2. 设计控制原理图

图 5-32 所示为基于 PLC 的桥式吊车升降控制电路原理图。

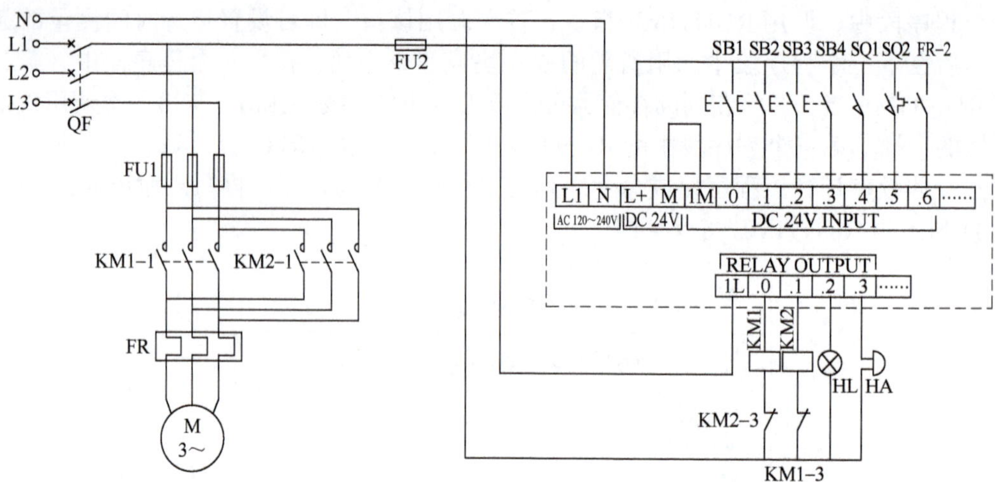

图 5-32　基于 PLC 的桥式吊车升降控制电路原理图

3. 程序设计

桥式吊车升降控制电路 PLC 程序如图 5-33 所示。

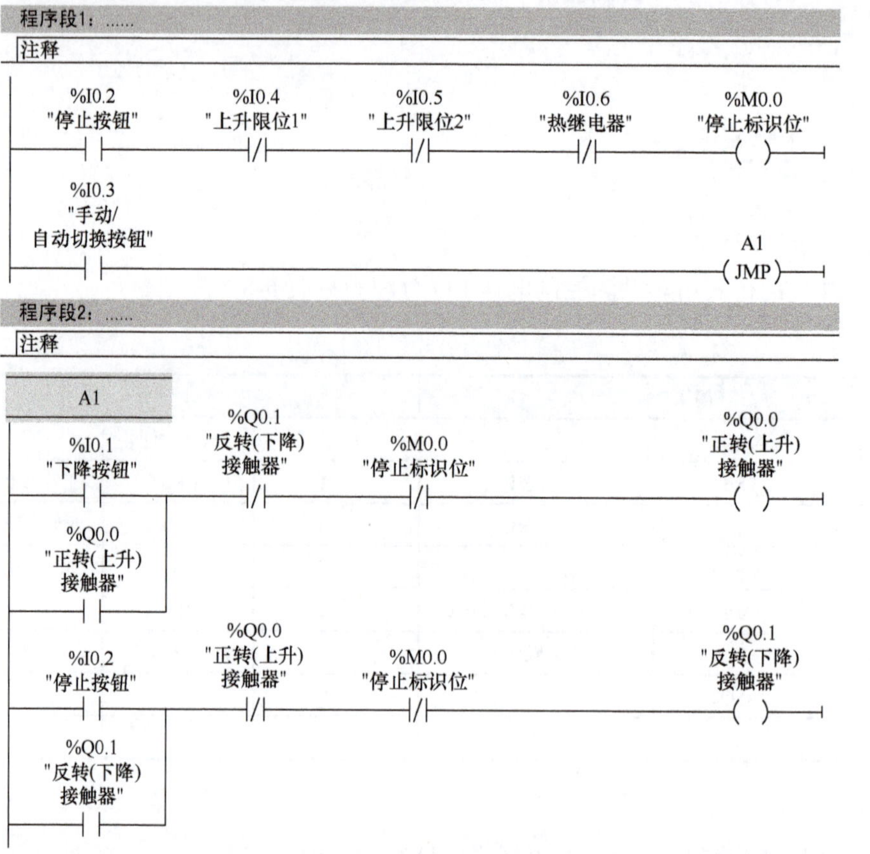

图 5-33　桥式吊车升降控制电路 PLC 程序

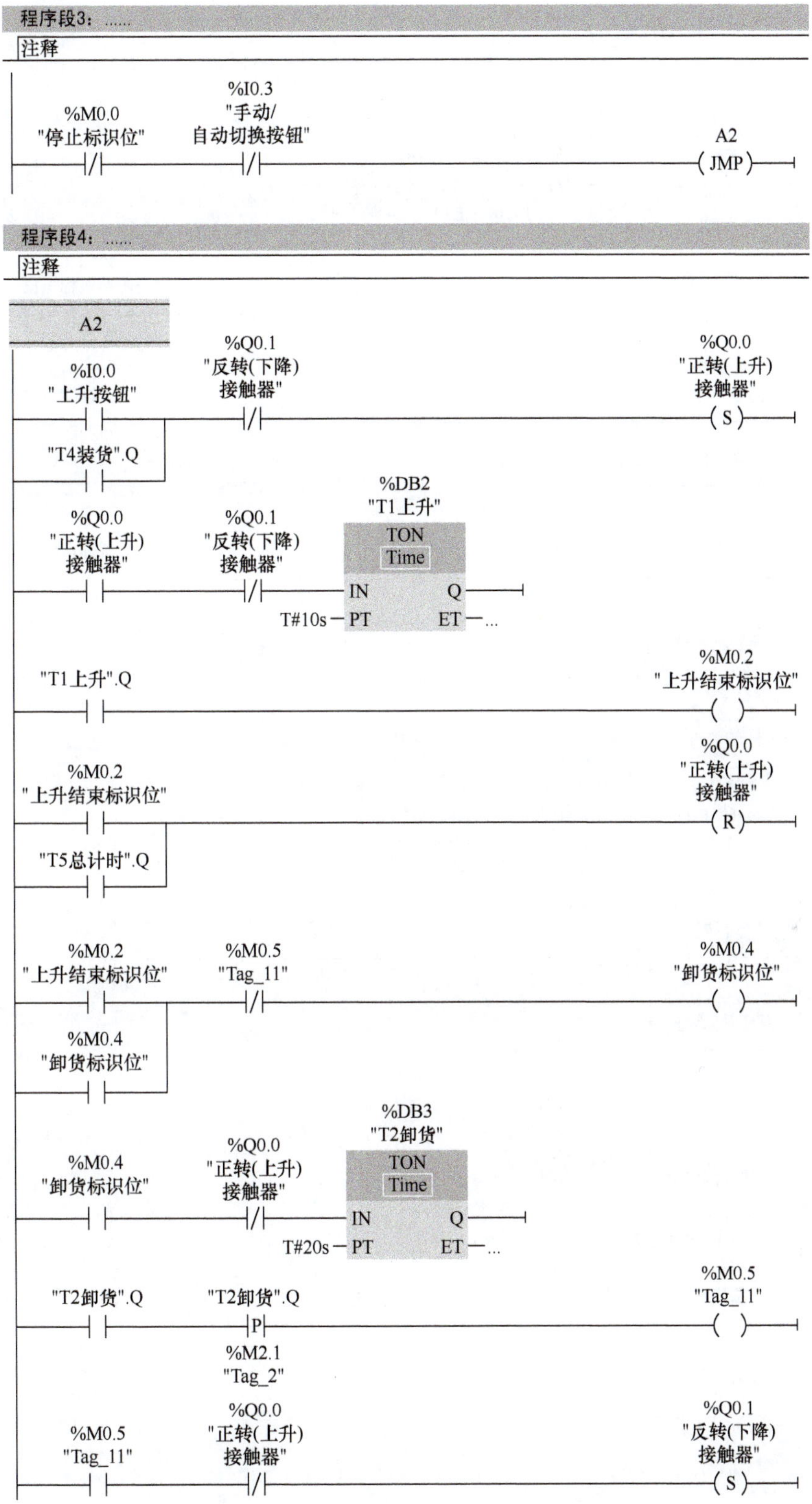

程序段3：……
注释

%M0.0 "停止标识位"
%I0.3 "手动/自动切换按钮"
A2 (JMP)

程序段4：……
注释

A2
%I0.0 "上升按钮"
"T4装货".Q
%Q0.1 "反转(下降)接触器"
%Q0.0 "正转(上升)接触器" (S)

%Q0.0 "正转(上升)接触器"
%Q0.1 "反转(下降)接触器"
%DB2 "T1上升"
TON Time
IN Q
T#10s — PT ET — ...

"T1上升".Q
%M0.2 "上升结束标识位" ( )

%M0.2 "上升结束标识位"
"T5总计时".Q
%Q0.0 "正转(上升)接触器" (R)

%M0.2 "上升结束标识位"
%M0.4 "卸货标识位"
%M0.5 "Tag_11"
%M0.4 "卸货标识位" ( )

%M0.4 "卸货标识位"
%Q0.0 "正转(上升)接触器"
%DB3 "T2卸货"
TON Time
IN Q
T#20s — PT ET — ...

"T2卸货".Q
"T2卸货".Q P
%M2.1 "Tag_2"
%M0.5 "Tag_11" ( )

%M0.5 "Tag_11"
%Q0.0 "正转(上升)接触器"
%Q0.1 "反转(下降)接触器" (S)

图 5-33 桥式吊车升降控制电路 PLC 程序（续）

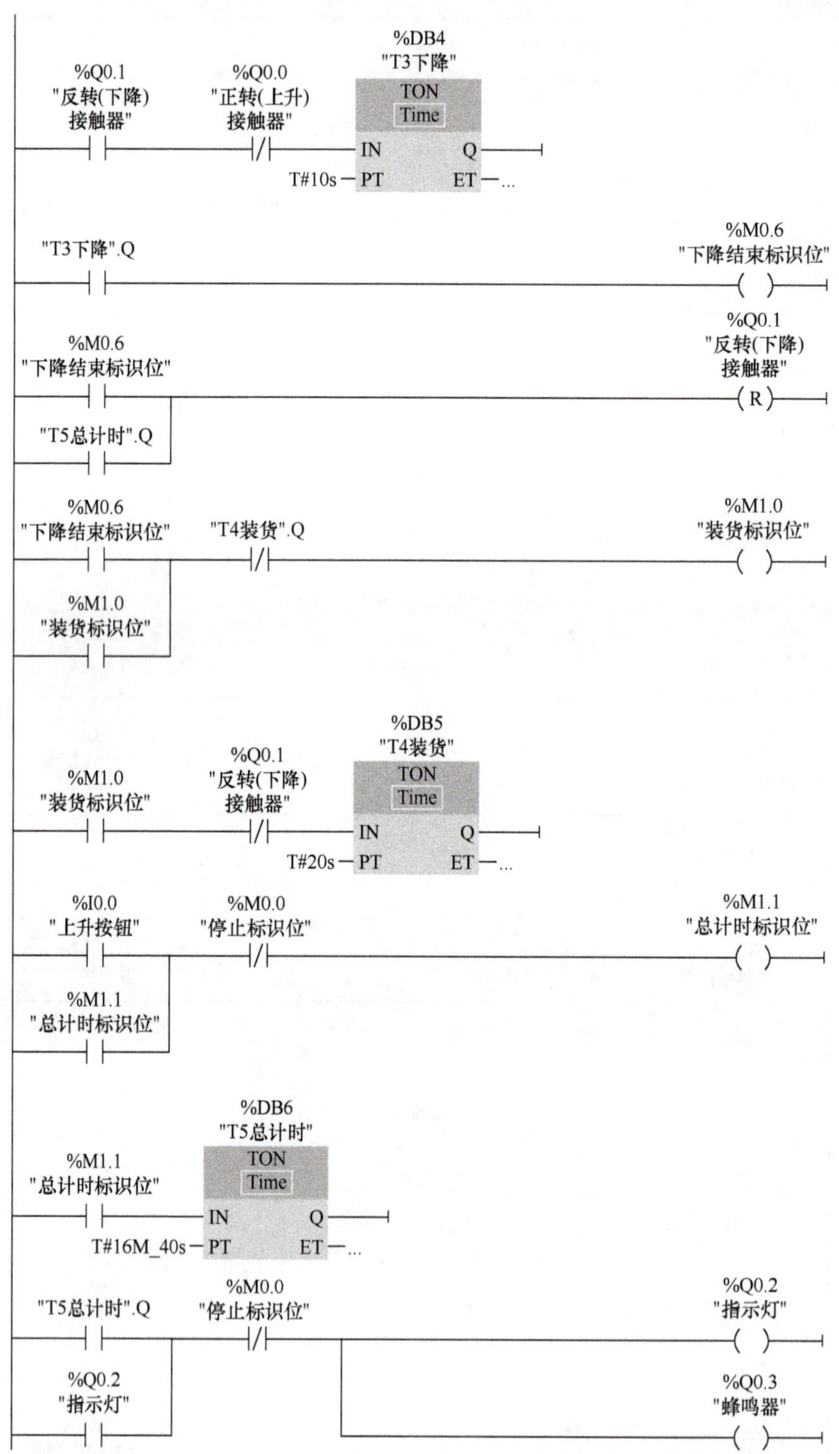

图 5-33　桥式吊车升降控制电路 PLC 程序（续）

4. PLCSIM 验证

在 PLCSIM 中验证程序，在 SIM 表格中填入要观察或验证的变量，完成仿真验证，如图 5-34 所示。

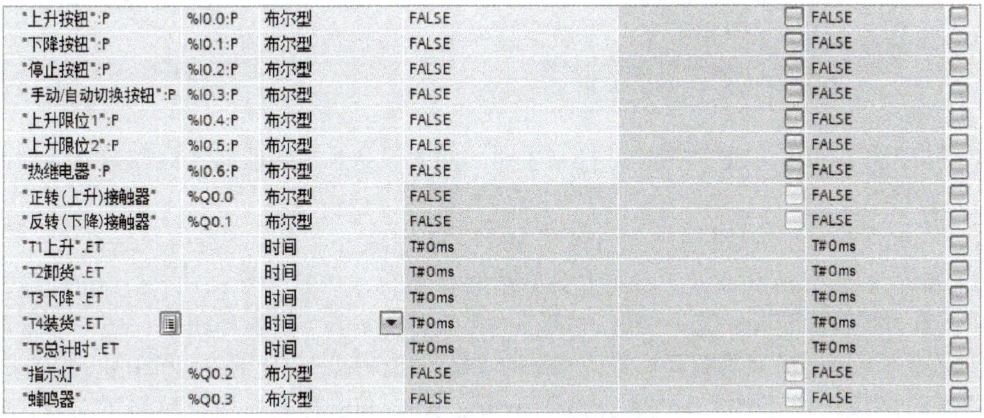

"上升按钮":P	%I0.0:P	布尔型	FALSE	FALSE
"下降按钮":P	%I0.1:P	布尔型	FALSE	FALSE
"停止按钮":P	%I0.2:P	布尔型	FALSE	FALSE
"手动/自动切换按钮":P	%I0.3:P	布尔型	FALSE	FALSE
"上升限位1":P	%I0.4:P	布尔型	FALSE	FALSE
"上升限位2":P	%I0.5:P	布尔型	FALSE	FALSE
"热继电器":P	%I0.6:P	布尔型	FALSE	FALSE
"正转(上升)接触器"	%Q0.0	布尔型	FALSE	FALSE
"反转(下降)接触器"	%Q0.1	布尔型	FALSE	FALSE
"T1上升".ET		时间	T#0ms	T#0ms
"T2卸货".ET		时间	T#0ms	T#0ms
"T3下降".ET		时间	T#0ms	T#0ms
"T4装货".ET		时间	T#0ms	T#0ms
"T5总计时".ET		时间	T#0ms	T#0ms
"指示灯"	%Q0.2	布尔型	FALSE	FALSE
"蜂鸣器"	%Q0.3	布尔型	FALSE	FALSE

图 5-34　PLCSIM 验证

基于 PLC 的桥式吊车升降控制电路仿真结果见表 5-9。

表 5-9　基于 PLC 的桥式吊车升降控制电路仿真结果

动作	仿真结果
手动 / 自动切换按钮	手动模式
上升按钮 I0.0（0→1）	正转（上升）接触器（FALSE→TRUE）
下降按钮 I0.1（0→1）	反转（下降）接触器（FALSE→TRUE）
手动 / 自动切换按钮	手动模式
上升按钮 I0.0（0→1→0）	正转（上升）接触器（FALSE→TRUE）
循环	T1 上升，ET 计时到 10s；正转（上升）接触器（FALSE→TRUE）
	T2 卸货，ET 计时到 20s；正转（上升）接触器（TRUE→FALSE）
	T3 下降，ET 计时到 10s；反转（下降）接触器（FALSE→TRUE）
	T4 装货，ET 计时到 20s；反转（下降）接触器（TRUE→FALSE）
T5 总计时，计时结束	T5 总计时，ET 计时到 600000s 停止计时
	指示灯、蜂鸣器（FALSE→TRUE）

5. 系统调试

（1）静态调试

1）按照图 5-32 所示原理图接好控制电路的输入设备。

2）下载程序。

3）手动 / 自动切换按钮 I0.3 处于断开状态，程序跳转到自动运行模式。

4）按下上升按钮 I0.0，正转（上升）接触器指示灯 Q0.0 亮，维持 10s；10 ~ 30s 时间段内，正转（上升）接触器指示灯 Q0.0 灭；30 ~ 40s 时间段内，反转（下降）接触器指示灯 Q0.1 亮；40 ~ 60s 时间段内，反转（下降）接触器指示灯 Q0.1 灭。进入第二个周期，正转（上升）接触器指示灯 Q0.0 亮，维持 10s；10 ~ 30s 时间段内，正转（上升）接触器指示灯 Q0.0 灭；30 ~ 40s 时间段内，反转（下降）接触器指示灯 Q0.1 亮；40 ~ 60s

时间段内，反转（下降）接触器指示灯 Q0.1 灭。依次循环，直至达到规定次数，指示灯 Q0.2 亮、蜂鸣器 Q0.3 亮。

5）手动 / 自动切换按钮 I0.3 处于接通状态，程序跳转到手动运行模式。

6）按下上升按钮 I0.0，正转（上升）接触器指示灯 Q0.0 亮；按下下降按钮 I0.1，反转（下降）接触器指示灯 Q0.1 亮；通过计算机监视，观察监视结果与指示灯是否一致，若不一致，检查并修改程序直至指示正确。

（2）动态调试（空载）

1）按照图 5-32 所示原理图接好控制电路的输入设备和输出设备（线圈等）。

2）下载程序。

3）手动 / 自动切换按钮 I0.3 处于断开状态，程序跳转到自动运行模式。

4）按下上升按钮 I0.0，正转（上升）接触器闭合，维持 10s；10 ～ 30s 时间段内，正转（上升）接触器断开；30 ～ 40s 时间段内，反转（下降）接触器闭合；40 ～ 60s 时间段内，反转（下降）接触器断开。进入第二个周期，正转（上升）接触器闭合，维持 10s；10 ～ 30s 时间段内，正转（上升）接触器断开；30 ～ 40s 时间段内，反转（下降）接触器闭合；40 ～ 60s 时间段内，反转（下降）接触器断开。依次循环，直至达到规定次数，指示灯 Q0.2 亮、蜂鸣器 Q0.3 亮。

5）手动 / 自动切换按钮 I0.3 处于接通状态，程序跳转到手动运行模式。

6）按下上升按钮 I0.0，正转（上升）接触器闭合；按下下降按钮 I0.1，反转（下降）接触器闭合；通过计算机监视，观察监视结果与指示灯是否一致，若不一致，检查并修改程序直至指示正确。

（3）动态调试（负载）

1）按照图 5-32 所示原理图完成控制电路接线和电路检查。

2）下载程序。

3）手动 / 自动切换按钮 I0.3 处于断开状态，程序跳转到自动运行模式。

4）按下上升按钮 I0.0，电动机正转，维持 10s；10 ～ 30s 时间段内，电动机停止转动；30 ～ 40s 时间段内，电动机反转；40 ～ 60s 时间段内，电动机停止反转。进入第二个周期，电动机正转，维持 10s；10 ～ 30s 时间段内，电动机停止转动；30 ～ 40s 时间段内，电动机反转；40 ～ 60s 时间段内，电动机停止反转。依次循环，直至达到规定次数，指示灯亮、蜂鸣器响。

5）手动 / 自动切换按钮 I0.3 处于接通状态，程序跳转到手动运行模式。

6）按下上升按钮 I0.0，电动机正转；按下下降按钮 I0.1，电动机反转；通过计算机监视，观察监视结果与指示灯是否一致，若不一致，检查并修改程序直至指示正确。

思考与练习

1. [多选题] 关于值在范围内指令的应用，以下哪个说法正确（　　）。

A. 条件满足时输出状态为“1”　　B. 条件满足时输出状态为“0”

C. 条件不满足时输出状态为“1”　D. 条件不满足时输出状态为“0”

2. [单选题] 使用 DIV 指令时，设置其 IN1 为 22，IN2 为 4，则输出 OUT 为（　　）。

A. 26　B. 18　C. 5.5　D. 5

3. [多选题] 以下属于数学运算指令的为（　　）。

A. DIV　B. CONV　C. ROUND　D. MUL

4. [判断题] MOVE 指令将 IN 端操作数中的内容传送到 OUT1 输出端的操作数中，并始终沿地址降序方向传送。（　　）

5. [思考题] 一栋大楼有三个实验室，每个实验室入口处有人体感应传感器，现需设计大楼人数实时显示系统，请问应如何设计 PLC 程序？

6. [思考题] 数学运算指令都包括哪些，它们的功能是什么？

项目 6

S7–1200 PLC 函数块和组织块编程及其应用

项目描述

S7–1200 PLC 用户程序主要包括组织块（OB）、函数块（FB）和函数（FC）等，S7–1200 PLC 函数块和组织块编程及应用项目列表见表 6-1。

表 6-1　S7–1200 PLC 函数块和组织块编程及应用项目列表

项目名称	指令（知识点）
任务 6.1　基于 PLC 的两种液体混合装置控制系统设计与调试	程序结构、函数 FC
任务 6.2　基于 PLC（函数块）的三相异步电动机Y–△减压起动控制系统设计与调试	函数块 FB、数据块 DB
任务 6.3　基于 PLC 的步进电动机控制系统设计与调试	运动控制指令

项目目标

1）熟练掌握常用程序结构类型及工作原理。
2）掌握函数（FC）、函数块（FB）、组织块（OB）、原理、编程及使用方法。
3）掌握利用 PLC 改造继电控制电路的基本方法，并能设计基于 PLC 的控制电路。
4）熟练使用 TIA 博途软件。
5）增强学生学好技术、不负使命的责任感。
6）培养学生认真负责的学习态度与严谨细致的学习作风。

任务 6.1　基于 PLC 的两种液体混合装置控制系统设计与调试

任务目标

1）掌握常用程序结构类型及工作原理。
2）掌握函数（FC）原理、编程及使用方法。

3）熟练绘制 PLC 接线图并进行硬件接线。

4）按照要求编制 PLC 程序（采用函数调用）。

5）完成基于 PLC 的两种液体混合装置控制系统设计与调试。

6.1.1　任务导入

两种液体混合装置工作原理图如图 6-1 所示，按下起动按钮，电磁阀 1 闭合，开始注入液体 1；当液位到 $H1$ 高度时，电磁阀 1 断开、电磁阀 2 闭合，注入液体 2；当液位达到 $H2$ 高度时，停止注入液体 2；此时电磁阀 2 断开、电磁阀 3 闭合，释放混合液体；释放完毕后，按下停止按钮，所有操作均停止。若采用 PLC 作为主控制器，该如何设计基于 PLC 的两种液体混合装置控制系统？

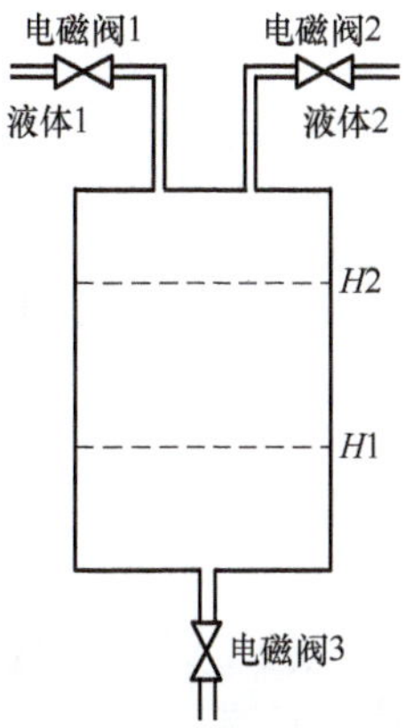

图 6-1　两种液体混合装置工作原理图

6.1.2　相关知识

1. 程序结构

用户程序主要包括组织块（OB）、函数块（FB）和函数（FC），图 6-2 所示为操作系统与主程序的关系。

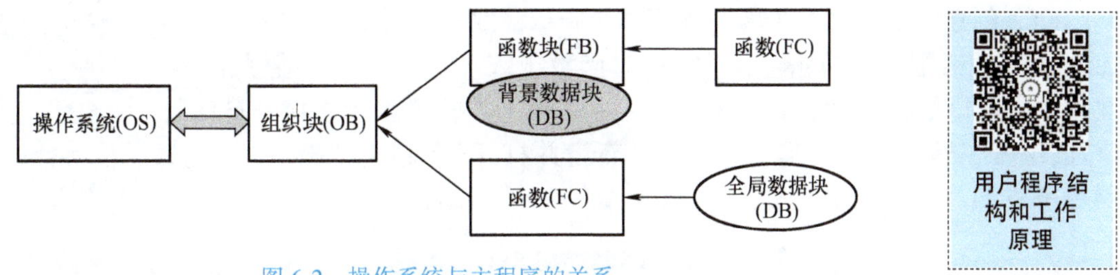

图 6-2　操作系统与主程序的关系

（1）组织块（OB）　组织块是指包含主程序逻辑的代码块，组织块（OB）对 CPU 中的特定事件做出响应，并可中断用户程序的执行。用于循环执行用户程序的默认组织块（OB1）是唯一一个用户必须的代码块。

（2）函数块（FB）　功能块是指从另一个代码块（OB、FB 或 FC）进行调用时执行的子例程。调用块将参数传递到功能块（FB），并标识可存储特定调用数据或该函数块（FB）实例的背景数据块（DB）。

（3）函数（FC）　功能是指从另一个代码块（OB、FB 或 FC）进行调用时执行的子例程。功能（FC）不具有相关的背景数据块（DB），调用块将参数传递给函数（FC）。

组织块（OB）是操作系统与用户程序的接口，决定用户程序的结构。函数（FC）无专用存储区，是用户编写的包含经常使用的功能的程序块，又称子程序。函数块（FB）有专用存储区，是用户编写的包含经常使用的功能的程序块，又称子程序。背景数据块（DB）是存储用户数据的存储区。

2. 程序结构类型

程序结构类型有线性结构（见图 6-3）和模块化结构（见图 6-4），用户可根据实际应用场景和需求进行选择。

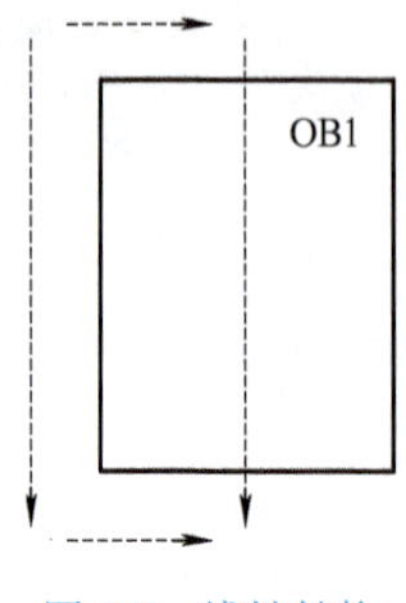

图 6-3　线性结构

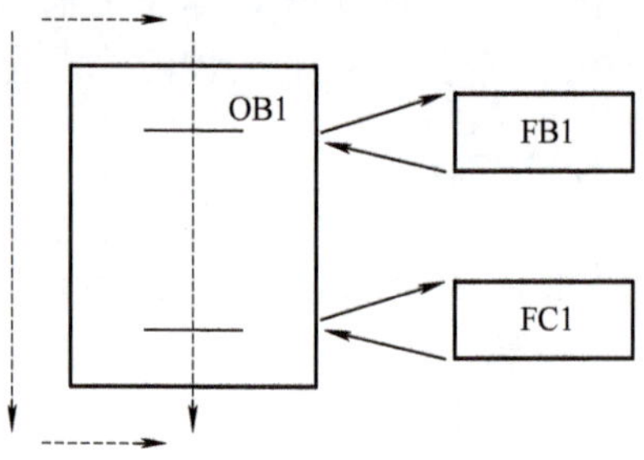

图 6-4　模块化结构

（1）线性结构程序　按顺序逐条执行处理自动化任务的所有指令。一般线性结构程序将所有程序指令都放入一个程序循环（OB1）中以循环执行该程序。

（2）模块化结构程序　调用可执行特定任务的特定代码块。要创建模块化结构，需要将复杂的自动化任务划分为与过程所执行的功能任务相对应的、更小的次级任务。每个代码块都为各个次级任务提供程序段。通过从另一个块中调用其中一个代码块来构建程序。

3. 函数（FC）

函数（FC）的创建方法及应用

（1）创建函数（FC）步骤　如图 6-5 所示，双击“添加新块”；在“添加新块”对话框中，单击“函数”；对函数（FC）进行命名；在“语言”文本框中选择编程语言，默认为 LAD；在“编号”文本框处选择“自动”，FC 的编号在整个程序内唯一；勾选“新增并打开”；单击“确定”，生成函数（块_1），并自动打开函数（FC）编程窗口，如图 6-6 所示。

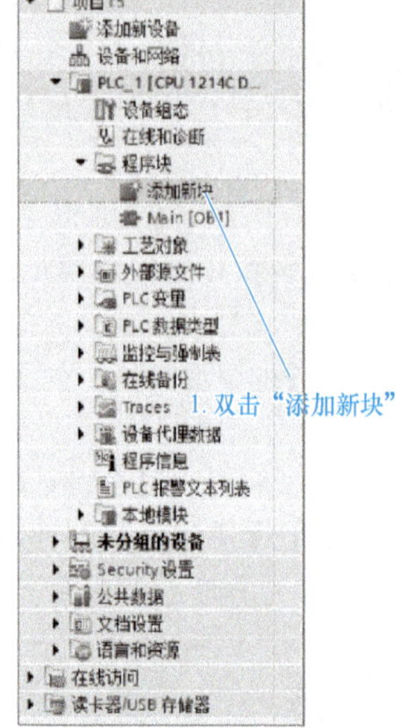

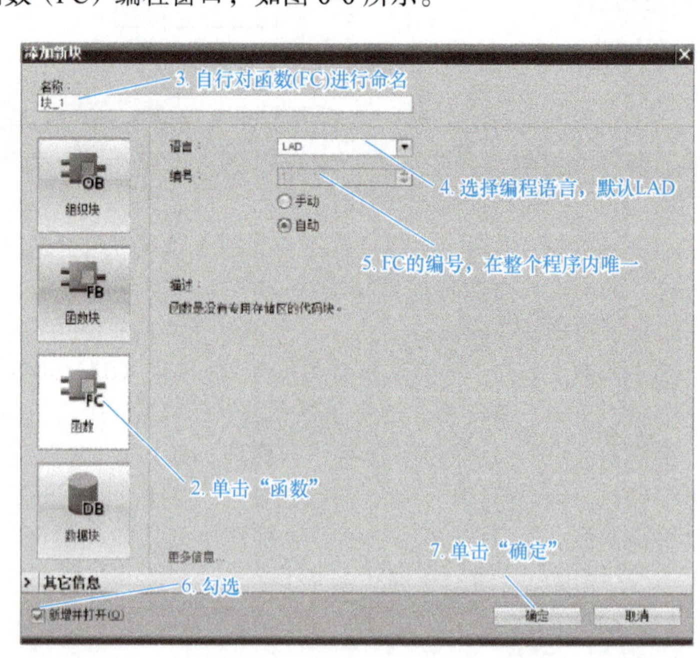

图 6-5　创建函数（FC）

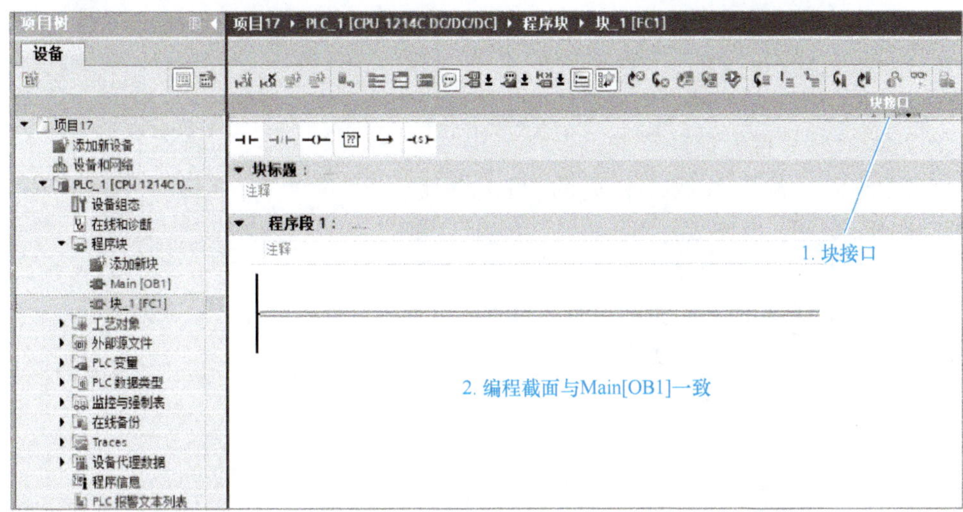

图 6-6　函数（FC）编程窗口

（2）生成“函数（FC）”的局部数据　单击“块接口”处“▼”或“▲”可显示或隐藏“块接口”，如图 6-7 所示。在“块接口”中可生成 Input（输入参数）、Output（输出参数）、InOut（输入 / 输出参数）、Temp（临时数据）和 Return（返回）等局部变量，局部变量只能在当前块内使用。名称由字符、下划线和数字组成。

块_1

	名称	数据类型	默认值	注释
1	▼ Input			
2	<新增>			
3	▼ Output			
4	<新增>			
5	▼ InOut			
6	<新增>			
7	▼ Temp			
8	<新增>			
9	▼ Constant			
10	<新增>			
11	▼ Return			
12	块_1	Void		

图 6-7　块接口

（3）编写函数（FC）程序　以起保停电路为例，“块接口”参数和函数（FC）程序分别如图 6-8 和图 6-9 所示。需要为“块接口”指定参数名称和数据类型。

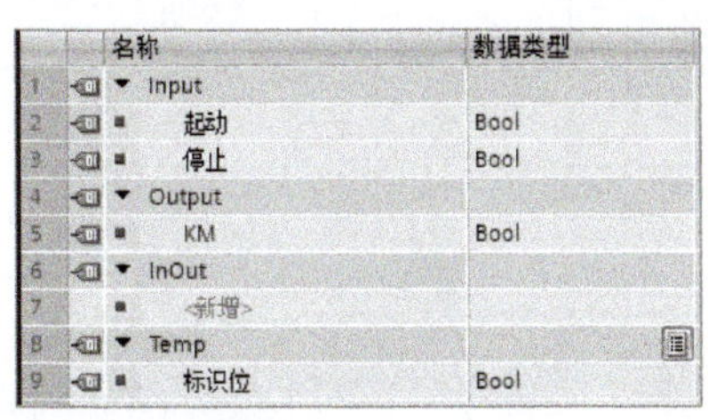

	名称	数据类型
1	▼ Input	
2	起动	Bool
3	停止	Bool
4	▼ Output	
5	KM	Bool
6	▼ InOut	
7	<新增>	
8	▼ Temp	
9	标识位	Bool

图 6-8　“块接口”参数

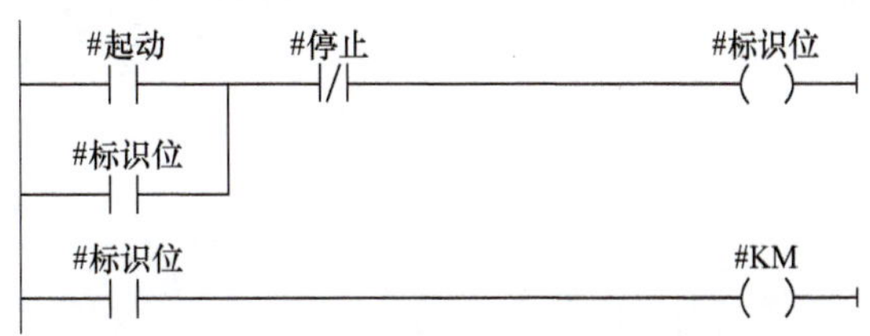

图 6-9　函数（FC）程序

（4）在 Main［OB1］中调用函数（FC） 在 Main［OB1］编程窗口中，将“块_1［FC1］”拖动到 Main［OB1］程序区的水平“导线”上，如图 6-10 所示。

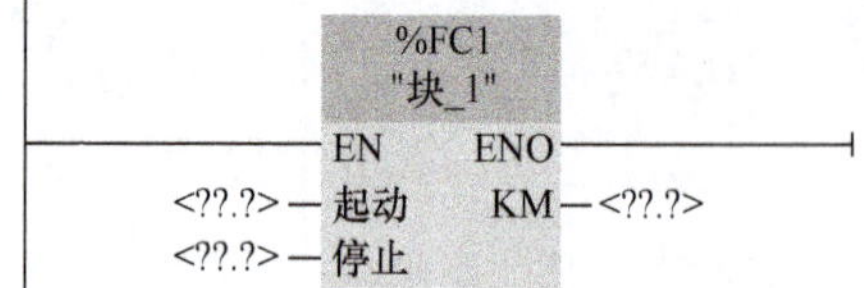

图 6-10　在 Main［OB1］中调用函数（FC）

FC1“块_1”方框左侧的“起动”“停止”是 FC1 接口区定义的输入参数，右边的“KM”是 FC1 接口区定义的输出参数。“起动”“停止”和“KM”这些参数为形式参数（形参）。调用功能（FC）时需要为形式参数指定实际参数（实参），要求实参和形参具有相同的数据类型。

6.1.3　任务实践

1. 绘制 I/O 分配表

基于 PLC 的两种液体混合装置控制电路 I/O 分配表见表 6-2。

表 6-2　基于 PLC 的两种液体混合装置控制电路 I/O 分配表

输入			输出		
输入继电器	输入元件	作用	输出继电器	输出元件	作用
I0.0	SB1	起动按钮	Q0.0	YV1	电磁阀 1
I0.1	SB2	停止按钮	Q0.2	YV2	电磁阀 2
I0.2	SQ1	*H*1 水位	Q0.4	YV3	电磁阀 3
I0.3	SQ2	*H*2 水位			

2. 设计控制原理图

图 6-11 所示为基于 PLC 的两种液体混合装置控制电路原理图。

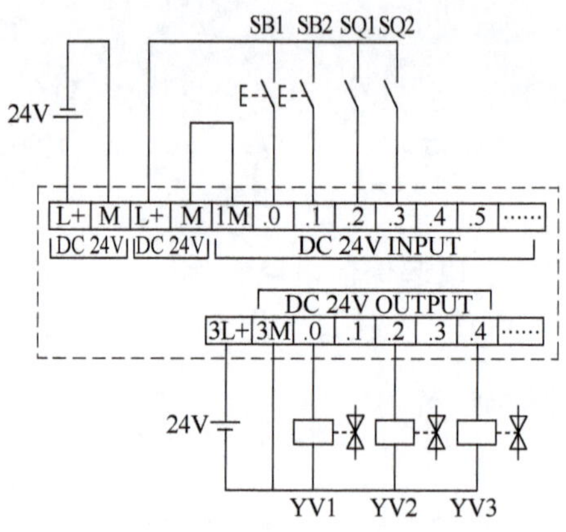

图 6-11　基于 PLC 的两种液体混合装置控制电路原理图

3. 程序设计

（1）创建函数（FC）及定义局部变量　将创建的函数（FC）命名为“电磁阀控制

[FC1]”，其“块接口”参数如图 6-12 所示。

（2）编写“电磁阀控制 [FC1]” PLC 程序　电磁阀控制 [FC1] PLC 程序如图 6-13 所示。

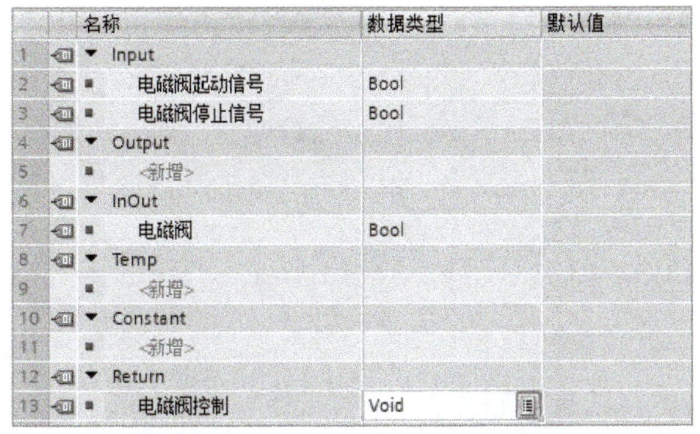

	名称	数据类型	默认值
1	▼ Input		
2	■ 电磁阀起动信号	Bool	
3	■ 电磁阀停止信号	Bool	
4	▼ Output		
5	■ <新增>		
6	▼ InOut		
7	■ 电磁阀	Bool	
8	▼ Temp		
9	■ <新增>		
10	▼ Constant		
11	■ <新增>		
12	▼ Return		
13	■ 电磁阀控制	Void	

图 6-12　电磁阀控制 [FC1]“块接口”参数

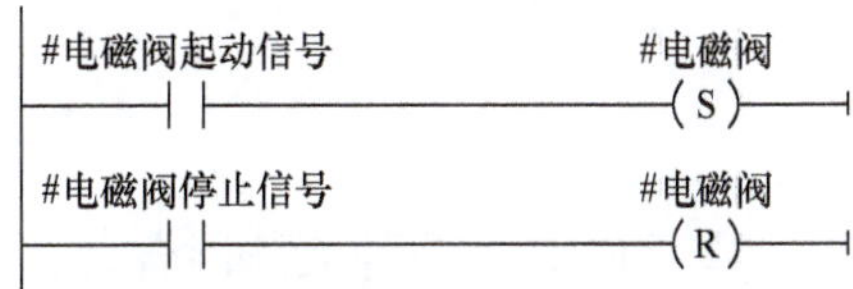

图 6-13　电磁阀控制 [FC1] PLC 程序

（3）调用程序　在 Main [OB1] 中调用“电磁阀控制 [FC1]”程序，如图 6-14 所示。

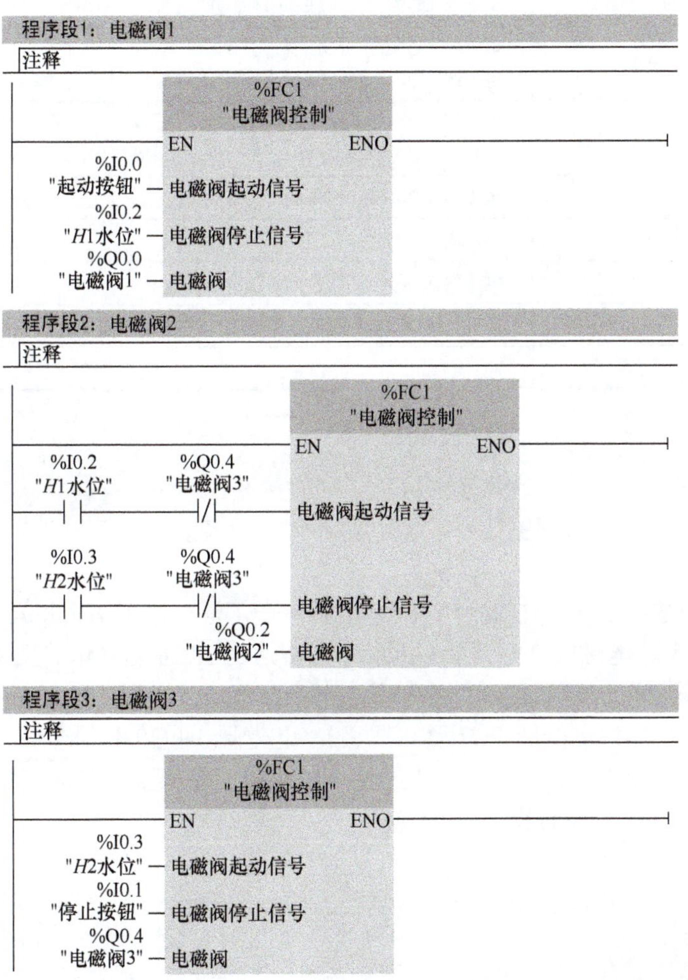

图 6-14　调用程序

4. PLCSIM 验证

在 PLCSIM 中验证程序，在 SIM 表格中填入要观察或验证的变量，完成仿真验证，如图 6-15 所示。

名称	地址	显示格式	监视/修改值	位	一致修改
"起动按钮":P	%I0.0:P	布尔型	FALSE		FALSE
"停止按钮":P	%I0.1:P	布尔型	FALSE		FALSE
"H1水位":P	%I0.2:P	布尔型	FALSE		FALSE
"H2水位":P	%I0.3:P	布尔型	FALSE		FALSE
"电磁阀1"	%Q0.0	布尔型	FALSE		FALSE
"电磁阀2"	%Q0.2	布尔型	FALSE		FALSE
"电磁阀3"	%Q0.4	布尔型	FALSE		FALSE

图 6-15　PLCSIM 验证

基于 PLC 的两种液体混合装置控制电路仿真结果见表 6-3。

表 6-3　基于 PLC 的两种液体混合装置控制电路仿真结果

动作	仿真结果
起动按钮 I0.0（0→1→0）	电磁阀 1 Q0.0（FALSE→TRUE），并保持 TRUE
*H*1 水位 I0.2（0→1）	电磁阀 1 Q0.0（TRUE→FALSE） 电磁阀 2 Q0.2（FALSE→TRUE），并保持 TRUE
*H*2 水位 I0.3（0→1）	电磁阀 2 Q0.2（TRUE→FALSE） 电磁阀 3 Q0.4（FALSE→TRUE），并保持 TRUE
*H*2 水位 I0.3（1→0）	电磁阀 3 Q0.4 保持 TRUE
*H*1 水位 I0.2（1→0）	电磁阀 3 Q0.4 保持 TRUE
停止按钮 I0.1（1→0）	电磁阀 3 Q0.4（TRUE→FALSE）
起动按钮 I0.0（0→1→0）	电磁阀 1 Q0.0（FALSE→TRUE），并保持 TRUE
……	……

5. 系统调试

（1）静态调试

1）按照图 6-11 所示原理图接好控制电路的输入设备。

2）下载程序。

3）按下起动按钮 I0.0，电磁阀 1（Q0.0）指示灯亮；达到 *H*1 水位（I0.2），电磁阀 1（Q0.0）指示灯灭、电磁阀 2（Q0.2）指示灯亮；达到 *H*2 水位（I0.3），电磁阀 2（Q0.2）指示灯灭、电磁阀 3（Q0.4）指示灯亮；水位在 *H*1 和 *H*2 之间（I0.2 亮、I0.3 灭），电磁阀 3（Q0.4）指示灯亮；水位低于 *H*1（I0.2 灭），电磁阀 3（Q0.4）指示灯亮；按下停止按钮 I0.1，电磁阀 3（Q0.4）指示灯灭。通过计算机监视，观察监视结果与指示灯是否一致，若不一致，检查并修改程序直至指示正确。

（2）动态调试（空载）

1）按照图 6-11 所示原理图接好控制电路的输入设备和输出设备（线圈等）。

2）下载程序。

3）按下起动按钮 I0.0，电磁阀 1 动作（接通）；达到 *H*1 水位（I0.2），电磁阀 1 动作

（断开）、电磁阀 2 动作（接通）；达到 *H*2 水位（I0.3），电磁阀 2 动作（断开）、电磁阀 3 动作（接通）；水位在 *H*1 和 *H*2 之间（I0.2 亮、I0.3 灭），电磁阀 3 保持接通状态；水位低于 *H*1（I0.2 灭），电磁阀 3 保持接通状态；按下停止按钮 I0.1，电磁阀 3（Q0.4）动作（断开）。通过计算机监视，观察监视结果与指示灯是否一致，若不一致，检查并修改程序直至指示正确。

（3）动态调试（负载）

1）按照图 6-11 所示原理图完成控制电路接线和电路检查。

2）下载程序。

3）按下起动按钮 I0.0，液体 1 开始注入容器；达到 *H*1 水位（I0.2），液体 1 停止注入，液体 2 开始注入容器；达到 *H*2 水位（I0.3），液体 2 停止注入容器，混合液体开始从容器流出；水位在 *H*1 和 *H*2 之间（I0.2 亮、I0.3 灭），混合液体保持从容器流出；水位低于 *H*1（I0.2 灭），混合液体保持从容器流出；按下停止按钮 I0.1，混合液体停止从容器流出。通过计算机监视，观察监视结果与指示灯是否一致，若不一致，检查并修改程序直至指示正确。

6.1.4　知识拓展

组织块

组织块（OB）是操作系统与用户程序的接口，其基本功能为：调用用户程序，同时执行自动化系统的起动、循环程序处理、中断响应的程序执行和错误处理，组织块列表见表 6-4，事件是 S7-1200 PLC 操作系统的基础，每个 CPU 事件都有它的优先级，编号越大，优先级越高，一般先处理优先级高的事件，高优先级事件可以中断低优先级 OB 的执行。

组织块（OB）的种类及创建

硬件中断组织块（OB）编程及应用

循环中断组织块（OB）编程及应用

表 6-4　组织块列表

事件类型	起动事件	默认优先级	可能的 OB 编号	允许的 OB 数量
程序循环	1）上一个起动 OB 执行结束 2）上一个程序循环 OB 执行结束	1	OB1、自定义组织块 OB123 ～ OB32767	≥0
起动	CPU 的操作模式从 STOP 切换到 RUN 时执行一次	1	OB1、自定义组织块 OB123 ～ OB32767	≥0
时间中断	已达到起动时间	2	≥10	最多 2 个

（续）

事件类型	起动事件	默认优先级	可能的 OB 编号	允许的 OB 数量
延时中断	将延时中断事件组态为在经过一个指定的延时后发生	3	≥20	最多 4 个
状态中断	CPU 已接收到状态中断	4	55	0 或 1
更新中断	CPU 已接收到更新中断	4	56	0 或 1
制造商或配置文件特定的中断	CPU 已接收到制造商或配置文件特定的中断	4	57	0 或 1
诊断中断	模块检测到错误	5	82	0 或 1
插拔中断	删除 / 插入分布式 I/O 模块	6	83	0 或 1
机架错误中断	分布式 I/O 的 I/O 系统错误	6	86	0 或 1
循环中断	循环时间结束	8	≥30	
硬件中断	1）上升沿事件：最多 16 条 2）下降沿事件：最多 16 条	18	≥40	最多 50 个
	1）HSC 计数值等于参考值：最多 6 个 2）HSC 计数方向变化：最多 6 条 3）HSC 外部复位：最多 6 次	18		
时间错误中断	1）扫描周期超过最大周期时间 2）CPU 结束执行第一次中断 OB 前又起动了第二次中断（循环或延时） 3）发生队列溢出 4）错过时间中断 5）STOP 期间将丢失时间中断 6）因中断负载过高而导致中断丢失	22	80	0 或 1

任务 6.2 基于 PLC（函数块）的三相异步电动机 Y－△减压起动控制系统设计与调试

任务目标

1）掌握函数块（FB）原理、编程及使用方法。
2）熟练绘制 PLC 接线图并进行硬件接线。
3）按照要求编制 PLC 程序（采用函数调用）。
4）完成基于 PLC 的三相异步电动机 Y－△减压起动控制系统调试。

6.2.1 任务导入

某企业拟采用一个 PLC 控制三台设备，如图 6-16 所示，此设备采用三相异步电动机 Y－△减压起动，三台设备单独运行，相互之间没有制约关系。采用 PLC 作为主控制器，请设计基于 PLC 的三台异步电动机Y-△起动控制系统。

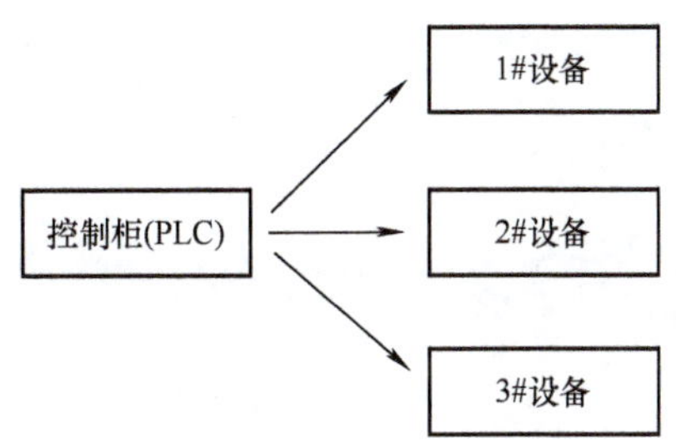

图 6-16　原理图

6.2.2　相关知识

1. 函数块（FB）

函数块（FB）是“带内存”的块，系统分配数据块作为 FB 的内存（背景数据块），函数块（FB）执行完后，保存在背景数据块（DB）中的数据不会丢失。

（1）创建函数块（FB）步骤　如图 6-17 所示，双击“添加新块”；在“添加新块”对话框中，单击“函数块”；对函数块（FB）进行命名；在“语言”文本框中，选择编程语言，默认为 LAD；在“编号”文本框处，选择“自动”，FB 的编号在整个程序内唯一；勾选“新增并打开”；单击“确定”。生成函数块（块_1），并自动打开函数块（FB）编程窗口，如图 6-18 所示。

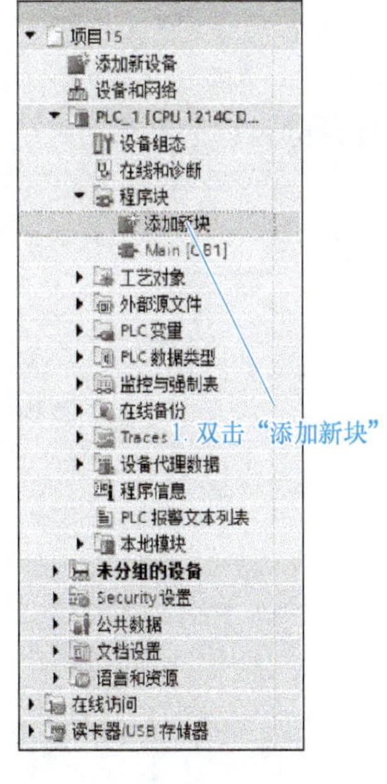

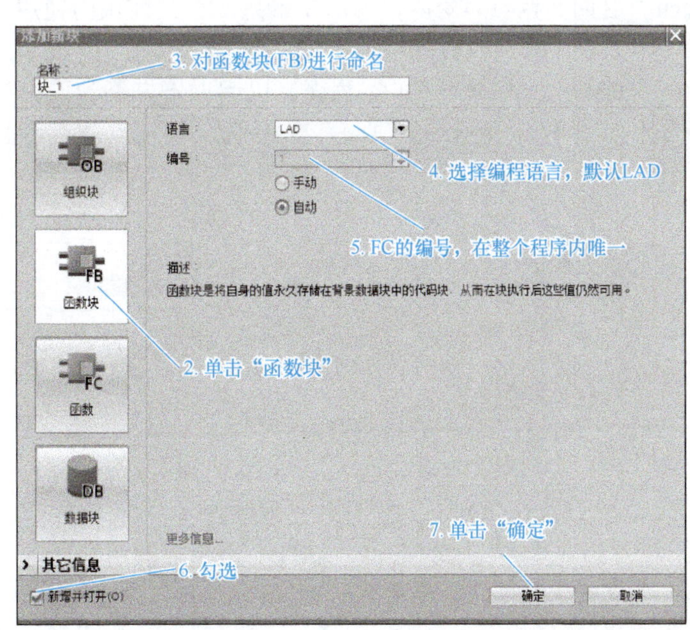

图 6-17　创建函数块（FB）

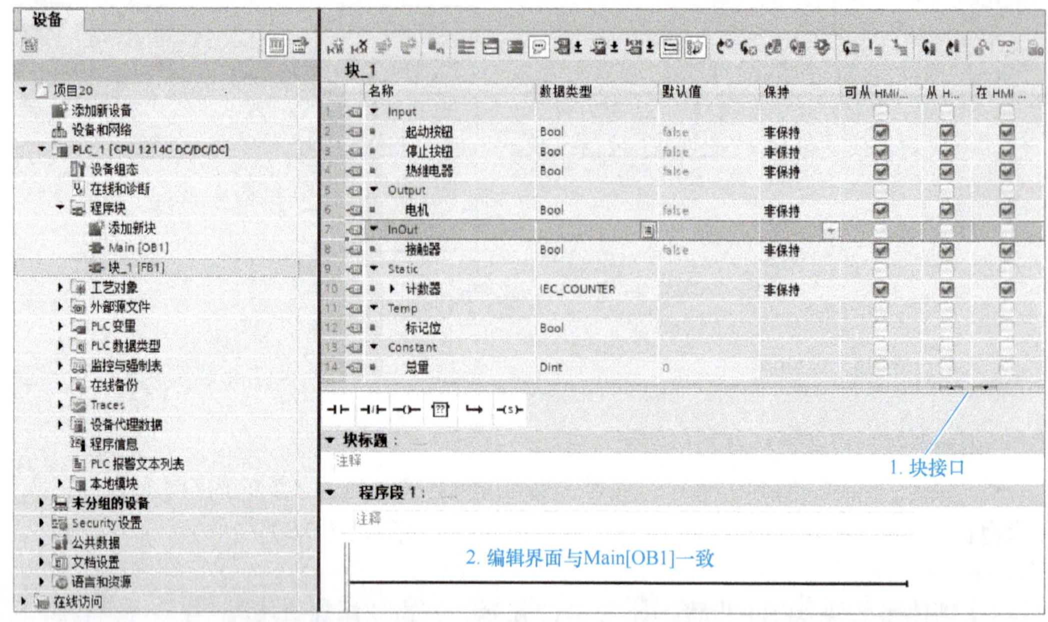

图 6-18　函数块（FB）编程窗口

（2）生成“函数块（FB）”的局部数据　单击“块接口”处“▼”或“▲”可显示或隐藏“块接口”区域。在“块接口”中可生成 Input（输入参数）、Output（输出参数）、InOut（输入 / 输出参数）、Static（静态）、Temp（临时数据）、Constant（常量）和 Return（返回）等局部变量，局部变量只能在当前块内使用，名称由字符、下划线和数字组成。函数块（FB）执行完毕后，Static（静态）变量的值保持不变。

（3）编写“函数块（FB）”程序　以起保停电路为例，“块接口”参数和函数块（FB）程序分别如图 6-19 和图 6-20 所示。需要为“块接口”指定参数名称和数据类型。

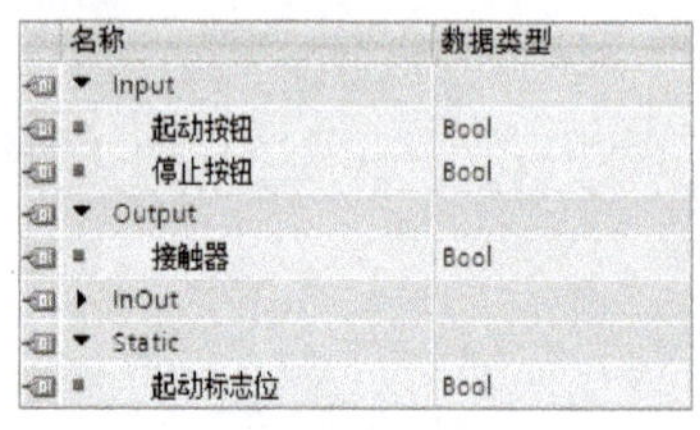

名称	数据类型
▼ Input	
起动按钮	Bool
停止按钮	Bool
▼ Output	
接触器	Bool
▶ InOut	
▼ Static	
起动标志位	Bool

图 6-19　“块接口”参数

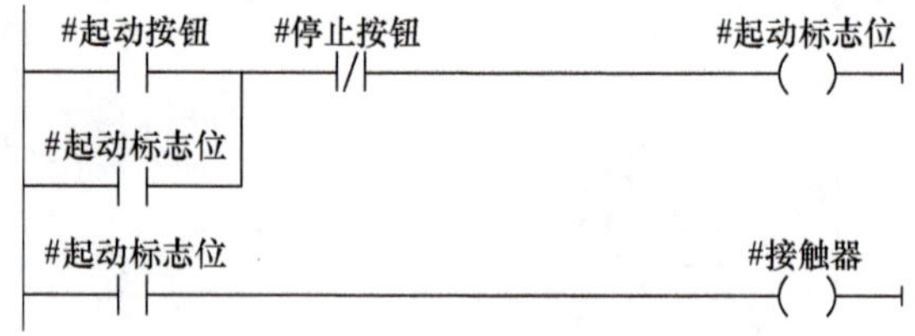

图 6-20　函数块（FB）程序

（4）在 Main［OB1］中调用“函数块（FB）”　在 Main［OB1］编程窗口中，将“起保停［FB1］”拖动到 Main［OB1］程序区的水平“导线”上，弹出“调用选项”对话框，生成背景数据块，名称为“起保停 _DB”，如图 6-21 所示。

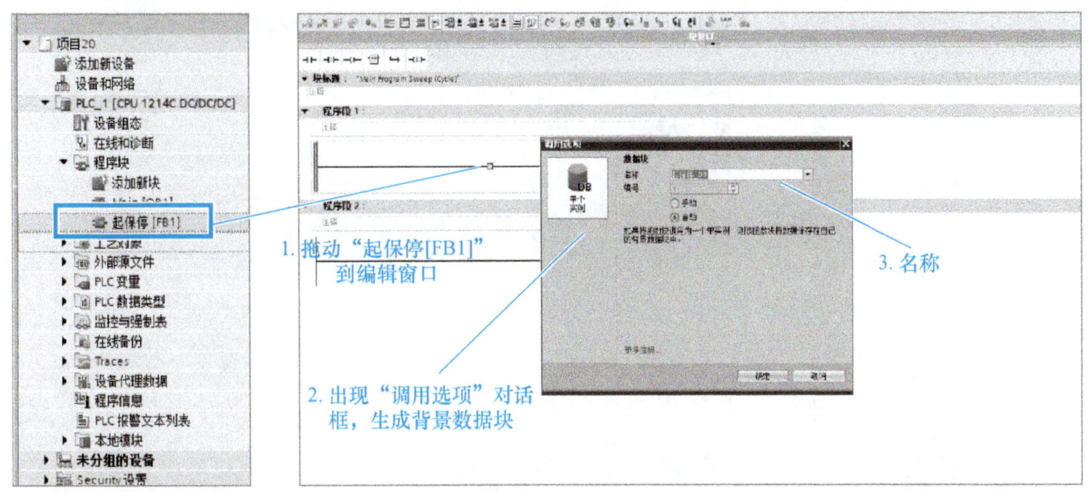

图 6-21　在 Main［OB1］中调用“函数块（FB）”

图 6-22 所示为“起保停 _DB［DB1］”中的变量，与图 6-19 中的 Input、Output、InOut 和 Static 一致。函数块（FB）中的数据被永久的保存在它的背景数据块中。

起保停_DB

	名称	数据类型	起始值	保持	可从 HMI/...	从 H...	在 HMI ...	设定值
1	▼ Input			☐	☐	☐	☐	☐
2	■ 起动按钮	Bool	false	☐	☑	☑	☑	☐
3	■ 停止按钮	Bool	false	☐	☑	☑	☑	☐
4	▼ Output			☐	☐	☐	☐	☐
5	■ 接触器	Bool	false	☐	☑	☑	☑	☐
6	InOut			☐	☐	☐	☐	☐
7	▼ Static			☐	☐	☐	☐	☐
8	■ 起动标志位	Bool	false	☐	☑	☑	☑	☐

图 6-22　“起保停 _DB［DB1］”中的变量

在“调用选项”对话框中单击“确定”，自动生成“起保停［FB1］”的背景数据块“起保停 _DB［DB1］”，如图 6-23 所示。“起保停［FB1］”方框两侧的“起动按钮”“停止按钮”和“接触器”是 FB1 接口区定义的输入参数、输出参数。

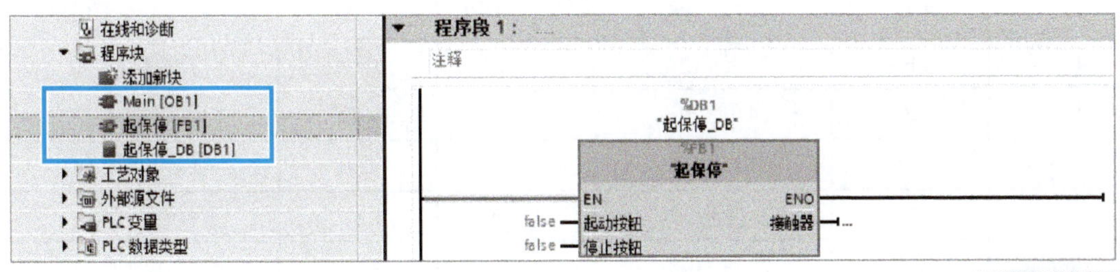

图 6-23　生成背景数据块“起保停 _DB［DB1］”

2. 多重背景数据块（DB）

多重背景数据块（DB）必须事前定义才可在程序中使用。图 6-24 所示为创建多重背景数据块（DB）。全局数据块（DB）可有效减少数据处理时间，更合理地利用存储空间。

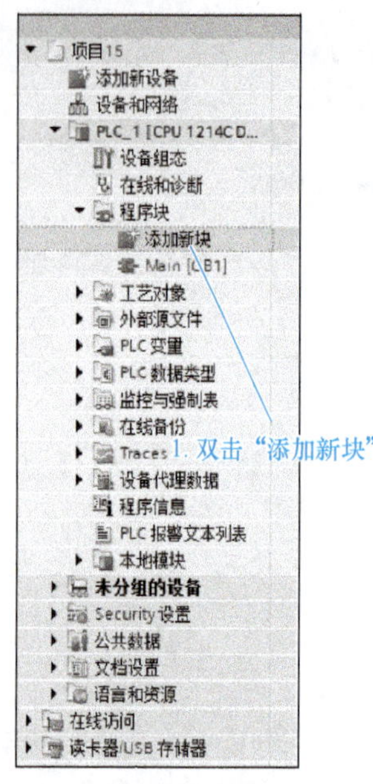

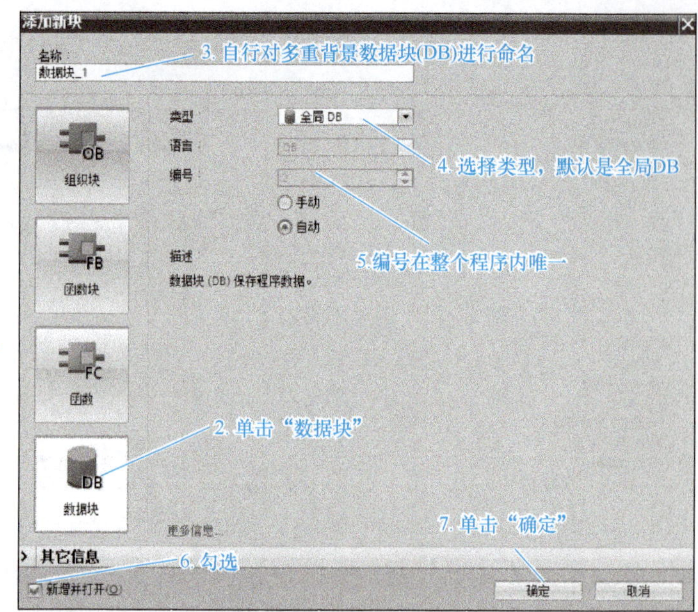

图 6-24 创建多重背景数据块（DB）

6.2.3 任务实践

1. 绘制 I/O 分配表

基于 PLC 的三相异步电动机 Y-△减压起动控制电路 I/O 分配表见表 6-5。

表 6-5 基于 PLC 的三相异步电动机 Y-△减压起动控制电路 I/O 分配表

输入			输出		
输入继电器	输入元件	作用	输出继电器	输出元件	作用
I0.0	SB1	1# 停止按钮	Q0.0	KM1	接触器（KM1）
I0.1	SB2	1# 起动按钮	Q0.1	KM2	Y联结接触器（KM2）
I0.2	SB3	2# 停止按钮	Q0.2	KM3	△联结接触器（KM3）
I0.3	SB4	2# 起动按钮	Q0.3	KM4	接触器（KM4）
I0.4	SB5	3# 停止按钮	Q0.4	KM5	Y联结接触器（KM5）
I0.5	SB6	3# 起动按钮	Q0.5	KM6	△联结接触器（KM6）
I0.6	FR-1	1# 热继电器	Q0.6	KM7	接触器（KM7）
I0.7	FR-2	2# 热继电器	Q0.7	KM8	Y联结接触器（KM8）
I1.0	FR-3	3# 热继电器	Q1.0	KM9	△联结接触器（KM9）

2. 设计控制原理图

图 6-25 所示为基于 PLC 的三相异步电动机 Y-△减压起动控制电路原理图。

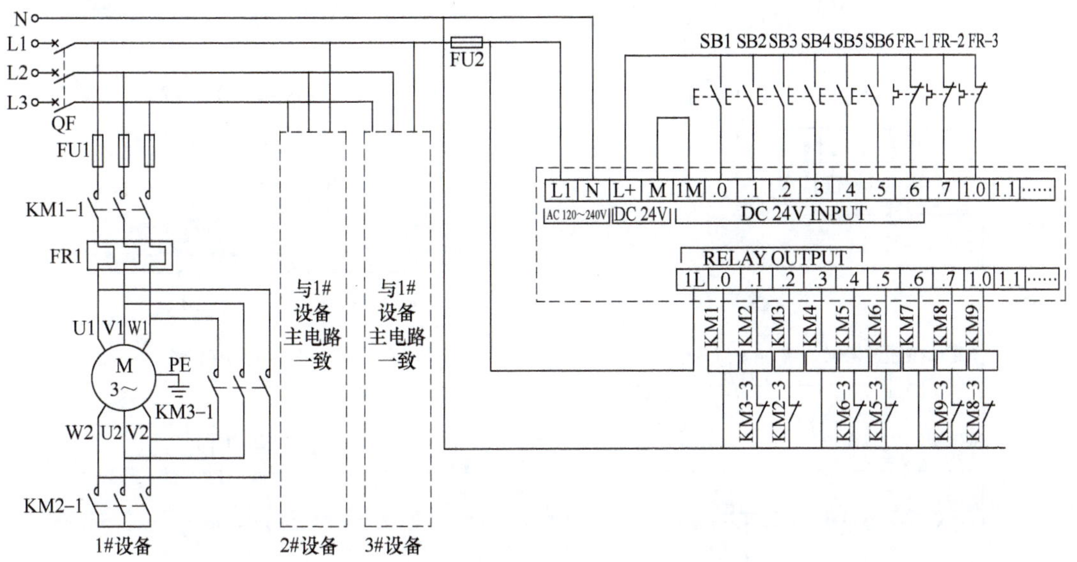

图 6-25　基于 PLC 的三相异步电动机Y-△减压起动控制电路原理图

3. 程序设计

（1）创建函数块（FB）及定义局部变量　将创建的函数（FC）命名为“Y-△减压起动［FB1］”，其“块接口”参数如图 6-26 所示。

Y-△减压起动

	名称	数据类型	默认值	保持	可从 HMI/...	从 H...	在 HMI ...
1	▼ Input				☐	☐	☐
2	■ 1#起动按钮	Bool	false	非保持	☑	☑	☑
3	■ 1#停止按钮	Bool	false	非保持	☑	☑	☑
4	■ 1#热继电器	Bool	false	非保持	☑	☑	☑
5	▼ Output				☐	☐	☐
6	■ 1#KM1	Bool	false	非保持	☑	☑	☑
7	■ 1#KM2（Y）	Bool	false	非保持	☑	☑	☑
8	■ 1#KM3（△）	Bool	false	非保持	☑	☑	☑
9	▶ InOut				☐	☐	☐
10	▼ Static				☐	☐	☐
11	■ ▶ Timer_FB	IEC_TIMER		非保持	☑	☑	☑
12	■ 1#KM1标识位	Bool	false	非保持	☑	☑	☑
13	■ 1#KM2(Y)标识位	Bool	false	非保持	☑	☑	☑
14	■ 1#KM3(△)标识位	Bool	false	非保持	☑	☑	☑
15	■ 1#起动按钮标识位	Bool	false	非保持	☑	☑	☑
16	▼ Temp				☐	☐	☐
17	■ 标记位	Bool			☐	☐	☐
18	▼ Constant				☐	☐	☐

图 6-26　Y-△减压起动［FB1］“块接口”参数

（2）编写“Y-△减压起动［FB1］”PLC 程序　Y-△减压起动［FB1］PLC 程序如图 6-27 所示。

（3）调用程序　在 Main［OB1］中调用“Y-△减压起动［FB1］”程序，如图 6-28 所示。

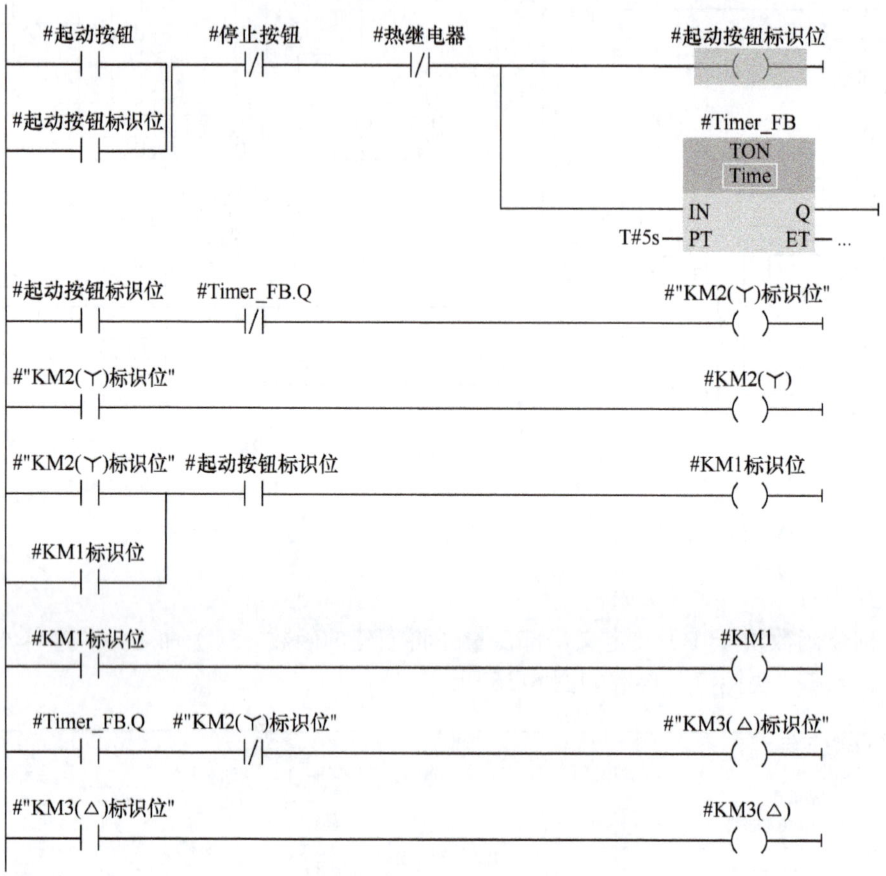

#起动按钮 #停止按钮 #热继电器 #起动按钮标识位
#起动按钮标识位
#Timer_FB
TON
Time
IN Q
T#5s — PT ET — ...
#起动按钮标识位 #Timer_FB.Q #"KM2(丫)标识位"
#"KM2(丫)标识位" #KM2(丫)
#"KM2(丫)标识位" #起动按钮标识位 #KM1标识位
#KM1标识位
#KM1标识位 #KM1
#Timer_FB.Q #"KM2(丫)标识位" #"KM3(△)标识位"
#"KM3(△)标识位" #KM3(△)

图 6-27 丫-△减压起动［FB1］PLC 程序

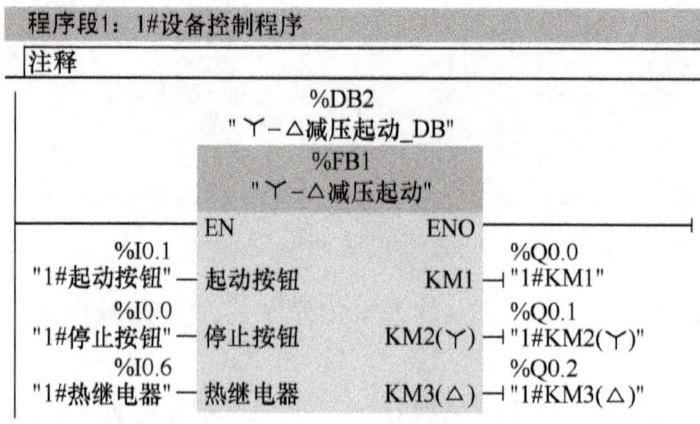

图 6-28 调用程序

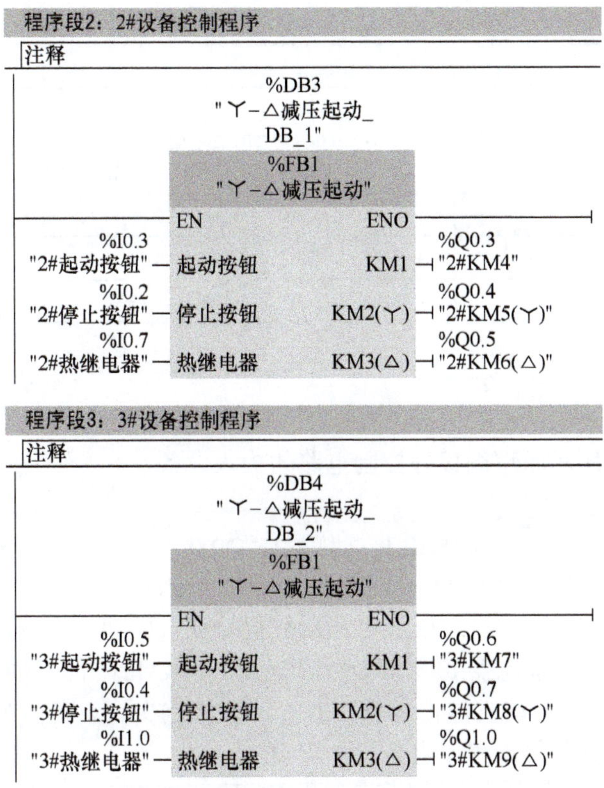

图 6-28　调用程序（续）

4. PLCSIM 验证

在 PLCSIM 中验证程序，在 SIM 表格中填入要观察或验证的变量，完成仿真验证，以 1# 设备为例，如图 6-29 所示。

名称	地址	显示格式	监视/修改值	位	一致修改
"1#停止按钮...	%I0.0:P	布尔型	FALSE		FALSE
"1#起动按钮":P	%I0.1:P	布尔型	FALSE		FALSE
"1#热继电器":P	%I0.6:P	布尔型	FALSE		FALSE
"1#KM1"	%Q0.0	布尔型	FALSE		FALSE
"1#KM2(丫)"	%Q0.1	布尔型	FALSE		FALSE
"1#KM3(△)"	%Q0.2	布尔型	FALSE		FALSE

图 6-29　PLCSIM 验证

基于 PLC 的三相异步电动机丫 - △减压起动控制电路仿真结果见表 6-6。

表 6-6　基于 PLC 的三相异步电动机丫 - △减压起动控制电路仿真结果

动作	仿真结果
1# 起动按钮 I0.1（0 → 1 → 0）	1#KM1 Q0.0 和 1#KM2（丫）Q0.1（FALSE → TRUE），并保持 TRUE 维持 5s（由计时器设定）

（续）

动作	仿真结果
5s后	1#KM2（Y）Q0.1（TRUE→FALSE），并保持FALSE 1#KM1 Q0.0保持TRUE不变 1#KM3（△）Q0.2（FALSE→TRUE），并保持TRUE
1#停止按钮I0.0（1→0→1）	1#KM1、1#KM2、1#KM3（TRUE→FALSE），停止运行
1#热继电器I0.6（1→0）	1#KM1、1#KM2、1#KM3（TRUE→FALSE），停止运行
……	……

5. 系统调试

（1）静态调试

1）按照图6-25所示原理图接好控制电路的输入设备。

2）下载程序。

3）1#设备：按下1#起动按钮I0.1，1#KM1（Q0.0）指示灯亮、1#KM2（Y）（Q0.1）指示灯亮，保持5s；计时到达5s后，1#KM1（Q0.0）指示灯保持亮，1#KM2（Y）（Q0.1）指示灯由亮变灭，1#KM3（△）（Q0.2）指示灯保持亮，电动机运行在△联结状态；按下1#停止按钮I0.0或1#热继电器I0.6，1#KM1（Q0.0）、1#KM2（Y）（Q0.1）和1#KM3（△）（Q0.2）指示灯均不亮，电动机停止运行。通过计算机监视，观察监视结果与指示灯是否一致，若不一致，检查并修改程序直至指示正确。

4）2#设备和3#设备的调试方法和1#设备一致。

（2）动态调试（空载）

1）按照图6-25所示原理图接好控制电路的输入设备和输出设备（线圈等）。

2）下载程序。

3）1#设备：按下1#起动按钮I0.1，1#KM1（Q0.0）动作（接通），1#KM2（Y）（Q0.1）动作（接通），保持5s；计时到达5s后，1#KM1（Q0.0）保持接通，1#KM2（Y）（Q0.1）动作（断开），1#KM3（△）（Q0.2）动作（接通），电动机运行在△联结状态；按下1#停止按钮I0.0或1#热继电器I0.6，1#KM1（Q0.0）、1#KM2（Y）（Q0.1）和1#KM3（△）（Q0.2）均动作（断开），电动机停止运行。通过计算机监视，观察监视结果与指示灯是否一致，若不一致，检查并修改程序直至指示正确。

4）2#设备和3#设备的调试方法和1#设备一致。

（3）动态调试（负载）

1）按照图6-25所示原理图完成控制电路接线和电路检查。

2）下载程序。

3）1#设备：按下1#起动按钮I0.1，电动机Y联结运行，保持5s；计时到达5s后，电动机运行在△联结状态；按下1#停止按钮I0.0或1#热继电器I0.6，电动机停止运行。通过计算机监视，观察监视结果与指示灯是否一致，若不一致，检查并修改程序直至指示正确。

4）2#设备和3#设备的调试方法和1#设备一致。

任务 6.3　基于 PLC 的步进电动机控制系统设计与调试

任务目标

1）了解 S7-1200 PLC 运动控制的分类。

2）掌握利用运动控制向导进行编程实现步进电动机控制的方法。

3）能够构建 S7-1200 PLC 的运动控制系统，并能利用运动控制向导组态运动轴，使用运动控制面板进行调试及编程等。

4）掌握 S7-1200 PLC 运动控制的组态及编程。

5）掌握一般控制系统的设计原则，建立工程系统理念。

6.3.1　任务导入

现有一台两相步进电动机，步距角是 1.5°，假设步进电动机带动负载的运行速度是 0.7cm/r，旋转一周需要 1000 个脉冲，电动机的额定电流是 2.1A，利用 S7-1200 PLC 控制步进电动机单向旋转。

6.3.2　相关知识

1. S7-1200 运动控制概述

根据连接驱动方式不同，S7-1200 运动控制分为 PROFIdrive、PTO、模拟量等三种控制方式。

（1）PROFIdrive　S7-1200 PLC 通过基于 PROFIBUS/PROFINET 的 PROFIdrive 方式与支持 PROFIdrive 的驱动器连接，进行运动控制。

（2）PTO（Pulse Train Output）　S7-1200 PLC 通过发送 PTO 脉冲的方式控制驱动器，可以是脉冲 + 方向、A/B 正交，也可以是正 / 反脉冲方式。

（3）模拟量　S7-1200 PLC 通过输出模拟量来控制驱动器。

所有版本的 S7-1200 PLC CPU 均支持 PTO 控制方式，属于开环控制，本节主要讲解 PTO 控制方式的组态。

2. 工艺对象 PTO 参数组态

（1）启用脉冲发生器

1）在项目树中，双击“设备组态→属性→常规→脉冲发生器→ PTO1/PWM1”，勾选“启用该脉冲发生器”。

2）“参数分配”选项卡中，信号类型选择常见的“PTO（脉冲 A 和方向 B)”。

3）“硬件输出”选项卡中，脉冲输出选择“ %Q0.0”，勾选“启用方向输出”，方向输出为“Q0.1”，如图 6-30 所示。

（2）添加轴工艺对象　在项目树中，单击“工艺对象”，双击“新增对象”，弹出“新增对象”对话框，单击“运动控制”，选中“ TO_PositioningAxis”，可以修改名称，编号可设定为“手动”或“自动”，单击“确定”，即可添加一个轴工艺对象，如图 6-31 所示。

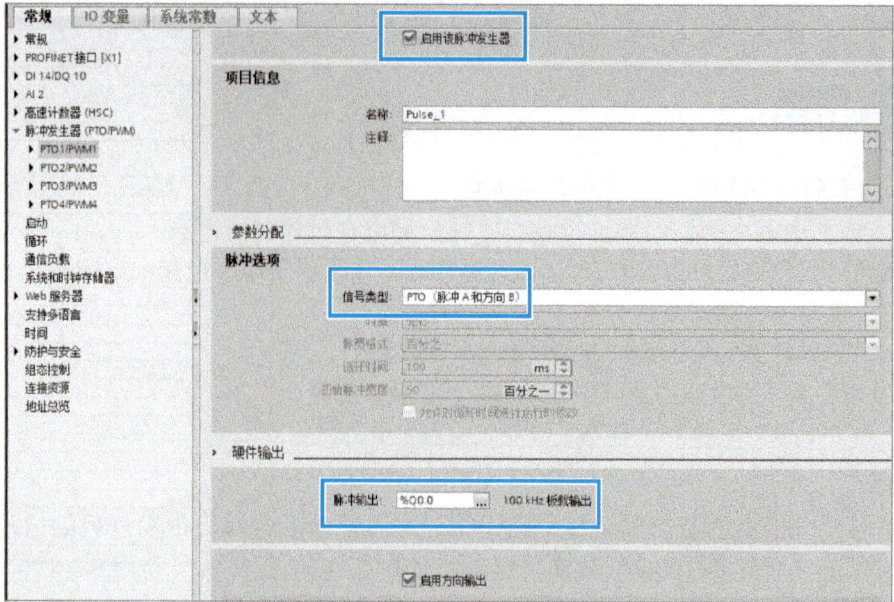

图 6-30　启用脉冲发生器界面

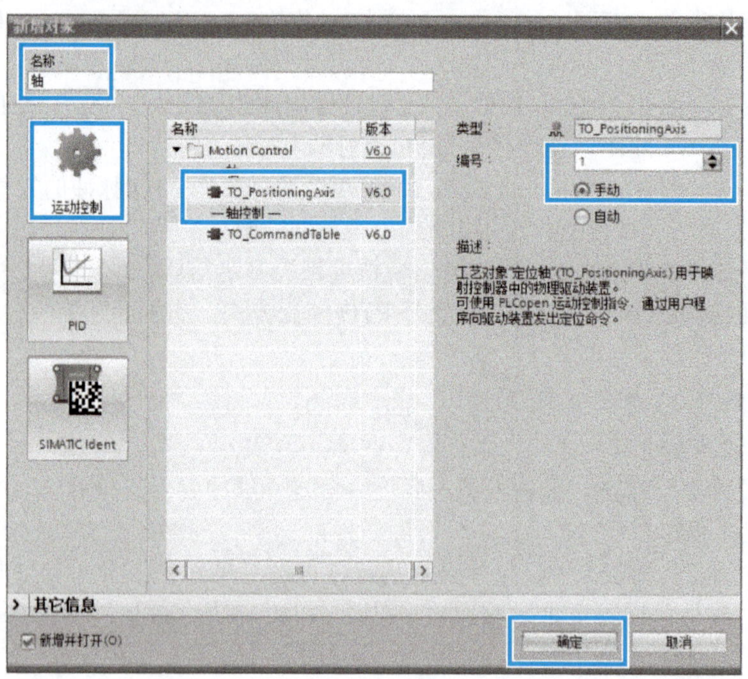

图 6-31　添加轴工艺对象界面

（3）组态轴工艺对象　对“基本参数 / 常规”“基本参数 / 驱动器”“扩展参数 / 机械”“扩展参数 / 位置限制”“动态 / 常规”“动态 / 急停”“回原点 / 主动”“回原点 / 被动”进行组态。

1）基本参数 / 常规。图 6-32 所示为“基本参数 / 常规”组态界面。“基本参数 / 常规”包括轴名称、驱动器和测量单位，其名称及意义见表 6-7。

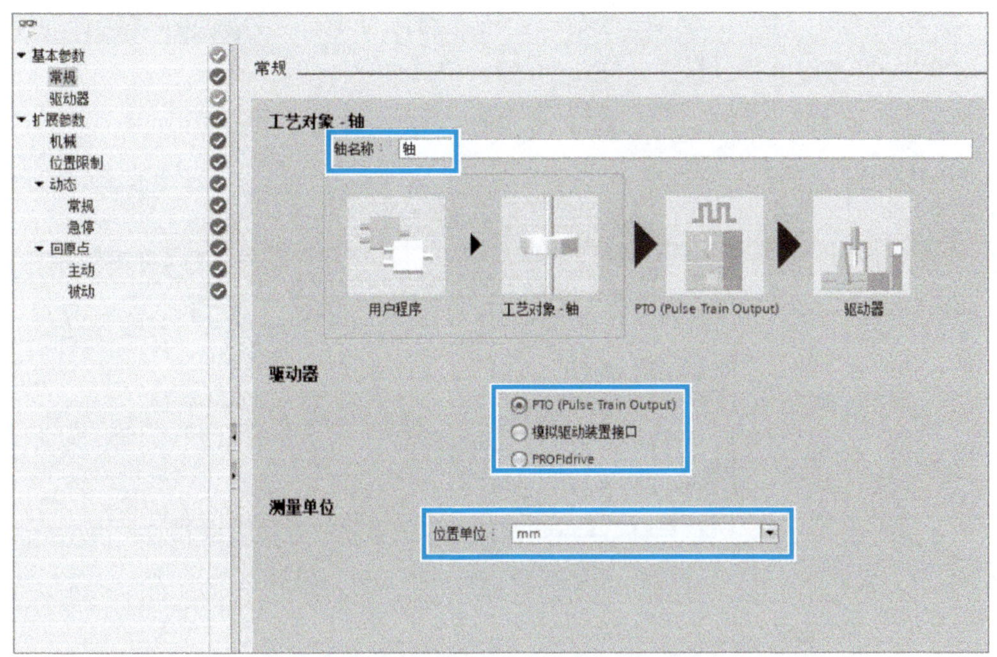

图 6-32　“基本参数 / 常规”组态界面

表 6-7　“基本参数 / 常规”名称及意义

名称	意义
轴名称	定义该工艺对象轴的名称，用户可以采用系统默认值，也可以自定义
驱动器	选择通过 PTO 的方式控制驱动器
测量单位	距离（mm、m、in、ft）、脉冲和角度

注：线性工作台一般选择线性距离类型和脉冲类型，旋转工作台一般选择角度类型和脉冲类型。

2）基本参数 / 驱动器。图 6-33 所示为“基本参数 / 驱动器”组态界面，用于对脉冲输出点等参数进行配置，其名称及意义见表 6-8。

3）扩展参数 / 机械。图 6-34 所示为“扩展参数 / 机械”组态界面，主要设置轴的脉冲数与轴移动距离的参数对应关系，其名称及意义见表 6-9。

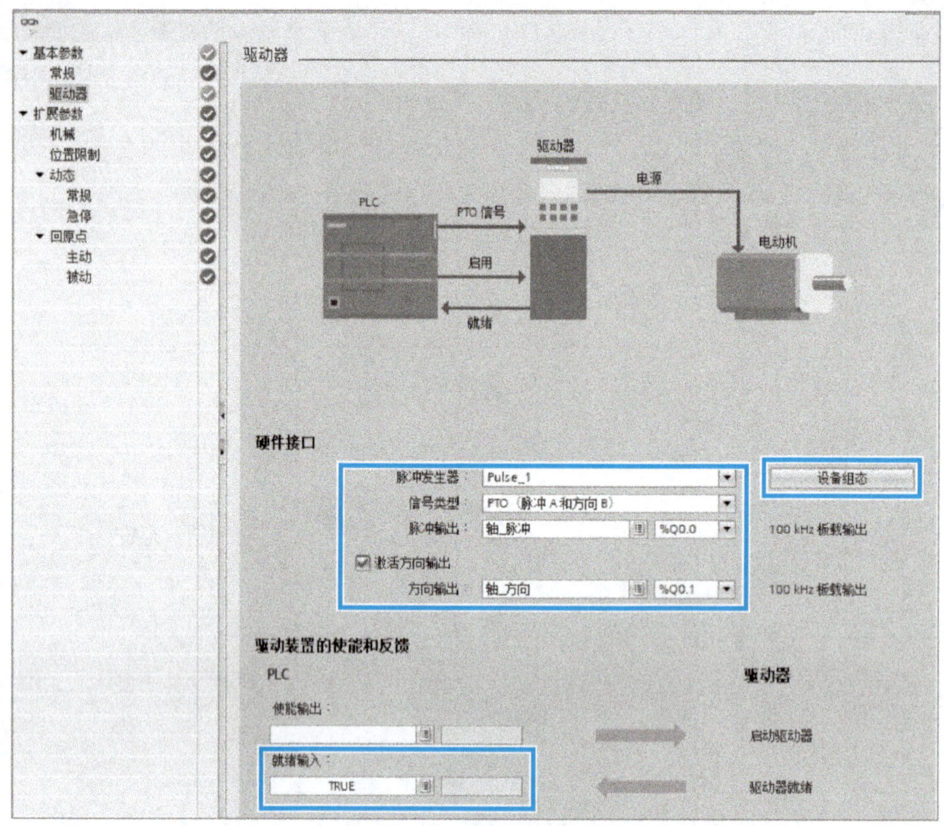

图 6-33 “基本参数 / 驱动器”组态界面

表 6-8 “基本参数 / 驱动器”名称及意义

名称	意义
脉冲发生器	选择已组态的 PTO
信号类型	分为 PTO（脉冲 A 和方向 B）、PTO（脉冲上升沿 A 和脉冲下降沿 B）、PTO（A/B 相移）和 PTO（A/B 相移 - 四倍频）
脉冲输出	定义脉冲输出点
激活方向输出	针对 PTO（脉冲 A 和方向 B），是否使能方向控制位。PTO（脉冲上升沿 A 和脉冲下降沿 B）、PTO（A/B 相移）和 PTO（A/B 相移 - 四倍频）不需要激活方向输出
方向输出	定义脉冲输出点
设备组态	单击可以跳转到“设备视图”，方便用户回到 CPU 设备属性修改组态
使能输出	步进或伺服驱动器一般都需要一个使能信号，该使能信号的作用是使驱动器通电。在这里用户可以组态一个 DO 点作为驱动器的使能信号，也可以不配置使能信号
就绪输入	当驱动器在接收到驱动器使能信号之后准备开始执行运动时，会向 CPU 发送“驱动器准备就绪”信号

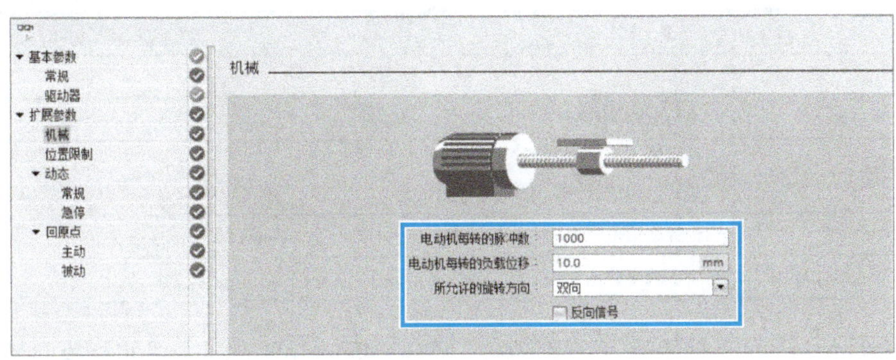

图 6-34　“扩展参数 / 机械”组态界面

表 6-9　“扩展参数 / 机械”名称及意义

名称	意义
电动机每转的脉冲数	表示电动机旋转一周需要接收多少个脉冲数，该数值是根据用户的电动机参数进行设置的
电动机每转的负载位移	表示电动机每旋转一周，机械装置移动的距离
所允许的旋转方向	表示电动机允许的旋转方向，可以设置为双向、正方向和负方向
反向信号	如果使能反向信号，当 PLC 端进行正向控制电动机时，电动机实际是反向旋转

4）扩展参数 / 位置限制。图 6-35 所示为“扩展参数 / 位置限制”组态界面，用于设置软 / 硬限位开关。软 / 硬限位开关是用来保证轴能够在工作台的有效范围内运行，当轴由于故障超过限位开关时，不管轴碰到软限位还是硬限位，轴都停止运行并报错。软限位的范围小于硬限位，硬件限位的位置要在工作台机械范围内。其名称及意义见表 6-10。

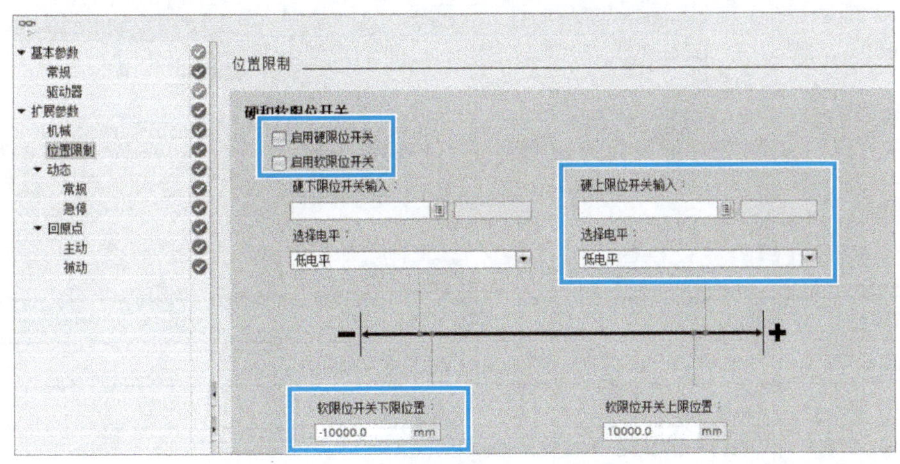

图 6-35　“扩展参数 / 位置限制”组态界面

表 6-10 “扩展参数 / 位置限制”名称及意义

名称	意义
启用硬限位开关	激活硬限位功能
启用软限位开关	激活软限位功能
硬上 / 下限位开关输入	设置硬上 / 下限位开关输入点，可以是 S7–1200 PLC CPU 本体上的 DI 点，如果有 SB 信号板，也可以是 SB 信号板上的 DI 点
选择电平	设置硬限位上 / 下限位开关输入点的有效电平，一般设置成低电平有效
软限位开关上 / 下限位置	设置软限位位置点，用距离、脉冲或角度表示

5）动态 / 常规。图 6-36 所示为“动态 / 常规”组态界面，用于设置转速限制、起停速度、加减速度和加减速时间等参数，其名称及意义见表 6-11。

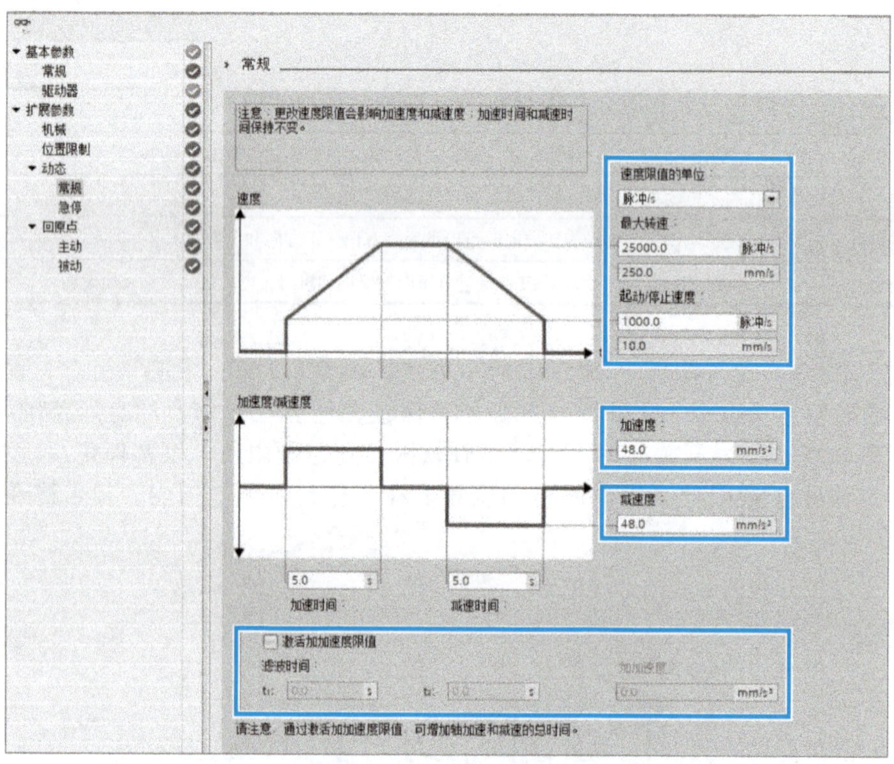

图 6-36 “动态 / 常规”组态界面

表 6-11 “动态 / 常规”名称及意义

名称	意义
速度限值的单位	设置“最大转速”和“起动 / 停止速度”的显示单位
最大转速	设定电动机最大转速，由 PTO 输出最大频率和电动机允许的最大速度共同限定
起动 / 停止速度	根据电动机的起动 / 停止速度来设定该值
加速度	根据电动机和实际控制要求设置加速度
减速度	根据电动机和实际控制要求设置减速度

（续）

名称	意义
加速时间	若先设定“加速度”，则“加速时间”自动生成；若先设定“加速时间”，则“加速度”自动生成
减速时间	若先设定“减速度”，则“减速时间”自动生成；若先设定“减速时间”，则“减速度”自动生成
激活加加速度限值	激活加加速度值，可以降低在加速和减速斜坡运行期间施加到机械上的应力
滤波时间	勾选“激活加加速度限值”时，滤波时间由软件自动计算生成。用户也可以先设定滤波时间，这样加加速度由系统自己计算
加加速度	勾选“激活加加速度限值”时，轴加减速曲线衔接处变平滑

6）动态 / 急停。图 6-37 所示为“动态 / 急停”组态界面，用于设置轴需要急停（轴出现错误或使用 MC_Power 指令禁用轴）时的参数，其名称及意义见表 6-12。

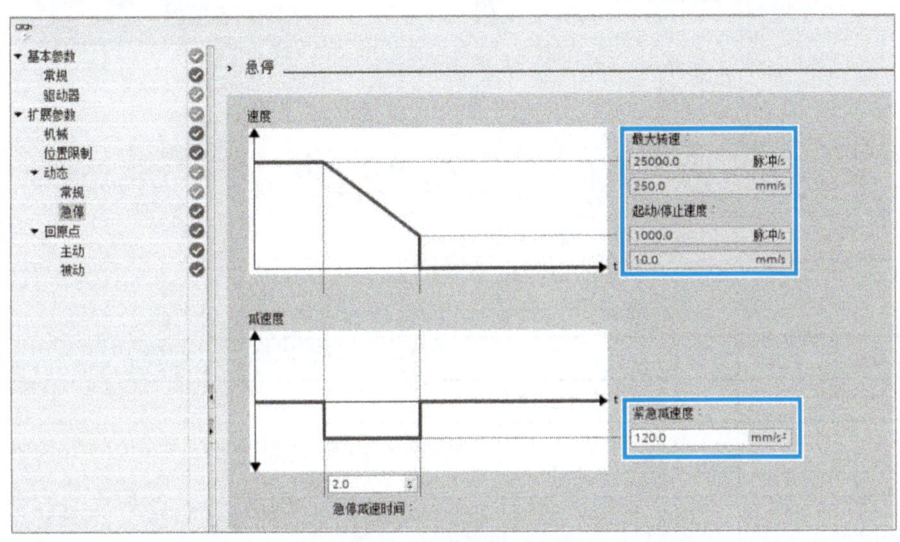

图 6-37　“动态 / 急停”组态界面

表 6-12　“动态 / 急停”名称及意义

名称	意义
最大转速	设定电动机最大转速，由 PTO 输出最大频率和电动机允许的最大速度共同限定
起动 / 停止速度	根据电动机的起动 / 停止速度来设定该值
紧急减速度	设置急停速度
急停减速时间	若先设定了“紧急减速度”，则“急停减速时间”由软件自动计算生成。用户也可以先设定“急停减速时间”，此时“紧急减速度”由系统自动计算

7）回原点 / 主动。图 6-38 所示为“回原点 / 主动”组态界面，作用是把轴实际的机械位置和 S7-1200 PLC 程序中轴的位置坐标统一，以进行绝对位置定位，其名称及意义见表 6-13。

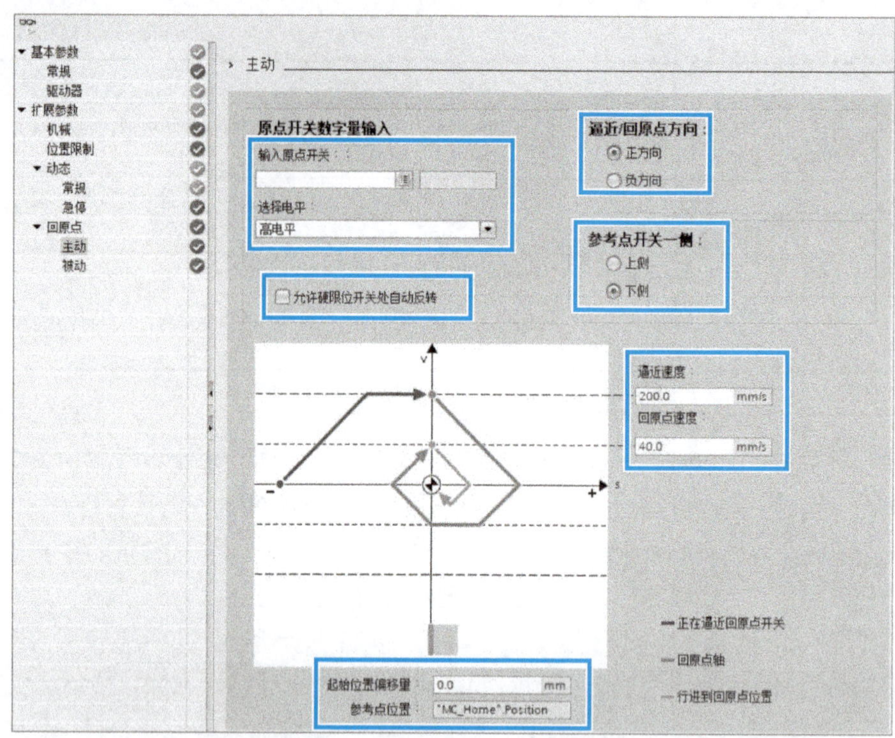

图 6-38 “回原点 / 主动”组态界面

表 6-13 “回原点 / 主动”名称及意义

名称	意义
输入原点开关	设置原点开关的 DI 输入点
选择电平	选择原点开关的有效电平，即当轴碰到原点开关时，选择该原点开关对应的 DI 点是“高电平”还是“低电平”
允许硬限位开关处自动反转	如果轴在回原点的一个方向上没有碰到原点，则需要使能该选项，这样轴可以自动掉头，向反方向寻找原点
逼近 / 回原点方向	寻找原点的起始方向。即触发寻找原点功能后，选择轴是向“正方向”还是“负方向”开始寻找原点
参考点开关一侧	指定轴最终停止的位置。选择“上侧”时，轴完成回原点后，轴的左边沿停在原点开关右侧边沿；选择“下侧”时，轴完成回原点后，轴的右边沿停在原点开关左侧边沿
逼近速度	用于设定寻找原点开关的起始速度，当触发 MC_Home 指令时，轴立即以逼近速度运行来寻找原点开关
回原点速度	用于设定最终接近原点开关的速度，回原点速度要小于逼近速度
起始位置偏移量	该值不为零时，轴会在距离原点开关一段距离处停下来，把该位置标记为原点位置值；该值为零时，轴会停在原点开关的有效边沿处
参考点位置	即“起始位置偏移量”所指的原点位置值

8）回原点 / 被动。图 6-39 所示为“回原点 / 被动”组态界面，指若轴在运行过程中碰到原点开关，轴的当前位置将设置为回原点位置值，其名称及意义见表 6-14。

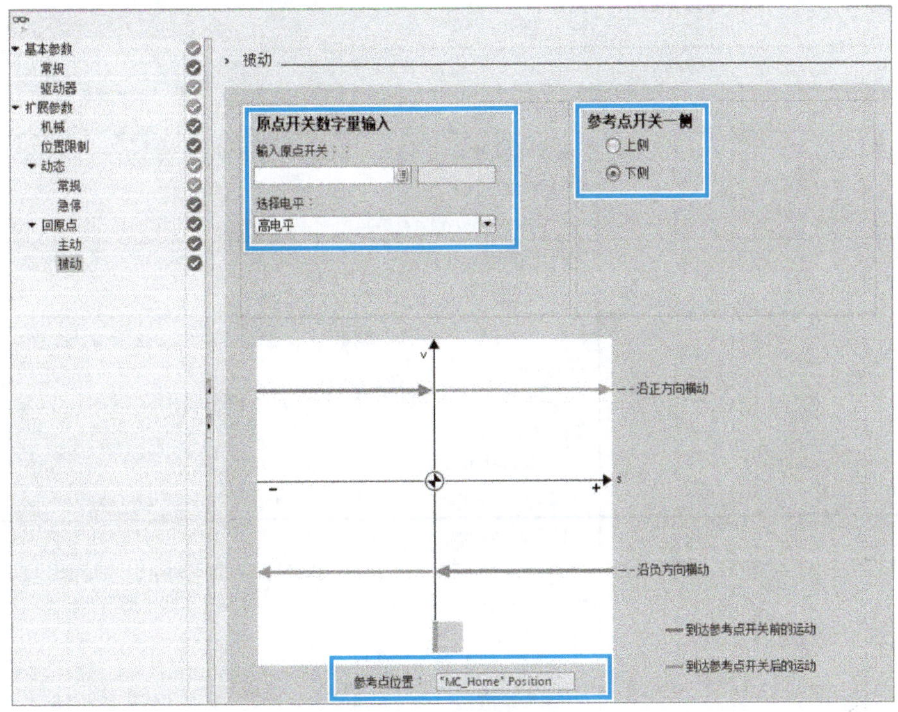

图 6-39　“回原点 / 被动”组态界面

表 6-14　“回原点 / 被动”名称及意义

名称	意义
输入原点开关	设置原点开关的 DI 输入点
选择电平	选择原点开关的有效电平，即当轴碰到原点开关时，选该原点开关对应的 DI 点是“高电平”还是“低电平”
参考点开关一侧	指定轴最终停止的位置。选择“上侧”时，轴完成回原点后，轴的左边沿停在原点开关右侧边沿；选择“下侧”时，轴完成回原点后，轴的右边沿停在原点开关左侧边沿
参考点位置	该值是 MC_Home 指令中“Position”的数值

3. 运动控制指令

运动控制指令主要包括 MC_Power、MC_Reset、MC_Home、MC_Halt、MC_MoveAbsolute、MC_MoveRelative、MC_MoveVelocity、MC_MoveJog 等指令，使用时均需要指定背景数据块。

（1）MC_Power 指令　图 6-40 所示为 MC_Power 指令，启用或禁用运动控制轴，在启用或禁用轴之前，应确保以下条件：①已正确组态工艺对象；②没有未决的启用 - 禁止错误。MC_Power 指令参数及说明见表 6-15。

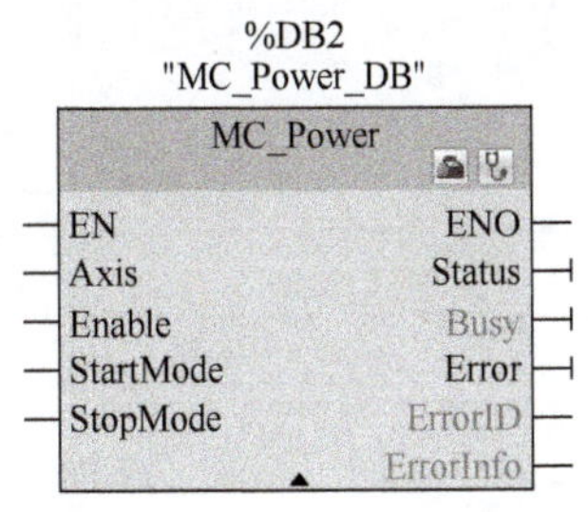

图 6-40　MC_Power 指令

表 6-15　MC_Power 指令参数及说明

参数名称	参数类型	数据类型	说明
Axis	IN_OUT	TO_Axis	轴工艺对象
Enable	IN	Bool	FALSE（默认）：所有激活的任务都将按照参数化的“StopMode”而中止，并且轴也会停止 TRUE：运动控制尝试起动轴
StartMode	IN	Int	0：速度控制 1：位置控制
StopMode	IN	Int	0：急停，如果禁用轴的请求未决，则轴将以组态的紧急减速度制动。轴在达到停止后被禁用 1：立即停止，如果禁用轴的请求未决，则轴将在不减速的情况下被禁用。脉冲输出立即停止 2：通过冲击控制进行急停，如果禁用轴的请求未决，则轴将以组态的紧急减速度制动。如果激活了冲击控制，则不考虑组态的冲击。轴在达到停止后被禁用
Status	OUT	Bool	轴使能的状态 FALSE：轴已禁用；轴不会执行运动控制任务并且不接受任何新任务（除 MC_Reset 任务）；轴未回原点；禁用时，直到轴达到停止状态，状态才会更改未 FALSE TRUE：轴已启用；轴已准备好执行运动控制任务；轴启用时，直到信号“驱动器就绪”（Drive ready）进入未决，状态才会更改为 TRUE。如果在轴组态中未组态“驱动器就绪”（Drive ready）驱动器接口，状态会立即更改为 TRUE
Busy	OUT	Bool	FALSE：MC_Power 无效 TRUE：MC_Power 已生效
Error	OUT	Bool	FALSE：无错误 TRUE：运动控制指令“MC_Power”或相关工艺发生错误。出错原因可在“ErrorID”和“ErrorInfo”参数中找到
ErrorID	OUT	Word	参数“Error”的错误 ID
ErrorInfo	OUT	Word	参数“ErrorID”的错误 ID

注：只有在信号检测（FALSE 变为 TRUE）期间才会评估 StartMode 参数。

（2）MC_Reset 指令　图 6-41 所示为 MC_Reset 指令，对“导致轴停止的运行错误”和“组态错误”进行复位，使用前须将需要确认的未决组态错误的原因消除，任何其他运动控制指令均无法中止 MC_Reset 指令。MC_Reset 指令参数及说明见表 6-16。

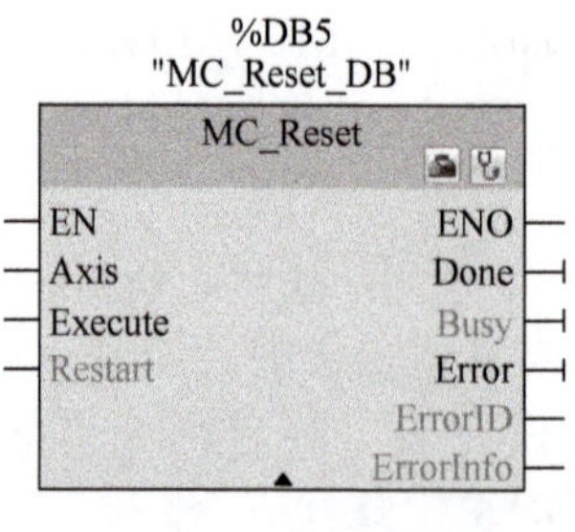

图 6-41　MC_Reset 指令

表 6-16　MC_Reset 指令参数及说明

参数名称	参数类型	数据类型	说明
Axis	IN_OUT	TO_Axis_1	轴工艺对象
Execute	IN	Bool	出现上升沿时开始任务
Restart	IN	Bool	TRUE：从装载存储器将轴组态下载至工作存储器。只有轴处于禁用状态时才能执行该命令 FALSE：确认未决错误
Done	OUT	Bool	TRUE：错误已确认
Busy	OUT	Bool	TRUE：正在执行任务
Error	OUT	Bool	TRUE：任务执行期间出错。出错原因可在“ErrorID”和“ErrorInfo”参数中找到
ErrorID	OUT	Word	参数“Error”的错误 ID
ErrorInfo	OUT	Word	参数“ErrorID”的错误 ID

（3）MC_Home 指令　图 6-42 所示为 MC_Home 指令，将轴坐标与实际物理驱动器位置匹配，轴的绝对定位需要回原点，为了使用 MC_Home 指令，必须先启用轴，按照 Mode 对应的不同模式对轴的绝对位置进行归位。MC_Home 指令参数及说明见表 6-17。

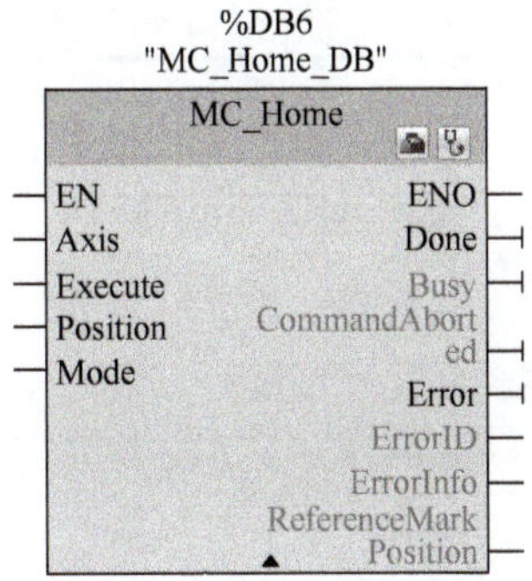

图 6-42　MC_Home 指令

表 6-17　MC_Home 指令参数及说明

参数名称	参数类型	数据类型	说明
Axis	IN_OUT	TO_Axis	轴工艺对象
Execute	IN	Bool	出现上升沿时开始任务
Position	IN	Real	Mode=0、2 和 3：完成回原点操作后的绝对位置 Mode=1：当前轴位置的校正值 Mode=6：当前位置位移参数“MC_Home.Position”的值 Mode=7：当前位置设置为参数“MC_Home.Position”的值

（续）

参数名称	参数类型	数据类型	说明
Mode	IN	Int	归位模式 0：绝对式直接回原点，新的轴位置为参数“Position”的位置值 1：相对式直接回原点，新的轴位置为当前轴位置+参数“Position”的位置值 2：被动回原点，根据轴组态回原点，回原点后，参数“Position”的值被设置为新的轴位置 3：主动回原点，按照轴组态进行参考点逼近，回原点后，参数“Position”的值被设置为新的轴位置 6：将由当前位置位移参数“MC_Home.Position”的值计算出的绝对偏移值始终存储在 CPU 内 7：将当前位置设置为由参数“MC_Home.Position”的值计算出的绝对偏移值始终存储在 CPU 内
Done	OUT	Bool	TRUE：任务完成
Busy	OUT	Bool	TRUE：正在执行任务
CommandAborted	OUT	Bool	TRUE：任务在执行过程中被另一任务中止
Error	OUT	Bool	TRUE：任务执行期间出错。出错原因可在“ErrorID”和“ErrorInfo”参数中找到
ErrorID	OUT	Word	参数“Error”的错误 ID
ErrorInfo	OUT	Word	参数“ErrorID”的错误 ID
ReferenceMark Position	OUT	Real	之前坐标系中参考标记处的轴位置

（4）MC_Halt 指令　图 6-43 所示为 MC_Halt 指令，停止所有运动并将轴切换到停止状态。当停止位置未定义时，为了使用 MC_Halt 指令，必须先启用轴。MC_Halt 指令参数及说明见表 6-18。

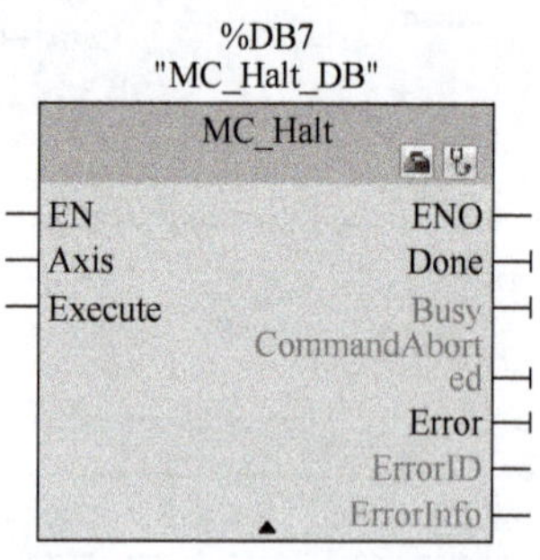

图 6-43　MC_Halt 指令

表 6-18　MC_Halt 指令参数及说明

参数名称	参数类型	数据类型	说明
Axis	IN_OUT	TO_Axis_1	轴工艺对象
Execute	IN	Bool	出现上升沿时开始任务

（续）

参数名称	参数类型	数据类型	说明
Done	OUT	Bool	TRUE：速度达到零
Busy	OUT	Bool	TRUE：正在执行任务
CommandAborted	OUT	Bool	TRUE：任务在执行过程中被另一任务中止
Error	OUT	Bool	TRUE：任务执行期间出错。出错原因可在“ErrorID”和“ErrorInfo”参数中找到
ErrorID	OUT	Word	参数“Error”的错误 ID
ErrorInfo	OUT	Word	参数“ErrorID”的错误 ID

（5）MC_MoveAbsolute 指令　图 6-44 所示为 MC_MoveAbsolute 指令，可启用轴定位运动，以将轴移动到某个绝对位置，为了使用 MC_MoveAbsolute 指令，必须先启用轴，同时必须使其回原点。MC_MoveAbsolute 指令参数及说明见表 6-19。

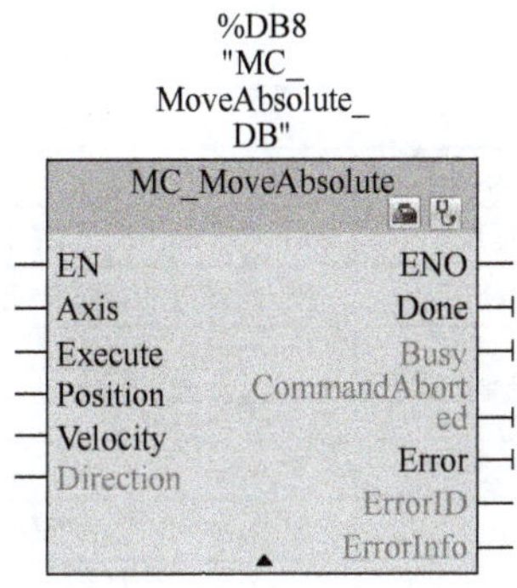

图 6-44　MC_MoveAbsolute 指令

表 6-19　MC_MoveAbsolute 指令参数及说明

参数名称	参数类型	数据类型	说明
Axis	IN_OUT	TO_Axis_1	轴工艺对象
Execute	IN	Bool	出现上升沿时开始任务（默认值为 False）
Position	IN	Real	绝对目标位置（默认值为 0.0）
Velocity	IN	Real	轴的速度（默认值为 10.0）。由于组态的加速度、减速度以及要逼近的目标位置等原因，并不总是能达到此速度
Direction	IN	Int	旋转方向（默认值为 0）
Done	OUT	Bool	TRUE：已达到绝对目标位置
Busy	OUT	Bool	TRUE：正在执行任务
CommandAborted	OUT	Bool	TRUE：任务在执行过程中被另一任务中止
Error	OUT	Bool	TRUE：任务执行期间出错。出错原因可在“ErrorID”和“ErrorInfo”参数中找到
ErrorID	OUT	Word	参数“Error”的错误 ID（默认值为 0000）
ErrorInfo	OUT	Word	参数“ErrorID”的错误 ID（默认值为 0000）

（6）MC_MoveRelative 指令　图 6-45 所示为 MC_MoveRelative 指令，可启用相对于起始位置的定位运动，为了使用 MC_MoveRelative 指令，必须先启用轴。MC_MoveRelative 指令参数及说明见表 6-20。

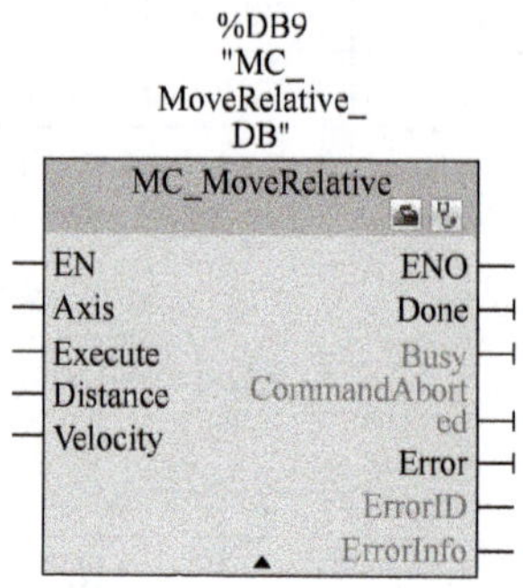

图 6-45　MC_MoveRelative 指令

表 6-20　MC_MoveRelative 指令参数及说明

参数名称	参数类型	数据类型	说明
Axis	IN	TO_Axis_1	轴工艺对象
Execute	IN	Bool	出现上升沿时开始任务（默认值为 FALSE）
Distance	IN	Real	定位操作的行进距离（默认值为 0.0）
Velocity	IN	Real	轴的速度（默认值为 10.0）。由于组态的加速度、减速度以及行进距离的原因，并不总是能达到此速度
Done	OUT	Bool	TRUE：已达到目标位置
Busy	OUT	Bool	TRUE：正在执行任务
CommandAborted	OUT	Bool	TRUE：任务在执行过程中被另一任务中止
Error	OUT	Bool	TRUE：任务执行期间出错。出错原因可在“ErrorID”和“ErrorInfo”参数中找到
ErrorID	OUT	Word	参数“Error”的错误 ID（默认值为 0000）
ErrorInfo	OUT	Word	参数“ErrorID”的错误 ID（默认值为 0000）

（7）MC_MoveVelocity 指令　图 6-46 所示为 MC_MoveVelocity 指令，可使轴以指定的速度连续移动，为了使用 MC_MoveVelocity 指令，必须先启用轴。MC_MoveVelocity 指令参数及说明见表 6-21。

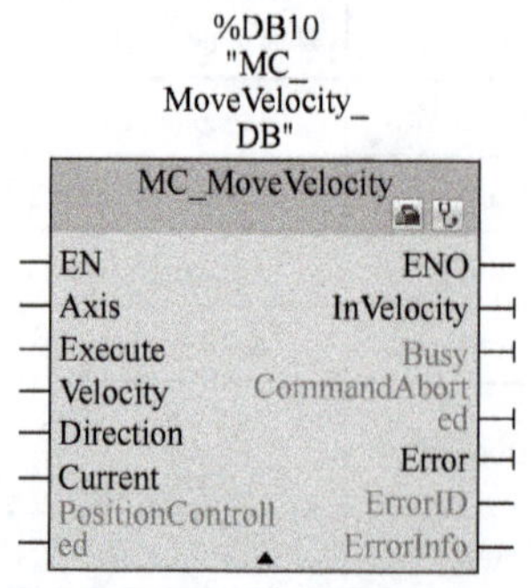

图 6-46　MC_MoveVelocity 指令

表 6-21　MC_MoveVelocity 指令参数及说明

参数名称	参数类型	数据类型	说明
Axis	IN	TO_SpeedAxis	轴工艺对象
Execute	IN	Bool	出现上升沿时开始任务（默认值为 FALSE）
Velocity	IN	Real	指定轴运动的速度（默认值为 10.0）
Direction	IN	Int	指定方向 0：旋转方向与参数“Velocity”中的值符号一致 1：正旋转方向 2：负旋转方向
Current	IN	Bool	保持当前速度 FALSE：禁用“保持当前速度”，使用参数“Velocity”和“Direction”的值 TRUE：激活“保持当前速度”，不考虑参数“Velocity”和“Direction”的值
PositionControlled	IN	Bool	0：速度控制 1：位置控制（默认值为 TRUE）
InVelocity	OUT	Bool	“Current”=FALSE：已到达参数“Velocity”中指定的速度 “Current”=TRUE：轴在起动时以当前速度运动
Busy	OUT	Bool	TRUE：正在执行任务
CommandAborted	OUT	Bool	TRUE：任务在执行过程中被另一任务中止
Error	OUT	Bool	TRUE：任务执行期间出错。出错原因可在“ErrorID”和“ErrorInfo”参数中找到
ErrorID	OUT	Word	参数“Error”的错误 ID（默认值为 0000）
ErrorInfo	OUT	Word	参数“ErrorID”的错误 ID（默认值为 0000）

（8）MC_MoveJog 指令　图 6-47 所示为 MC_MoveJog 指令，以指定的速度在点动模式下持续移动轴，该指令通常用于测试和调试，为了使用 MC_MoveJog 指令，必须先启用轴。MC_MoveJog 指令参数及说明见表 6-22。

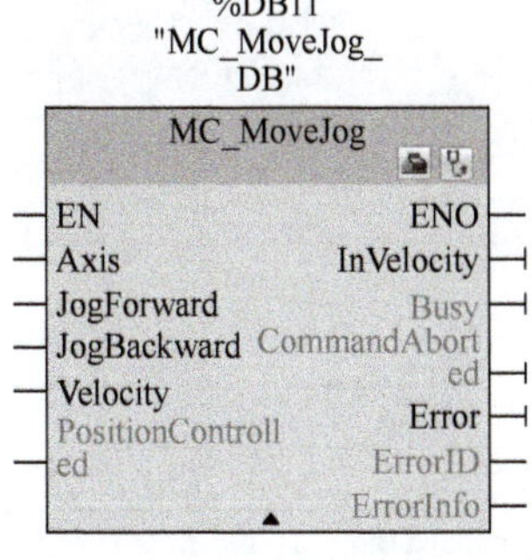

图 6-47　MC_MoveJog 指令

表 6-22　MC_MoveJog 指令参数及说明

参数名称	参数类型	数据类型	说明
Axis	IN	TO_SpeedAxis	轴工艺对象
JogForward	IN	Bool	只要此参数为 TRUE，轴就会以参数“Velocity”中指定的速度沿正向移动（默认值为 FALSE）
JogBackward	IN	Bool	只要此参数为 TRUE，轴就会以参数“Velocity”中指定的速度沿负向移动（默认值为 FALSE）
Velocity	IN	Real	点动模式的预设速度（默认值为 10.0）
PositionControlled	IN	Bool	0：速度控制 1：位置控制（默认值为 TRUE）
InVelocity	OUT	Bool	TRUE：已到达参数“Velocity”中指定的速度
Busy	OUT	Bool	TRUE：正在执行任务
CommandAborted	OUT	Bool	TRUE：任务在执行过程中被另一任务中止
Error	OUT	Bool	TRUE：任务执行期间出错。出错原因可在“ErrorID”和“ErrorInfo”参数中找到
ErrorID	OUT	Word	参数“Error”的错误 ID（默认值为 0000）
ErrorInfo	OUT	Word	参数“ErrorID”的错误 ID（默认值为 0000）

（9）MC_CommandTable 指令　图 6-48 所示为 MC_CommandTable 指令，针对电动机控制轴执行一系列单个运动，这些运动可组合成一个运动序列。在脉冲串输出的工艺对象命令表（TO_CommandTable_PTO）中，可以组态这些单个的运动。MC_CommandTable 指令参数及说明见表 6-23。

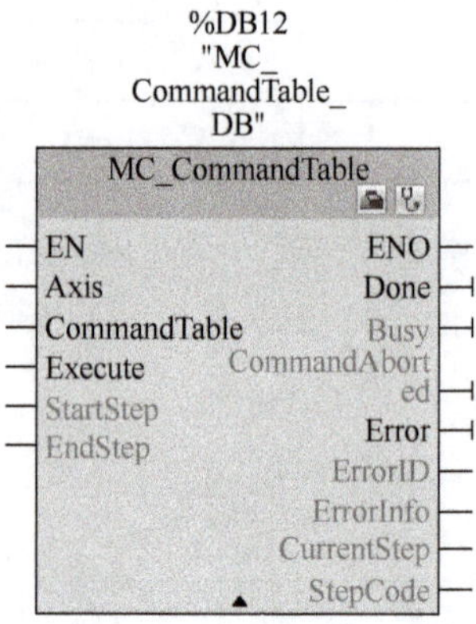

图 6-48　MC_CommandTable 指令

表 6-23　MC_CommandTable 指令参数及说明

参数名称	参数类型	数据类型	说明
Axis	IN	TO_Axis_1	轴工艺对象
CommandTable	IN	TO_CommandTable_1	命令表工艺对象
Execute	IN	Bool	使用上升沿起动作业
StartStep	IN	Int	从此步骤开始命令表处理限制，1≤StartStep≤EndStep

（续）

参数名称	参数类型	数据类型	说明
EndStep	IN	Int	从此步骤结束命令表处理限制，StartStep≤EndStep≤32
Done	OUT	Bool	MC_CommandTable 处理已成功完成
Busy	OUT	Bool	正在运行
CommandAborted	OUT	Bool	TRUE：任务在执行过程中被另一任务中止
Error	OUT	Bool	处理时出错。出错原因可在“ErrorID”和“ErrorInfo”参数中找到
ErrorID	OUT	Word	参数“Error”的错误 ID（默认值为 0000）
ErrorInfo	OUT	Word	参数“ErrorID”的错误 ID（默认值为 0000）
CurrentStep	OUT	Int	当前在处理的步骤
StepCode	OUT	Word	当前处理步骤的用户定义标识符

6.3.3　任务实践

1. 绘制 I/O 分配表

基于 PLC 的步进电动机控制电路 I/O 分配表见表 6-24。

表 6-24　基于 PLC 的步进电动机控制电路 I/O 分配表

输入			输出		
输入继电器	输入元件	作用	输出继电器	输出元件	作用
I0.0	SB1	停止按钮	Q0.0	PUL+	高速脉冲
I0.1	SB2	起动按钮	Q0.1	DIR+	方向

2. 设计控制原理图

图 6-49 所示为基于 PLC 的步进电动机控制电路原理图。

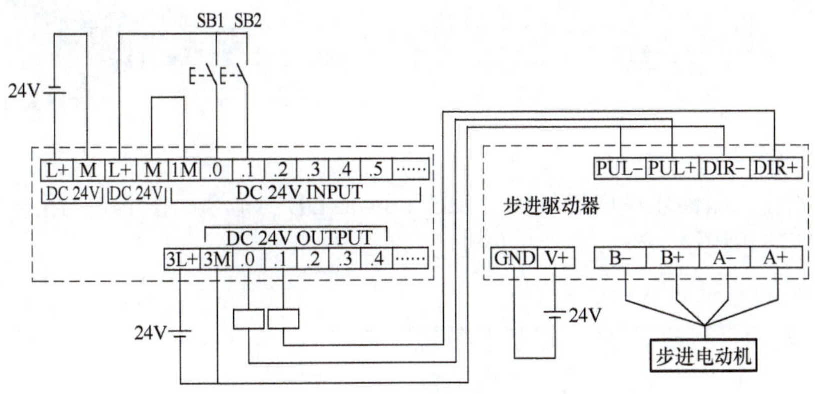

图 6-49　基于 PLC 的步进电动机控制电路原理图

3. 程序设计

步进电动机控制电路 PLC 程序如图 6-50 所示。

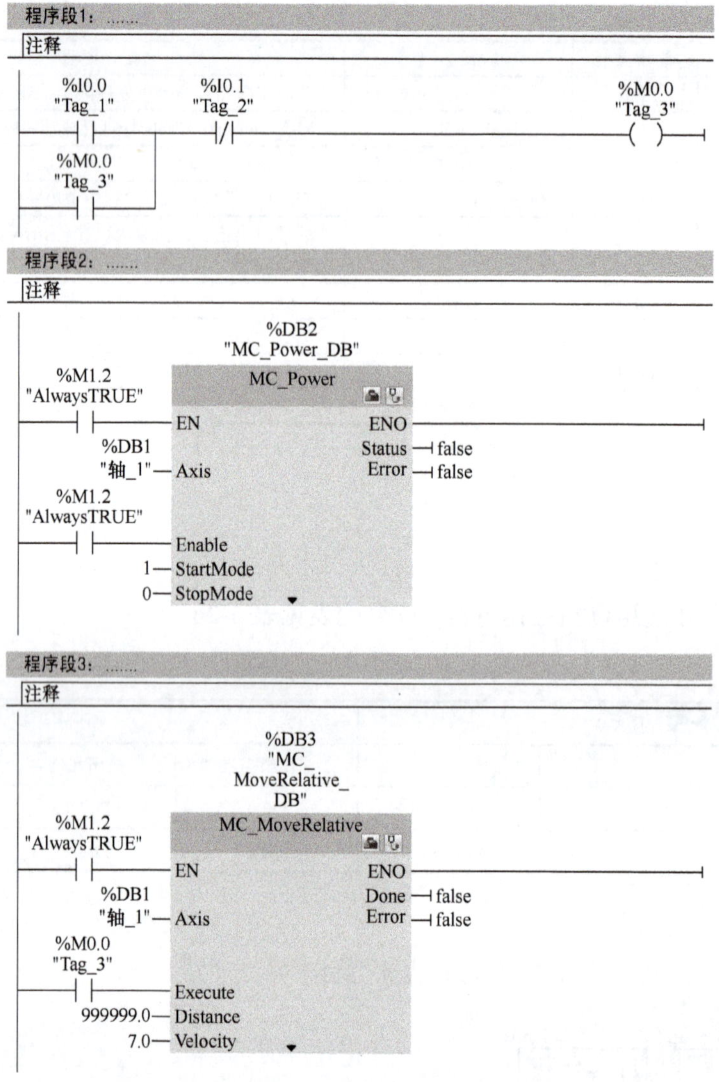

图 6-50　步进电动机控制电路 PLC 程序

4. PLCSIM 验证

上电初始化，激活步进电动机的“MC_Power_DB”指令。按下起动按钮，步进电动机转动；按下停止按钮，步进电动机停止。

5. 系统调试

1）步进电动机驱动器 DM442 基本参数如下：

① 可驱动 4 线和 8 线的两相步进电动机。

② 电压输入范围：DC 18 ～ 36V。

③ 电流最大：4.2A，分辨率：0.1A。

④ 细分范围：200 ～ 51200ppr。

⑤ 信号输入：差分 / 单端，脉冲 / 方向。

2）按照图 6-49 所示原理图接好控制电路。

3）设置步进电动机驱动器拨码设定（步进驱动器型号为 DM442）如下：

① 根据电动机额定电流（2.1A），将运行电流设置为：SW1=ON，SW2=ON，SW3=OFF；静止电流设置为：SW4=OFF。

② 根据细分 1000，运行电流设置为：SW5=ON，SW6=ON，SW7=ON，SW8=OFF。

4）下载程序。

5）动态调试。

6.3.4 知识拓展

PWM 控制

PWM（脉宽调制）是指脉冲宽度可调的周期固定的脉冲输出。主要用于控制阀门位置和电加热的加热时间等。

1. PWM 硬件组态

图 6-51 所示为 PWM 硬件组态，需要在硬件中激活并组态其功能，其名称及意义见表 6-25。

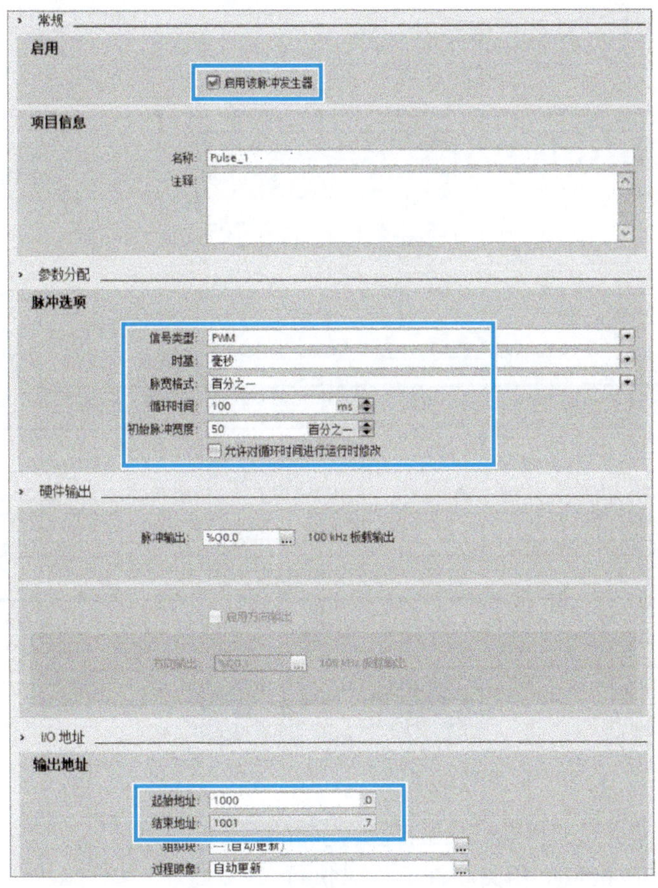

图 6-51 PWM 硬件组态

表 6-25　PWM 硬件组态名称及意义

名称	意义
启用该脉冲发生器	勾选后，激活 PTO/PWM 功能
信号类型	选择“PWM”
时基	脉冲周期的单位，为 ms 或 μs
脉宽格式	脉冲宽度（占空比）的单位，包括百分之一、千分之一、万分之一和 S7 模拟量格式
循环时间	脉宽周期
初始脉冲宽度	占空比，默认为 50
允许对循环时间进行运行时修改	勾选后，可以在 PWM 输出时修改脉冲宽度
起始 / 结束地址	不勾选“允许对循环时间进行运行时修改”时，QW1000 用于修改脉冲宽度，QW1001 灰色不能使用
	勾选“允许对循环时间进行运行时修改”时，QW1000 用于修改脉冲宽度，QW1001 可以使用

2. PWM 指令

在“指令 / 扩展指令 / 脉冲”中调用“CTRL_PWM”指令，图 6-52 所示为“CTRL_PWM”指令，其参数及意义见表 6-26。

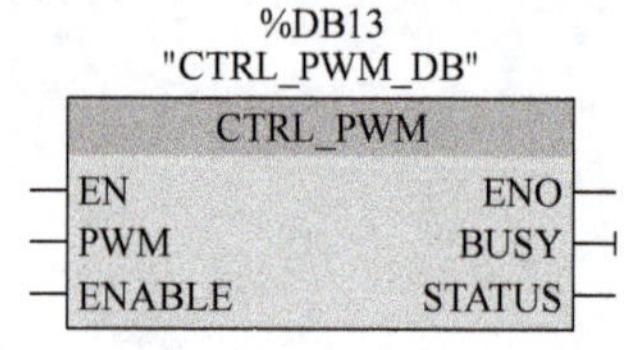

图 6-52　CTRL_PWM 指令

表 6-26　CTRL_PWM 指令参数及意义

参数名称	参数类型	数据类型	说明
PWM	IN	HW_PWM	脉冲发生器的硬件标识符
ENABLE	IN	Bool	ENABLE=1，输出 PWM；ENABLE=0，停止
BUSY	OUT	Bool	指令工作状态
STATUS	OUT	Word	指令执行状态

思考与练习

1.［多选题］有关硬件中断 OB 的说法正确的有（　　）。

A. 硬件中断 OB 在发生相关硬件事件时执行

B. 一个硬件中断 OB 可以分配给多个硬件中断事件

C. 当发生硬件中断事件时，硬件中断 OB 将中断正常的循环程序而优先执行硬件中断 OB 内的程序

D. 一个硬件中断事件允许对应多个硬件中断 OB

2. [多选题] 有关循环中断 OB 的说法正确的是（　　）。

A. S7-1200 最多支持 8 个循环中断 OB

B. CPU 运行期间，可以使用“SET_CINT”指令重新设置循环中断的间隔扫描时间、相移时间

C. “QRY_CINT”指令能查询硬件中断的状态

D. 循环中断 OB 在 PLC 启动前开始执行

3. [多选题] 模块化结构的优点主要包括（　　）。

A. 可为标准任务创建能够重复使用的代码块

B. 设计的程序更易于理解和管理

C. 模块化程序可简化程序的调试

D. 创建与特定工艺功能相关的模块化程序，有助于简化对已完成应用程序的调试

4. [判断题] 函数块（FB）和函数（FC）无法调用组织块。　　（　　）

5. [判断题] 背景数据块的变量既能在函数块（FB）中定义，又能在背景数据块中直接创建。　　（　　）

6. [思考题] S7-1200 PLC 主要有哪两种程序结构？

7. [思考题] 模块化程序结构的优点有哪些？

8. [思考题] 谈谈对程序嵌套的理解。

参考文献

[1] 侍寿永 . 西门子 S7-1200 PLC 编程及应用教程 [M] . 2 版 . 北京：机械工业出版社，2021.

[2] 郭艳萍，冯凯 . 电气控制与 PLC 应用 [M] . 4 版 . 北京：人民邮电出版社，2023.

[3] 廖常初 . S7-1200 PLC 应用教程 [M] . 2 版 . 北京：机械工业出版社，2020.